普通高等教育"十四五"规划教材

大学计算机基础

主 编◎郭 红

副主编◎王德志 杨 阳 孙改平

崔新伟 陈 超

中国铁道出版社有限公司
CHINA RAILWAY PUBLISHING HOUSE CO., LTD.

内 容 简 介

本书根据教育部高等院校大学计算机基础课程教学指导委员会编制的《关于进一步加强高校计算机基础教学的意见》要求，同时根据应用型本科院校的实际情况，结合教育部考试中心颁发的《全国计算机等级考试一级计算机基础及 MS Office 应用考试大纲（2021 版）》编写而成。

全书分两篇共 9 章。理论篇系统地介绍计算与计算思维、数制与信息编码、计算机系统、计算机网络基础、信息安全与应急处理、计算机新技术；应用篇主要介绍文字处理软件 Word 2016、电子表格软件 Excel 2016、演示文稿制作软件 PowerPoint 2016 等办公软件的使用。

本书在介绍计算机知识的同时，注意培养学生的计算思维能力。本书关注计算机技术的新发展，内容翔实，结构严谨，层次分明，叙述准确，通俗易懂。本书适合作为高等院校非计算机专业计算机基础课程的教材，也可作为全国计算机等级考试的培训教材或相关人员的自学用书。

图书在版编目（CIP）数据

大学计算机基础 / 郭红主编.—3 版.—北京：中国
铁道出版社有限公司，2021.9（2023.7 重印）
普通高等教育"十四五"规划教材
ISBN 978-7-113-28297-4

Ⅰ.①大… Ⅱ.①郭… Ⅲ.①电子计算机 - 高等
学校 - 教材 Ⅳ.① TP3

中国版本图书馆 CIP 数据核字（2021）第 166230 号

书　　名：大学计算机基础
作　　者：郭　红

策　　划：魏　娜　　　　　　　　　　编辑部电话：（010）63549508
责任编辑：陆慧萍　李学敏
封面设计：刘　颖
责任校对：安海燕
责任印制：樊启鹏

出版发行：中国铁道出版社有限公司（100054，北京市西城区右安门西街 8 号）
网　　址：http://www.tdpress.com/51eds/
印　　刷：番茄云印刷（沧州）有限公司
版　　次：2011 年 8 月第 1 版　2021 年 9 月第 3 版　2023 年 7 月第 3 次印刷
开　　本：787 mm×1 092 mm　1/16　印张：18　字数：458 千
书　　号：ISBN 978-7-113-28297-4
定　　价：49.00 元

前　言

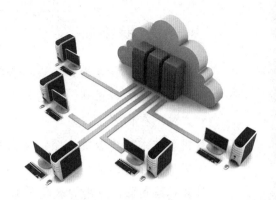

近年来计算机课程的改革发展迅速，教育部大学计算机基础课程教学指导委员会提出了以计算思维和赋能未来发展为切入点的大学计算机课程的教学改革思路，着力提升大学生的信息素养，在学生掌握一定的计算机基础知识、技术和方法的基础上，培养学生的计算思维能力，以适应信息化社会对人才需求的新变化，以及利用计算机解决本专业领域问题的能力；将立德树人融入课程教学，引领学生的健康成长。

"大学计算机基础"是高等院校非计算机专业学生的通识必修课，是计算机教育的入门课程。为了贯彻和实施以计算思维为切入点的教学改革，适应计算机基础教学的新变化，本书新增了信息安全和计算机新技术等内容，以满足教学的新需求；结合知识点融入了适当的思政元素和案例，在培养学生计算机技能和信息素养的同时，进一步培养学生实事求是的科学精神，帮助学生树立家国情怀，提高道德法制素养，构建正确的价值观。编者从教学实际出发，以立德树人为根本，以提高信息素养和应用能力为目的，结合计算机学科的特点和《全国计算机等级考试一级计算机基础及 MS Office 应用考试大纲（2023 版）》的要求，有选择地确定了本书的具体内容，以期体现计算机最基本、最重要的概念、思想和方法。

全书分理论篇和应用篇，共 9 章：第 1 章介绍计算机的产生与发展、计算思维等基本内容；第 2 章介绍数制以及数制间的转换、多种信息的编码；第 3 章系统地介绍计算机系统软硬件知识、微型计算机系统的组成和发展；第 4 章系统地介绍计算机网络的基础知识、局域网以及 Internet 的基础知识及其应用；第 5 章介绍信息安全相关技术与产品、计算机病毒、网络安全、信息安全的应急处置和信息安全的道德与法规等；第 6 章主要介绍云计算、大数据、人工智能、虚拟现实、增强现实、区块链技术等计算机新技术的相关知识与应用；第 7 ～ 9 章分别介绍文字处理软件 Word 2016、电子表格软件 Excel 2016、演示文稿制作软件 PowerPoint 2016 的基本功能与应用。为了方便广大师生的教学和学习，本书配有在线课程（学银在线），还提供配套的电子教案和有关的素材文件，读者可在中国铁道出版社有限公司官网 http://www.tdpress.com/51eds/ 获得相关资源，另外提供配套自动评测实验平台，可以辅助实验教学。

本书基于科学性、先进性和实用性的原则，从信息技术的概念入手，由浅入深、循序渐进地进行讲述。在结构上，系统、深入地介绍计算机的基本概念、原理、技术和方法；在内容上，及时关注计算机技术的新发展，增加了信息安全与应急处理、计算机新技术等内容的介绍；在应用方面，既考虑到初学计算机的学生需要系统地掌握常用办公软件的使用，又为有一定基础的学生增加了一些软件的使用技巧，突出体现计算思维和面向应用的教改理念。

本书由郭红任主编，王德志、杨阳、孙改平、崔新伟、陈超任副主编。本书具体编写分工如下：第1、8、9章由郭红编写；第2、5章由王德志编写；第3章由孙改平编写；第4章由杨阳编写；第6章由陈超编写；第7章由崔新伟编写；最后由郭红进行统稿。另外，田立勤教授和时光、李冬艳等教师对本书的修订提出了宝贵的意见和建议，在此一并表示感谢。

在本书的编写过程中，尽管我们做出了种种努力，付出了辛勤劳动，但由于编者的水平有限、时间仓促且计算机的发展日新月异，书中不妥或疏漏之处在所难免，恳请同行和读者批评、指正。

编　者

2023 年 7 月

目 录

 第1篇 理 论 篇

第2篇　应　用　篇

第**1**篇

理 论 篇

第1章
计算与计算思维

人类的生产和生活离不开计算。为了适应社会发展的需要，追求更快的计算能力，人类在其漫长的文明进化过程中，不断地发明和改进计算工具。直到20世纪40年代电子计算机的问世，使计算进入了现代化，计算机也自然成为从工业社会向信息社会迈进的关键因素。

随着计算机技术的发展和广泛应用，计算机进入了社会的各个领域，大到国家的政治、经济、军事、科技、文化等方面，小到百姓的生活和娱乐等方面，都产生了巨大影响和变化。由于计算机的应用改变了人们认识世界的方式，同样也改变着人们的行为方式和思维方式，因此，计算思维逐渐成为一个现代人所必须具备的素质和基本能力。

本章首先从计算工具的演化开始，逐步介绍计算机的产生与发展、计算机的基本知识，以及计算思维的内涵和应用。通过本章的学习，使读者对计算机有进一步的认识和兴趣，为后续章节的学习奠定良好的基础。

1.1 计算工具与计算机

计算工具随着人类社会的不断进步，经过了漫长的发展历程。远古时代，人类就开始用手指、石子、结绳或木棒来计数。计算工具也经历了从简单到复杂、从低级到高级、从手动到自动的演化和变革，而且还在不断发展。

1.1.1 手动式计算工具

1. 算筹

计算工具的源头可以追溯到2 000多年前的春秋战国时期，我国古代劳动人民最先创造和使用了算筹。据史书记载，算筹是一根根同样长短和粗细的小棍子，用纵横不同的摆放方式来进行计数。算筹分为直式和横式两种摆法，采用十进制记数，可以表示任意大的自然数。算筹及记数法如图1-1所示。

		算筹正数								
	0	1	2	3	4	5	6	7	8	9
直式	○															T	T	T	T
横式	○	—	=	≡	≣	≣	⊥	⊥	⊥	≡

图 1-1 算筹及记数法

公元 5 世纪，中国古代数学家祖冲之使用算筹，用了 15 年的时间，将圆周率 π 精确到小数点后七位。圆周率的计算，对人类的生活产生了巨大的影响，比如利用圆周率可以较为准确地计算出古代容器"釜"的体积。直到一千多年以后，阿拉伯数学家阿尔·卡西和法国数学家维叶特两人才将圆周率中小数点后七位计算出来，证明了祖冲之圆周率的正确性。

2. 算盘

我国劳动人民在使用算筹的过程中，对其不断地改进演化，在唐朝出现了算盘，如图 1-2 所示。它因为结构简单，使用方便等特点，得到广泛使用，随后流传到日本、朝鲜、东南亚等一些国家。算盘采用十进制记数，并有一套完整的计算口诀，这是最早的体系化算法，能够实现基本的算术运算。算盘基本具备了现代计算器的主要结构特征，例如，拨动算珠是向算盘输入数据，此时算盘起着"储存器"的作用；运算时，珠算口诀起到"运算指令"的作用，算盘则起到"运算器"的作用。算盘被认为是最早的计算工具，是计算工具发展史上的第一次重大改革，它被视为人类历史上最早的手动式计算器。

3. 计算尺

17 世纪初，随着天文、航海业的发展，开始面对日趋繁重的计算任务，人们对新的计算工具和计算方法的需求与日俱增，计算工具在西方国家呈现了较快的发展。1630 年，在"对数"概念的基础上，英国数学家威廉·奥特雷德（William Oughtred）发明了计算尺。计算尺不仅能够进行加、减、乘、除、乘方、开方运算，还能计算三角、对数等函数运算。计算尺随着科学技术、生产需要和工艺水平的发展而不断演进，形成后来广泛使用的计算尺，如图 1-3 所示。计算尺在我国"两弹一星"的研制中，也起到了重要的作用，直到 20 世纪 70 年代以后才逐步被电子计算器所取代。

图 1-2 算盘

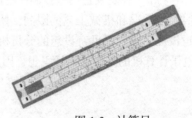

图 1-3 计算尺

1.1.2 机械式计算工具

17 世纪，欧洲工业革命促使生产和科学技术的迅猛发展，大量的数值计算问题亟待解决，这使得计算工具的改进迫在眉睫。此时出现了采用机械零部件和齿轮传动技术的计算工具，即机械式计算工具，它是工业革命的产物，比手动式计算工具跨越了一大步。

1. 帕斯卡加法器

1642 年，法国数学家布莱士·帕斯卡（Blaise Pascal）发明了第一台真正的机械计算器——

帕斯卡加法器（Pascaline），如图1-4所示。帕斯卡加法器基于十进制数，能够实现加、减运算。其外观上有几个轮子，分别代表着个、十、百、千、万、十万等，顺时针拨动轮子进行加法运算，而逆时针拨动则进行减法运算，通过齿轮的齿合传动装置实现自动运算和进位操作。帕斯卡加法器的工作原理对后来计算机的发展产生了持久的影响。

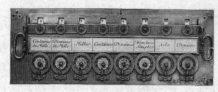 

图1-4　帕斯卡加法器及其内部结构

2. 莱布尼茨乘法器

1647年，德国数学家戈特弗里德·威廉·莱布尼茨（Gottfrid Wilhelm Leibniz）在帕斯卡加法器的基础上进行改进，发明了能够进行乘、除运算的机械式计算器，称为莱布尼茨乘法器，如图1-5所示。它的出现为后来风靡一时的手摇计算器奠定了基础。这台计算器主要是增加了一个"步进轮"的装置，能够实现连续重复地做加、减法运算，通过转动手柄，使这种重复加、减运算转变为乘、除运算。他的乘除运算的解决办法，也是我们现代计算机中乘除运算的基本思路。

后来，莱布尼茨率先为计算机的设计系统采用了二进制的运算法则，为现代计算机的发展奠定了坚实的基础。

3. 巴贝奇差分机

19世纪20年代，英国数学家查尔斯·巴贝奇（Charles Babbage）受到当时自动提花织布机通过穿孔纸带控制织布图案的启迪，设计出了差分机。差分机提高了乘法的运算速度，改进对数表等数值表的精度，并能够按照设计者的旨意，自动处理不同函数的计算过程。

差分机的研制成功，极大地鼓舞了巴贝奇。他又在差分机的基础上进行深入探索和研究，在1834年他设计了具有堆栈、运算器和控制器等装置的一种新的计算工具——分析机，如图1-6所示。在他发表的论文中曾描述了分析机的工作原理，提出了具有存储库、运算室、控制装置的分析机设计思想。其中，由若干齿轮组构成存储库来存储数据、由齿轮组和连杆构成运算室实现计算功能，控制装置用来控制解题的步骤。这个分析机的设计理念比差分机更超前。但是受到当时经济情况和机械工艺的限制，使得这台以齿轮为原件、蒸气为动力的分析机直到巴贝奇去世也没能完成。巴贝奇设想的分析机超前了他所处的时代至少一个世纪。他的分析机体现了现代电子计算机的结构、设计思想，因此该分析机又被视为现代通用计算机的雏形。

图1-5　莱布尼茨乘法器　　　　　　　图1-6　分析机模型

1.1.3　机电式计算机

美国科学家霍华德·艾肯（Howard Hathaway Aiken）在图书馆查阅资料时，发现了关于分析机的珍贵材料，受巴贝奇思想的启发，1937 年，艾肯提出研制自动计算机的构想。经过艾肯和 IBM 公司长达五年多的共同努力，1944 年 5 月，艾肯和他的团队研制出 Mark Ⅰ 计算机，并投入使用，获得成功。

Mark Ⅰ 的构造一部分沿用了分析机的机械结构，另外一部分采用当时已经比较成熟的继电器技术实现，因此，它是一台机械电子式计算机。Mark Ⅰ 使用了 3 000 多个电机驱动的继电器，组装后的大小为 16 m 长，2.4 m 高，0.6 m 深，可谓是一个庞然大物，如图 1-7 所示。利用穿孔卡片机输入数据和指令，经过计算处理，运算结果由电传打字机输出。虽然这无法与现代计算机相比，但它是世界上第一台实现顺序控制的自动数字计算机，是计算技术历史上的一个重大突破。

图 1-7　Mark Ⅰ 计算机

后来，Mark Ⅰ 计算机放在哈佛大学，主要服务于美国海军，也曾参与了曼哈顿计划中有关原子弹的计算，1958 年退役。继 Mark Ⅰ 之后，艾肯又相继研制成 Mark Ⅱ、Mark Ⅲ 和 Mark Ⅳ 计算机。

至此，这些计算工具多是手动式和机械式的，并不能满足人类对更快计算能力的渴望。直到世界上第一台电子计算机的出现，人类才真正从繁重、枯燥的计算中解脱出来。

1.2　电子计算机的诞生

在计算工具的发展过程中，图灵机、ENIAC 计算机和冯·诺依曼体系结构的相继出现，为现代通用计算机的诞生在理论、实现技术和体系结构上奠定了基础。

1.2.1　图灵机

1. 阿兰·图灵

阿兰·图灵（Alan Mathison Turing）是英国数学家、逻辑学家，1912 年出生于英国伦敦，在少年时就表现出了数学天赋。1931 年，他进入剑桥大学学习，在大学期间他的数学能力得到充分的发展，毕业后来到美国普林斯顿大学攻读博士学位。1936 年，在他的"论数字计算在决断难题中的应用"论文中描述了一种可以辅助数学研究的机器，立即引起广泛的关注。在这篇论文中他开创性地提出了一台将纯数学符号逻辑和实体世界建立联系的概念机，后来被人们称为"图灵机"（Turing Machine），如图1-8所示，为现代计算机的发展奠定了理论基础，因此，他被称为计算机科学之父。

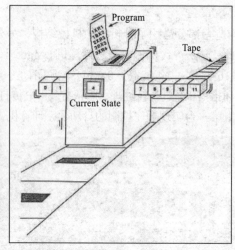

图1-8　图灵与图灵机模型

在第二次世界大战期间，图灵协助军方破解德国的著名密码系统Enigma，帮助盟军取得了胜利，一举改变了战争的格局，为战争胜利做出了巨大贡献。1950年，图灵又发表了一篇题为《机器能思考吗》的论文，为后来的人工智能科学提供了开创性的构思，并提出了著名的"图灵测试"，成为划时代之作。随着人工智能领域的深入研究，人们越来越认识到图灵思想的深刻性，直至今日，它仍然是人工智能的主要思想之一。为此，图灵又赢得了"人工智能之父"的桂冠。

图灵机理论提出于1936年，经过了十多年的时间，才真正实现了这样一台计算机器。直到今天，计算机的工作模式还是以图灵机为基础，无论是超级计算机、个人电脑还是手机等都基于这样一个工作原理。正是因为有了图灵机理论，人类才有可能创造出有史以来最伟大的发明——"计算机"。

1966年，美国计算机协会（Association for Computing Machinery，ACM）设立了一个计算机界的奖项，奖励对计算机事业做出重要贡献的个人。为了纪念图灵，该奖项被命名为"图灵奖"。这个奖项直到今天仍然是计算机界的最高奖，有"计算机界诺贝尔奖"之称。

2. 图灵机

图灵为了回答什么是计算、什么是可计算性等问题，提出了"图灵机"模型，图灵的基本思想是利用机器来模拟人用纸、笔进行数学运算的过程。他把这样的过程抽象成下列两种简单的动作：

①在纸上写下或擦除某个符号。

②把注意力从纸的一个位置移动到另一个位置。

在人的运算过程中，下一步的动作依赖于人当前所关注位置上的符号，以及人当前思维的状态。为了模拟人的这种运算过程，图灵构造出一台概念机器，该机器由以下几个部分组成：

①一条无限长的纸带（TAPE）。纸带被划分为一个个的小格子，每个格子上包含一个符号（含

空白字符）。纸带上的格子从左到右依此被编号为 0，1，2…，纸带的右端可以无限伸展。

② 一个读写头（HEAD）。读写头可以在纸带上左右移动，它能读出当前所指格子上的符号，并可以改变当前格子上的符号。

③ 一套控制规则（TABLE）。根据当前机器所处的状态以及当前读写头所读取的格子上的符号来确定读写头下一步的动作，并改变状态寄存器的值，令机器进入一个新的状态。

④ 一个状态寄存器。用来保存图灵机当前所处的状态。图灵机的所有可能状态的数目是有限的，并且有一个特殊的状态，称为停机状态。

图灵机的工作过程就是根据读写头读取纸带当前位置上的信息，结合自身的控制状态，决定读写头的下一步操作，是读、是写，还是左移或右移。这个机器的每一部分都是有限的，但它有一个潜在的无限长的纸带，因此这种机器只是一个理想的设备。图灵认为这样的一台机器就能模拟人类所能进行的任何计算过程。

图灵提出图灵机的模型的意义在于：

① 它证明了通用计算理论，肯定了计算机实现的可能性，同时它给出了计算机应有的主要架构。

② 图灵机模型引入了读写、算法与程序语言的概念，极大地突破了过去的计算机器的设计理念。

③ 图灵机模型理论是计算学科最核心的理论，很多问题可以转化到图灵机这个简单的模型来考虑。

由此看出，通用图灵机向人们展示这样一个过程：程序及其输入可以先保存到存储带上，图灵机就按程序一步一步运行直到给出结果，结果也保存在存储带上。更重要的是，隐约可以看到现代计算机主要构成。

1.2.2 第一台电子计算机

基于图灵机理论的提出，并随着电子技术的发展，加以社会的迫切需求，同时数学、物理等自然科学领域的成果运用到计算工具的研究中，计算机开始了真正意义上的由机械向电子的"进化"，电子计算机才正式问世。

1946 年的 2 月，美国宾夕法尼亚大学的莫希利（John Mauchly）教授和他的研究生们研制出一台名为 ENIAC（Electronic Numerical Integrator And Computer）的电子数字积分计算机，被世界公认为第一台电子计算机。ENIAC 是美国为了研究和分析新型火炮的弹道轨迹而研制的。

ENIAC 完全采用电子线路执行算术运算、逻辑运算和信息存储。它使用了 18 000 多只电子管，70 000 多个电阻，占地面积达 170 m^2，重量达 30 t，耗电量为 150 kW，它是一台公认的"大型"计算机，如图 1-9 所示。

ENIAC 采用十进制，每次运行一个新的程序都要重新连接线路，接线的时间甚至远比运行的时间长，虽然只有每秒 5 000 次的加法运算速度，但能在 30 s 内计算出从发射到击中目标飞行 1 min 的弹道轨迹，在当时已经是巨大的成就。

由于 ENIAC 主要采用的电子管技术，与早它不久构建的采用继电器的 Mark Ⅰ 计算机在技术上相差较大，因此 ENIAC 的问世标志着电子计算机时代的开始。不过 ENIAC 自身存在两大缺点：一是没有存储器；二是用布线接板进行控制，计算速度被接线的工作所抵消，因此，对后来计算机的研究影响不大。直到 EDVAC 的问世才为现代计算机在体系结构和工作原理上奠定了基础。

图 1-9　ENIAC 计算机

1.2.3　冯·诺依曼体系结构

在研制 ENIAC 计算机时，1944 年美籍匈牙利科学家冯·诺依曼参加了美国的原子弹研制，期间涉及极为复杂的计算。他所在的实验室聘用了大量的计算员从早到晚不停地计算，还是不能满足需要。冯·诺依曼在一次偶然的机会得知 ENIAC 计算机的研制，他非常感兴趣，随后以技术顾问身份加入 ENIAC 研制小组。

冯·诺依曼在了解 ENIAC 计算机的设计思想后，为了解决 ENIAC 存在的问题，他和同事们在共同研究的基础上给出了改进建议，于 1945 年提出了"存储程序通用电子计算机方案"（Electronic Discrete Variable Automatic Computer，EDVAC）。在这份报告中具体地阐明了 EDVAC 的设计思想，为计算机的设计树立了一座里程碑。其核心内容概括为以下几点。

① 采用二进制表示。根据电子元件工作的特点，建议在电子计算机中采用二进制，这样将大大简化机器的逻辑线路。

② 计算机基本工作原理是存储程序和程序控制。

③ 计算机由五个部分组成，即运算器、控制器、存储器、输入设备和输出设备，并描述了这五部分的职能和相互关系。

按照这一方案设计的计算机于 1949 年交付使用，命名为 EDVAC 计算机。它是第一台具有现代意义的通用计算机，如图 1-10 所示。人们把冯·诺依曼提出的这个理论称为冯·诺依曼体系结构，一直沿用至今。

70 多年来，虽然计算机从性能指标、运算速度、工作方式、应用领域等方面与当时的计算机相比有很大的变化，但其基本结构没变，仍然按照冯·诺依曼理论进行构造。鉴于冯·诺依曼在电子计算机领域的突破性贡献，当之无愧地被誉为"计算机之父"。

图 1-10　冯·诺依曼与 EDVAC 计算机

1.3　计算机的发展

1.3.1　计算机的发展阶段

从第一台电子计算机的诞生到现在，随着电子技术的发展，使计算机体积不断缩小，性能和速度不断提升。按照所采用的主要物理器件，将计算机的发展分为四个时代。

1. 电子管时代（1946—1958 年）

这一代计算机采用的主要物理器件是电子管，数据采用定点数表示。由于当时电子技术的限制，运算速度仅为几千次每秒，内存容量也仅为几千字节。因此，电子管时代的计算机体积庞大、造价昂贵。在这个时期，没有系统软件，只能用机器语言和汇编语言编写程序。计算机只在少数尖端领域中得到应用，如科学研究、军事研究等领域。代表机型有 IBM650 和 IBM709 等。

2. 晶体管时代（1959—1964 年）

这一代计算机采用的主要物理器件是晶体管，内存储器所使用的器件大都为磁芯存储器。外存储器出现了磁盘、磁带等存储设备，外围设备种类也有所增加。运算速度达到几十万次每秒，内存容量扩大到几十万字节。与此同时，计算机软件也得到较快的发展，出现了高级语言。与电子管计算机相比，晶体管计算机体积小、成本低、功能强、可靠性高。除用于科学研究外，逐渐被应用到商业、工程等领域。晶体管计算机存在的主要缺点是，输入 / 输出设备速度较慢，无法与主机的计算速度相匹配。代表机型有 IBM7090、CDC7600 等。

3. 中小规模集成电路时代（1965—1970 年）

这一代计算机采用的主要物理器件是中小规模集成电路。随着固体物理技术的发展，集成电路工艺可以在几平方毫米的单晶硅片上集成由十几个甚至上百个电子元件组成的逻辑电路。其运算速度可达几百万次每秒。存储器进一步发展，体积缩小，价格降低，同时软件不断完善。这一时期的计算机开始向标准化、多样化、通用化、机种系列化方向发展，高级程序设计语言在这个时期也有了很大发展，并出现了操作系统和会话式语言。计算机的应用也开始向社会各个领域延伸。代表机型有 IBM360 系列、富士通 F230 系列等。

4. 大规模和超大规模集成电路时代（1971 年至今）

这一代计算机采用的主要物理器件是大规模和超大规模集成电路。随着电子技术的发展，集成度大幅提高，使得计算机具有了高速度、高性能、大容量和低成本等特点，运算速度也提高到百万亿次每秒到亿亿次每秒。在软件方面，操作系统功能不断完善，出现了数据库管理系统和面向对象语言等系统软件，应用软件丰富；并行处理系统、分布式系统、计算机网络的研究和实施进展迅速。1971 年，世界上第一台微处理器在美国硅谷诞生，开创了微型计算机的新时代。应用领域从科学计算、事务管理、过程控制逐步走向家庭。系统软件的发展不仅实现了计算机运行的自动化，而且逐步向工程化和智能化方向迈进。

1.3.2 计算机的分类

随着计算机技术的发展和应用需求的推动，计算机的类型越来越多样化，对计算机也出现了多种分类方式。

按计算机用途的不同，将计算机分为通用机和专用机；按计算机处理的数据类型分，又将计算机分为数字计算机、模拟计算机和混合计算机；1989 年，美国电气电子工程师协会（IEEE）根据当时计算机的性能及发展趋势，将计算机分为巨型机、小巨型机、大型机、小型机、工作站和个人计算机（微型机）六大类。这种分类标准只是针对某一时期而言，并不是固定不变的。随着计算机技术的发展，目前按计算机的性能和用途也可将计算机大致分为以下六类：

1. 超级计算机

超级计算机（Super Computer）也称为巨型机，是计算机中功能最强、运算速度最快、存储容量最大的一类计算机。通常由数百、数千甚至更多的处理器（机）组成，能计算微型计算机和服务器不能完成的大型复杂课题的计算机。目前已达到每秒百万亿次甚至每秒亿亿次以上的运算速度。

研制超级计算机是现代科学技术，尤其是国家高科技领域和国防尖端技术发展的需要。航空航天、反导防御、气象预报、石油勘探等方面都需要计算机有很高的运算速度和很大的存储容量，非超级计算机很难满足这类应用的需要。这类计算机的研发水平、生产能力和应用程度已成为衡量一个国家科技发展水平和综合国力的重要标志，直接关系到国计民生、关系到国家安全。近年来，我国超级计算机的研发水平取得了很大的成绩，推出了"银河""曙光""天河""神威""深腾"等系列超级计算机。

2. 服务器

服务器（Server）是指能通过网络对外提供各种服务的高性能计算机。从理论上来，一台安装了网络操作系统、网络协议、各种服务软件的计算机就可以充当服务器。但是服务器主要用于存储、处理网络上数据、信息，要求计算机具有高性能和大容量，其主要表现在高速度的运算能力、长时间的可靠运行、强大的外部数据吞吐能力等。它与普通计算机相比，更加稳定、安全、可靠、易扩展、易管理。

3. 工作站

工作站（Workstation）是一种以个人计算机和分布式网络计算为基础，主要面向专业应用领域，具备强大的数据运算与图形图像处理能力，为满足工程设计、动画制作、科学研究、软件开发、金融管理、信息服务、虚拟仿真等专业领域而设计开发的高性能计算机。它属于一种高档计算机，一般拥有较大屏幕和大容量的内存和硬盘，较强的信息处理功能、高性能的图形图像处理功能以及联网功能等。

4. 工业控制计算机

工业控制计算机是一种采用总线结构，对生产过程及其机电设备、工艺装备进行检测与控制的计算机系统总称，简称控制机。它由计算机和过程输入 / 输出（I/O）两大部分组成。计算机是由主机、输入 / 输出设备和外部磁盘机、磁带机等组成；输入 / 输出通道用来将工业生产过程的检测数据送入计算机进行处理，或将计算机要执行的命令和信息转换成控制信号，再送往工业控制对象的控制器，由控制器对生产设备进行控制。

5. 微型计算机

微型计算机又称个人计算机（Personal Computer，PC），它是以微处理器为基础。自 1981 年美国 IBM 公司推出第一代微型计算机以来，微型机以其技术先进、处理快捷、通用性强、性价比高、小巧灵活、操作方便等特点，迅速进入社会各个领域，且技术不断更新、产品快速换代，从单纯的计算工具发展成为能够处理多种信息的强大多媒体工具。一般单位和家庭使用的大多是微型计算机。微型计算机的种类众多，常见的微型计算机有台式机、笔记本电脑、平板电脑和移动设备等。

6. 嵌入式计算机

嵌入式计算机又称嵌入式系统（Embedded Systems），是一种以应用为中心、以微处理器为基础，软硬件可裁剪的，适应应用系统对功能、可靠性、成本、体积、功耗等综合性严格要求的专用计算机系统。它一般由嵌入式微处理器、外围硬件设备、嵌入式操作系统以及用户的应用程序等四个部分组成。它是计算机市场中增长最快的领域，也是种类繁多的计算机系统。嵌入式系统几乎包括了生活中的所有电器设备，如数字电视、汽车、电梯、自动售货机、智能家电、智能穿戴和医疗仪器等。

1.3.3　计算机的特点

计算机与其他计算工具相比，其特点主要表现在以下几个方面：

1. 运算速度快

计算机的运算速度是指计算机在单位时间内所能完成的运算次数，是衡量计算机的主要性能指标之一。目前微型计算机的运算速度大约在每秒千万次、亿次以上，而超级计算机的运算速度可以达到每秒几千万亿次，甚至亿亿次。从而使大量复杂的科学计算问题得以解决，如卫星轨道的计算、天气预报的计算等，使过去人工计算需要几年、几十年的工作，现在用计算机计算只需几天甚至几分钟就可以完成。

2. 计算精度高

计算机中数据的计算精度主要取决于以二进制形式表示的数据位数，称为机器字长。机器字长越长则精度越高。现代计算机都提供了多种数据的表示能力，以满足对各种计算精度的要求。尖端科学技术的发展需要有高精度的计算，如导弹之所以能准确地击中预定的目标，与计算机的精确计算分不开。一般计算机可以达到十几位以上的有效数字（二进制），有的计算机甚至可以达到 200 万位以上的有效数字，这是其他计算工具无法比拟的。

3. 存储容量大

随着计算机的广泛应用，在计算机内存储的信息愈来愈多，存储的时间也愈来愈长。因此要求计算机具备海量存储能力，信息保存几年到几十年，甚至更长。现代计算机完全具备了这种能力。目前微型计算机的内存储器的容量已达到 GB 级，加上大容量的磁盘、光盘等外围存储设备，实际上存储信息可以达到"海量"。

4. 具有逻辑判断功能

计算机不仅能进行算术运算，同时也能进行各种逻辑运算，具有逻辑判断能力。计算机根据逻辑判断结果进行推理和控制，从而可以解决各种复杂的问题，使之可以模仿人的某些智能活动。计算机的逻辑判断能力也是计算机智能化必备的基本条件。

5. 高度自动化

由于计算机是采用存储程序的方式工作，即预先把处理要求、处理步骤、处理对象等必备元素编成程序，存储在计算机系统内。计算机启动工作后就可以在无须人参与的条件下自动完成预定的全部处理任务。这是计算机区别于其他工具的本质特点。

6. 通用性强

人们使用计算机时，不需要了解其内部构造和原理，无论是简单的还是复杂的问题，都可以分解成基本的算术运算和逻辑运算，并用程序描述解决问题的步骤。所以，各类用户在不同的应用领域中，只要编制和运行不同的应用软件，计算机就能为该领域的用户很好地服务，通用性强。

1.3.4 计算机的应用

计算机最初的应用只是计算。随着计算机技术的发展，计算机的计算能力日益强大，对计算机的需求迅速增长，计算机及其应用已经渗透到社会的各行各业，正在改变着人们传统的工作、学习和生活方式，推动着社会的发展。归纳起来，计算机的应用主要体现在以下几个方面：

1. 科学计算

科学计算又称数值计算，是指利用计算机来完成科学研究和工程技术中的数学计算，这是计算机最基本的应用，也是最早的应用。在数学、物理、化学、生物、天文和地理等自然科学领域中，以及航天、汽车、造船、建筑等工程技术领域中的各种复杂计算都是借助计算机完成的。如果不用计算机，有些问题很难解决，甚至根本无法完成。

2. 数据处理

数据处理又称非数值计算，是指利用计算机对信息进行采集、分类、查询、统计、存储、传送等工作。计算机应用从数值计算向非数值计算扩展，是计算机发展史上的一个飞跃。数据处理已经是计算机应用最广泛的领域，它不但提高了工作效率、节约了人力物力，还可以使工作更趋于科学、系统和规范。目前，数据处理在办公室自动化、信息管理、影像管理、图书情报检索等领域得到广泛应用。据统计，现在世界上 80% 以上的计算机用于数据处理工作。

3. 过程控制

过程控制又称实时控制，是指计算机对被控制对象实时采集监测数据，按最佳值迅速地对被控制对象进行自动控制或自动调节。利用计算机来控制各种自动装置、自动仪表、生产过程等都称为过程控制。过程控制也是计算机应用要求实时性最强的领域。例如，工业生产自动化方面的巡回检测、自动记录、监视报警、自动调控等；交通运输方面的行车调度；农业方面的自动温度、湿度控制；家用电器中的某些自动功能等。

4. 多媒体技术

多媒体技术是以计算机技术为核心,将现代声像技术和通信技术融为一体,其应用十分广泛。它不仅覆盖计算机的绝大部分应用领域,同时还拓宽了新的应用领域,如可视电话等。实际上,多媒体技术的应用以极强的渗透力进入了人类工作和生活的各个方面,正改变着人类的工作和生活方式,成功地塑造了一个绚丽多彩的划时代的多媒体世界。

5. 人工智能

人工智能是研究、开发用于模拟、延伸和扩展人的智能的理论、方法、技术及应用系统的一门新的学科。人工智能主要分为自然语言处理、计算机视觉、语音识别、专家系统以及交叉领域等。人工智能从诞生以来,随着理论和技术日益成熟,应用领域不断扩大。近年来,人工智能的发展速度较快,目前有些智能系统已经能够替代人的部分脑力劳动,在智能安防、金融贸易、医疗诊断、物流运输、工业生产等方面得到实际应用。在 2020 年突发的新冠肺炎疫情防控中,人工智能技术在舆情防控、辅助诊疗、物资调配乃至新药研发等方面发挥了重要的作用。

6. 计算机辅助工程

当前用计算机进行辅助工作的系统越来越多,主要分为以下几种:

（1）计算机辅助设计

计算机辅助设计（Computer Aided Design，CAD），即利用计算机来辅助人们进行设计工作,以便达到缩短设计周期、提高设计质量、降低设计成本的目的,使设计实现自动化。目前,建筑、机械、服装、电子等行业都广泛采用了 CAD 技术。

（2）计算机辅助制造

计算机辅助制造(Computer Aider Manufacturing,CAM),即利用计算机进行生产设备的管理、控制和操作过程。例如,在产品的制造过程中,用计算机控制机器的运行,处理生产过程中所需要的数据,控制和处理材料的流动以及对产品检验等。使用 CAM 技术可以提高产品质量、降低生产成本、缩短生产周期。

（3）计算机辅助测试

计算机辅助测试（Computer Aided Test，CAT），是指利用计算机协助进行测试的一种方法。计算机辅助测试可以用在不同的领域。例如:在教学领域,可以使用计算机对学生的学习效果进行测试和学习能力的估量;在软件测试领域,可以使用计算机来进行软件的测试,提高测试效率。

除上述计算机辅助工程外,还有计算机集成制造系统（CIMS）等计算机辅助系统。

7. 电子商务

电子商务（Electronic Commerce，EC）是指利用计算机和网络技术进行的新型商务活动,是在 Internet 将多种资源相结合的背景下应运而生的一种网上商务活动。它始于 1996 年,起步时间虽然不长,但因其高效率、低成本、全球化等特点,呈现爆炸式发展,得到广泛应用。

按照交易对象的不同,电子商务可以分为多种形式,常见的有以下几种:

① B2B（Business to Business）:企业对企业的电子商务,是指企业之间通过使用 Internet 的技术或各种商务网络平台,完成商务交易的过程,如阿里巴巴、拓商网等。

② B2C（Business to Customer）:企业对消费者的电子商务。它是中国最早产生的电子商务模式,如今 B2C 电子商务网站非常多,如天猫商城、京东商城等。

③ C2C（Consumer to Consumer）:用户对用户的电子商务。C2C 商务平台就是通过为买卖双方提供一个在线交易平台,使卖方可以主动提供商品上网拍卖,而买方可以自行选择商品

购买，如淘宝网、闲鱼网等。

④ B2G（Business to Government）：企业与政府管理部门之间的电子商务，如政府采购网、海关报税平台等。

1.4 计算机的发展趋势

1.4.1 计算机的发展方向

随着科学技术的发展和计算机的广泛应用，人们对计算机的依赖越来越大，对计算机的功能要求也越来越高，因此研究功能更加强大的计算机已成为必然。未来计算机发展的总趋势可以归纳为以下几个方面：

1. 巨型化

巨型化是指发展大容量、高速度和功能强的超级计算机，以满足尖端科学领域的数据分析与计算的需要。例如，火箭、导弹、人造卫星、宇宙飞船的研制，气象预报、自然灾害预警等。并行处理技术是巨型机发展的基础，目前其运算速度可达每秒千万亿次级以上。巨型机的发展标志着一个国家计算机科学的发展水平，是一个国家综合国力的体现。

2. 微型化

微型化是指发展体积小、质量轻、能耗小、速度快、价格低、功能强的微型计算机，微型计算机是计算机微型化的代表。计算机的微型化可以拓展计算机的应用领域，将其嵌入到其他设备成为可能。计算机微型化发展促进了计算机的普及和应用。

3. 网络化

计算机网络是计算机技术和现代通信技术相结合的产物，是计算机技术中最重要的一个分支，是信息系统的基础。利用计算机网络可以方便、快捷地实现信息传递、资源共享等，通信、电子商务、电子政务、远程教育等都离不开计算机网络。

4. 智能化

智能化是指利用计算机技术模拟人的思维过程，使计算机具有一定的决策和判断能力。所谓智能计算机就是指具有感知、识别、推理、学习等能力，从而自主获取新知识。现在已有许多机器人在高温、高压、有毒、辐射等恶劣环境下代替人工作业，语音识别和图像识别在许多领域也得到应用，"深蓝""AlphaGo"战胜人类的著名棋手。虽然计算机的能力在某些方面超过了人类，如计算速度等，但与人脑相比，目前来看它的功能还比较单一，并且无法获得人脑丰富的联想能力、创新能力和情感交流能力，计算机真正达到人的智能化还有很长的路要走。不过计算机的智能化将会领导计算机的发展潮流，也将使人类社会进入一个崭新的时期。

5. 非冯·诺依曼体系结构

冯·诺依曼体系结构理论为现在计算机的发展奠定了坚实的基础，基于这一传统结构的计算机也为人类做出了巨大的贡献。但是，它的"存储程序和程序控制"原理表现为"集中顺序控制"方面的串行机制，成为进一步提高计算机性能的瓶颈。计算机的软件和硬件发展将因传统体系结构的限制无法持续发展下去。因此出现了非冯·诺依曼体系结构的计算机理论，如神经网络计算机、DNA 计算机、光子计算机等基于新理论的计算机正在跃跃欲试的加紧研究，成为计算机未来发展的新趋势。

1.4.2　计算机发展的新热点

回顾计算机技术的发展历史，从大、中、小型计算机时代，到微型计算机、互联网＋时代，再到如今的云计算、移动互联、物联网时代，技术革命一直是整个 IT 产业的驱动力。目前，在新思想、新技术和新应用的驱动下，云计算、移动互联网、物联网等产业呈现出蓬勃发展的态势，全球正经历着一场新的变革。

1. 云计算

云计算（Cloud Computing）是分布式计算、并行处理和网格计算的进一步发展，是计算机应用的一个新方向。它是指通过网络"云"将巨大的数据计算处理程序分解成无数个小程序，然后，通过多部服务器组成的系统进行处理和分析这些小程序，并将得到结果返回给用户。将计算任务分布在分布式计算机上，而不是本地计算机或远程服务器中，使各种应用系统能够根据需要获取计算力、存储空间和信息服务，这就好比是企业用电从以前自建自用的单台发电机模式，转向了现在的按需付费的电厂集中供电的模式，大大降低了基础设备的投入。

云计算的应用领域不仅涉及传统的 Web 领域，在物联网、大数据和人工智能等新兴领域也有重要的应用，而且在 5G 通信时代，云计算的服务边界还会得到进一步拓展。可以说，云计算正在为整个 IT 行业构建起一种全新的计算（存储）服务方式，而且在全栈云和智能云的推动下，云计算也会全面促进大数据和人工智能等技术的落地应用。

云计算给我们的生活带来了变化，当前对于云计算依赖程度比较高的行业领域涉及装备制造、医疗、教育、出行、金融、交通等，在 5G 时代，农业等更多的领域对于云计算的依赖程度会不断提升。

2. 大数据

大数据（Big Data）是指无法在一定时间范围内用常规软件工具进行捕捉、管理和处理的数据集合，是需要新处理模式才能具有更强的决策力、洞察发现力和流程优化能力的海量、高增长率和多样化的信息资产。

在这样一个互联网＋的时代，科技发达，信息畅通，人们的交流与生活、企业的生产与经营等方方面面都会生成、累积大量的用户网络数据。同时，随着物联网技术的发展，又带来数据产生方式的变革，物联网传感器每时每刻源源不断地产生大量的数据，使数据由人工产生阶段迈向自动产生阶段，它也是构成了大数据的重要来源。

大数据技术不仅仅在于掌握庞大的数据信息，更在于对这些数据进行专业化处理。若把大数据比作一种产业，那么这种产业实现盈利的关键，在于提高对数据的"加工能力"，通过"加工"挖掘数据潜在的"增值"信息。

大数据运用的案例有很多，较为经典的就是"啤酒与尿不湿"的故事。在 20 世纪 90 年代，美国某大型超市为了分析销售数据，在 POS 机中引入 Apriori 算法，用于分析商品之间的关系、从而找出客户的购买行为。由此管理人员发现了一个有趣的现象：在某些特定的情况下，"啤酒"与"尿不湿"两件商品会经常出现在同一购物清单中；又经后续分析发现，在美国的育婴家庭中，通常母亲在家中照看婴儿，年轻的父亲去超市购物。父亲在购买尿不湿的同时，也会顺便为自己购买啤酒。该超市在发现这一现象后，就在店内尝试将啤酒与尿不湿摆放在相同的区域，由此获得了很好的商品销售收入。

现在，大数据技术除了在公安、交通、商业运营等方面得到应用，同时也在经济、政治、文化等方面产生深远的影响，大数据可以帮助人们开启循"数"管理的新模式。阿里巴巴创始人马云在一次演讲中提到，未来的时代将不是 IT（Information Technology，信息技术）时代，而是 DT（Data Technology，数据科技）时代，因此，对于很多行业而言，如何利用这些大规模数据将是赢得竞争的关键。因此，大数据成为企业和社会关注的重要战略资源，并已成为大家争相抢夺的新焦点。随着大数据的快速发展，大数据将带来新一轮的技术革命，也可能会使我们未来的生活方式发生改变。

3. 物联网

物联网（Internet of Things，IoT）是指通过信息传感设备，按约定的协议，将任何物体与网络相连接，物体通过信息传播媒介进行信息交换和通信，以实现智能化识别、定位、跟踪、监管等功能。也就是在互联网的基础上，将用户端延伸和扩展到物品与物品之间进行信息交换和通信的一种网络，是物物相连的互联网。物联网通过智能感知、识别技术与普适计算，广泛应用于网络的融合中，也因此被称为继计算机、互联网之后世界信息产业发展的第三次浪潮，它代表着当前和今后相当长一段时间内信息网络的发展方向。

物联网的概念早在 20 世纪 90 年代就已提出，当时称为传感器网。2005 年 11 月在突尼斯举行的信息社会世界峰会（WSIS）上，国际电信联盟（ITU）发布了《ITU 互联网报告 2005：物联网》，正式提出了"物联网"的概念。2009 年 8 月，自温家宝总理提出"感知中国"以来，物联网被正式列为我国五大新兴战略性产业之一，并写入政府工作报告，物联网在中国受到了全社会极大的关注。

应用创新是互联网发展的核心，以用户体验为核心的创新是物联网发展的灵魂。与传统互联网相比，物联网是一种建立在互联网基础上并应用了各种感知技术的泛在网络，它不仅提供了传感器的连接，其本身也具有智能处理的能力，能够对物体实施智能控制，可实现物品的智能化识别、定位、跟踪、监控和管理。它具有普通对象设备化、自治终端互连化和普适服务智能化的重要特征。当前物联网的应用领域已经扩展到农业生产、智能交通、仓储物流、智能环境（家庭、办公、工厂）、环境保护和个人健康等多个领域。

4. 人工智能

人工智能（Artificial Intelligence，AI）是研究、开发用于模拟、延伸和扩展人的智能的理论、方法、技术及应用系统的一门新的技术科学。它最早提出于 1956 年，当时在美国达特茅斯学院举办的一次会议中，麦卡赛、明斯基、罗切斯特等一批年轻科学家研讨"如何用机器模拟人的智能"时，首次提出了"人工智能"这一概念，这标志着"人工智能"这门新兴学科的诞生。

随着大数据、云计算、物联网和人工智能技术的发展，让机器能理解思考、像人类一样具有学习和推理的能力成为可能。比较有代表性的是 1997 年的国际象棋"人机大战"，IBM 公司的"深蓝"击败了人类的世界国际象棋冠军卡斯帕罗夫。这是人工智能技术的一个完美表现，也是人工智能发展的一个重要里程碑。2016 年，Google 公司开发的 AlphaGo 挑战世界围棋冠军李世石的围棋人机大战，最终 Google 以 4 比 1 的总比分取得了胜利，这是一场具有特殊意义的对抗。在此基础上 AlphaGo 又推出多个版本，其中第四代 AlphaGo（即 AlphaGo Zero）不再需要人类数据，它经过 3 天的自我训练，就以 100：0 强势打败了此前战胜李世石的旧版 AlphaGo。由此，普遍认为 AlphaGo 象征着计算机技术已进入人工智能的新时代，其特征就是大数据、大计算、大决策，三位一体。它的智慧正在接近人类。

到目前为止，像人脸识别、智能手环、智能家居、智能安防、智能医疗等人工智能的应用已开始走入我们的生活，无人驾驶也实现了技术性突破，人工智能的发展呈现了欣欣向荣的景象。

5. 移动互联网

移动互联网（Mobile Internet）是一种通过智能移动终端，采用移动无线通信方式获取业务和服务，是移动通信和互联网的有机结合。它以宽带 IP 为技术核心，同时提供语音、传真、数据、图像、多媒体等高品质信息服务的新一代开放的电信基础网络，是国家信息化建设的重要组成部分。

移动互联网基于小巧轻便和通信便捷的特点，人们可以利用生活、工作中的零散时间，接受和处理互联网的各类信息。据统计，2020 年末全国移动电话用户 15.94 亿户，移动电话普及率为 113.9 部 / 百人，而全国互联网上网人数为 9.89 亿人，其中手机上网人数 9.86 亿人。

移动互联网业务的特点不仅体现在移动性上，可以"随时、随地、随心"地享受互联网业务带来的便捷，还表现在更丰富的业务种类、个性化的服务和更高服务质量的保证。目前，移动互联网在通信、购物、娱乐、旅游、搜索、定位、金融、健康、商务、教育等多方面得到应用。而人们对移动性和信息的需求不断上升，发展高速率、低时延和大连接的新一代移动互联网成为必然趋势。

随着 5G 技术的发展，正加快 5G 和人工智能、工业互联网、物联网等新型基础设施建设，提升传统基础设施智能化水平，构建高速、智能、泛在、安全、绿色的新一代移动信息网络，形成适应数字经济与实体经济融合发展需要的信息基础设施体系。在应用方面，在智慧农业、智慧交通、应急救援、智慧机场、AR 零售、远程医疗、远程教育、智能制造和车联网等行业进行了 5G 场景开发。在未来，"5G+ 人工智能 + 云"还将催生更多新的应用。

 1.5   我国计算机的发展

我国电子计算机的研究起步较晚。1956 年，周恩来总理主持制定了《十二年科学技术发展规划》，其中把计算机列为发展科学技术的重点之一。1957 年，中科院计算所开始研制通用数字电子计算机，从此拉开了我国计算机发展的序幕。

1.5.1   我国计算机的发展阶段

1. 电子管计算机研制（1958—1964 年）

我国从 1957 年开始研制通用数字电子计算机，1958 年 8 月 1 日正式表演短程序运行，标志着我国第一台电子计算机诞生，为"103 机"，如图 1-11 所示。103 机属于第一代电子管计算机，它的成功开启了我国计算机研究的发展历程。

1958 年 5 月，我国开始了第一台大型通用电子计算机——104 机的研制。1964 年，我国第一台自行设计的大型通用数字电子管计算机 119 机研制成功，平均浮点运算速度为每秒 5 万次。

2. 晶体管计算机研制（1965—1972 年）

我国在研制第一代电子管计算机的同时，就开始

图 1-11   103 机

着手研制晶体管计算机。1965 年，中科院计算所研制成功了我国第一台大型晶体管计算机——109 乙机。实际上，该机从 1958 年就开始酝酿，在国外禁运条件下，要制造晶体管计算机必须先建立一个生产晶体管的半导体厂。经过两年努力，建造的这个半导体厂提供了制造 109 乙机所需的全部晶体管。经过对 109 乙机不断改进，两年后又推出 109 丙机。该机为用户工作了 15 年，有效运行时间达到 10 万小时以上，并且在我国两弹试制中发挥了重要作用，被誉为"功勋机"。

我国工业部门在第二代晶体管计算机研制与生产中已发挥重要作用。先后研制成功 108 机、108 乙机等多种机型，1965 年 2 月又成功推出了 441 B 晶体管计算机并小批量生产了 40 多台。

3. 中小规模集成电路计算机研制（1973—20 世纪 80 年代初）

我国到 1970 年初期才陆续推出大、中、小型采用集成电路的计算机。1973 年，北京大学与北京有线电厂等单位合作研制成功运算速度每秒 100 万次的大型通用计算机。进入 20 世纪 80 年代，我国高速计算机有了新的发展。1983 年中国科学院计算所完成我国第一台大型向量机——757 机，计算速度达到每秒 1 000 万次。这一记录同年就被国防科大研制的银河 - Ⅰ巨型计算机打破，其运算速度达到每秒 1 亿次，如图 1-12 所示。银河 - Ⅰ巨型机的研制成功填补了国内巨型机的空白，使我国成为世界上为数不多的能研制巨型机的国家之一，是我国高速计算机研制的一个重要里程碑，它也标志着我国与国外的差距缩小到 7 年左右。

图 1-12　银河 - Ⅰ巨型机

4. 大规模和超大规模集成电路计算机研制（20 世纪 80 年代中期至今）

我国第四代计算机研制是从微机开始的。1980 年初，我国开始采用 Z80、X86 和 6502 芯片研制微型计算机，1983 年 12 月电子部六所研制成功与 IBM PC 兼容的 DJS-0520 微型机。

1992 年研究成功银河 - Ⅱ通用并行巨型机，峰值速度达每秒 4 亿次浮点运算，总体上达到 20 世纪 80 年代中后期国际先进水平。从 20 世纪 90 年代初开始，国际上采用主流的微处理机芯片研制高性能并行计算机已成为一种发展趋势。1995 年，我国推出了第一台具有大规模并行处理机结构的并行机——曙光 1000，其峰值速度每秒 25 亿次浮点运算，实际运算速度上了每秒 10 亿次浮点运算这一高性能台阶，随后，又经过不断地研究改进。2004 年上半年推出浮点运算速度为每秒 1 万亿次的曙光 4000 超级服务器。纵观我国计算机的发展过程，走过了一段不平凡的道路。

1.5.2 我国超级计算机的现状

在国际科技竞争日益激烈的今天，高性能计算机（即超级计算机）技术及应用水平已成为展示综合国力的一种标志。我国在超级计算机方面发展迅速，已跻身于国际先进水平。

2000 年，我国自行研制成功高性能计算机"神威Ⅰ"，其主要技术指标和性能指标达到国际先进水平，成为继美国和日本之后，世界上第三个具备研制高性能计算机的国家。2004 年，由中国科学院计算所、曙光公司和上海超级计算中心联合研制的 10 万亿次级计算机"曙光4000A"，进入全球超级计算机 TOP500 排行榜前 10 名，我国成为世界上继美国和日本之后第三个能制造 10 万亿次商品化高性能计算机的国家。2008 年，我国百万亿次超级计算机"曙光5000"问世，标志着我国高性能计算机的研制迈上了新的台阶。

2009 年 10 月，我国研制的"天河一号"超级计算机的运算速度达到每秒 1 206 万亿次，是我国第一台每秒千万亿次的计算机。经过系统调试和改进，"天河一号"在 2010 年 11 月的全球超级计算机 TOP500 排名中，以每秒 2 570 万亿次的运算速度名列第一。2013 年 6 月，我国的"天河二号"以持续计算速度每秒 3.39 亿亿次的优异性能再居 TOP500 榜首，并且实现六连冠。

由于天河二号的核心 CPU 采用的是 Intel 芯片。为了限制我国超级计算机的发展，美国商务部于 2015 年 4 月发布公告，禁止向中国 4 家国家超级计算机机构出售"至强"（XEON）芯片。导致中国超级计算机发展受到限制。但是我国的科学家并没有停滞不前，经过不懈努力，研发出具有自主知识产权的超级计算机核心 CPU。进而于 2016 年研制出具有完全独立自主知识产权的超级计算机"神威·太湖之光"（见图 1-13），在 2016 年 6 月的 TOP500 排名中荣登榜单之首，成为世界上首台运算速度超过每秒十亿亿次的超级计算机。

图 1-13 "神威·太湖之光"超级计算机

在 2019 年 11 月的 TOP500 排名中，中国神威·太湖之光和天河二号分列榜单第三、第四位，美国的"顶点"和"山脊"拿下榜单冠亚军。本次中国入围的超级计算机达到 227 台，比上半年的 TOP500 入围数量增加 8 台，继续蝉联上榜数量第一。在超级计算机的排名中不仅看单台计算机的计算能力和入围 500 强的超算数量，还要看它们的总算力。在总算力方面，2019 年 6 月 TOP500 的榜单上，美国占榜单总表现的 38.4%，中国占 29.9%；可见，中国在继续扩大数量领先的同时，在总算力上与美国的差距也在不断缩小，中国占比 32.3%，美国占比 37.1%。中国继续扩大数量领先优势的同时，在总算力上与美国的差距也在不断缩小。

超级计算机广泛应用于物理化学、天文、气候气象、生物医药、新能源、流体仿真、大飞机、石油勘探、地震成像等领域。

例如，我国 C919 的风洞试验拥有大量的实验数据，通过超级计算机的模拟实验大幅加快了我国大飞机的研发进度；在我国每年台风的预警中，超级计算机通过我国气象卫星提供的数据计算出台风的路径提前预告，有效避免了人员、财产的损失；2020 年新冠肺炎疫情爆发以来，使用超级计算机进行基因测序，并利用测序结果，采用生物信息学的方法来比对和查找获知病毒结构，通过 700 万个小分子药物实验，找到能够让病毒蛋白质分子失效的小分子，快速研发出疫苗，超级计算机在其中扮演了不可替代的作用。

随着我国新基建的开始，未来超级计算机将和物联网、大数据、人工智能同实体经济深度融合，这将会进一步加快我国的综合实力发展。

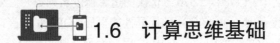

1.6 计算思维基础

1.6.1 计算思维

思维是人类所具有的认识活动，是人类在开动脑筋认识世界的过程中进行比较、分析、综合的能力，是一个复杂的、高级的认识过程。思维是复杂的、多形态的，一个人同时并存着几种不同形态的高度发达的思维。

1. 计算思维的提出

（1）科学思维

思维的分类方式有多种，按照思维的形成和应用领域，可以分为科学思维和日常思维。所谓科学思维是指形成并应用于科学认识活动的、人脑借助信息符号对感性认识材料进行加工处理的方式与途径。一般来讲，科学思维比日常思维更具有严谨性和科学性。

达尔文曾经说过："科学就是整理事实，从中发现规律，得出结论。"那么科学思维就是指人脑对科学信息的加工活动，即经过感性阶段获得的大量材料，通过整理和改造，形成概念、判断和推理，以便反映事物的本质和规律的过程。

科学研究的主要方法有理论研究、实验研究和计算研究，因此又将科学思维分为理论思维、实验思维和计算思维。

① 理论思维，又称逻辑思维，是指通过抽象概括，建立描述事物本质的概念，应用科学的方法探寻概念之间联系的一种思维方法。它以推理和演绎为特征，以数学学科为代表。

② 实验思维，又称实证思维，是通过观察和实验获取自然规律法则的一种思维方式。它以观察和总结自然规律为特征，以物理学科为代表。

③ 计算思维，又称构造思维，是指从具体的算法设计规范入手，通过算法过程的构造与实施来解决给定问题的一种思维方式。它以设计和构造为特征，以计算机学科为代表。

这三种思维方式都是人类科学思维方式所固有的部分，它们以不同的方式推动着科学的发展和人类文明的进步。

（2）计算思维

计算思维并不是近年来提出的一种思维方式，它自古就有，而且无所不在，以前一直没有得到足够的重视，其原因是缺乏有力的计算工具。直到 2006 年美国卡内基·梅隆大学周以真（Jeannette M. Wing）教授在美国计算机权威期刊 *Communications of the ACM* 上对计算思维（Computational Thinking）进行了清晰、系统的定义，这一概念才得到人们的广泛关注。

周以真教授认为：计算思维是运用计算机科学的基础概念进行问题求解、系统设计，以及理解人类行为的涵盖了计算机科学之广度的一系列思维活动。计算思维代表着一种普遍的态度和普适的技能，生活在信息时代的每一个人都应该主动学习和运用。也就是说，我们都应该具备计算思维能力，应该学会用计算思维去思考、去设计，运用计算机科学的基础概念去解决问题和理解人类的行为活动。实际上就是通过约简、嵌入、转化和仿真等方法，把一个看似困难的问题重新阐释成一个知道问题的解决办法的思维方式。

计算思维的本质是抽象（Abstraction）和自动化（Automation）。所谓抽象，就是根据要求把握问题的本质，抽取问题的主要方面，对问题进行抽象的表示、形式化的表达，设计系统模型，以此作为解决问题的基础。所谓自动化，就是在抽象模型的基础上，进一步设计好程序或系统，将问题求解过程表达精确，最终要机械地一步一步自动执行。随着人工智能技术的发展，自动化逐步走向智能化。

计算思维不仅仅属于计算机科学家或业内人士，而是每个人的基本技能。应当在培养解析能力时不仅掌握阅读、写作和算术，还要学会计算思维。

2. 计算思维的特征

（1）计算思维是概念化而不是程序化

计算机科学不是计算机编程。像计算机科学家那样去思维意味着远不止能为计算机编程，还要求能够在抽象的多个层次上思维，就像音乐产业不只是关注麦克风一样。

（2）计算思维是根本的而不是刻板的技能

根本技能是每一个人为了在现代社会中发挥职能所必须掌握的。刻板技能意味着机械的重复。具有讽刺意味的是，当计算机科学家解决了人工智能的问题，使计算机能像人类一样思考之后，思维就可能真的变为机械式的生搬硬套。

（3）计算思维是人的而不是计算机的思维方式

计算思维是人类求解问题的一条途径，但决非要使人类像计算机那样思考。计算机枯燥且沉闷，人类聪颖且富有想象力。人类赋予计算机激情，配置了计算设备，我们就能用自己的智慧去解决那些在计算时代之前不敢尝试的问题，实现"只有想不到，没有做不到"的境界。

（4）计算思维是数学和工程思维的互补与融合

计算机科学在本质上源自数学思维，因为像所有的科学一样，其形式化基础建筑于数学之上。计算机科学又从本质上源自工程思维，因为我们建造的是能够与实际世界互动的系统，基本计算设备的限制迫使计算机学家必须计算性地思考，不能只是数学性地思考。构建虚拟世界的自由使我们能够设计超越物理世界的各种系统。

（5）计算思维是思想而不是人造物

计算思维不只是计算机的软、硬件产品等人造物以物理形式到处呈现，时时刻刻触及我们的生活，更重要的是它将用于我们求解问题、管理日常生活、与他人交流和互动；而且，它面向所有的人和所有地方。当计算思维真正融入人类活动的整体以致不再表现为一种显式哲学的

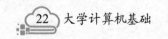

时候，它就将成为一种现实。

1.6.2　计算思维对非计算机学科的影响

计算思维已逐渐渗透到人们的生活中，如经常会提到诸如前提条件和算法这些词汇，已成为日常语言的一部分；在工作和学习中，许多情况下会用倒置的"树"来表示一些信息及其信息间的关系。这样的现象已经司空见惯，这说明计算机科学的知识、计算机科学的发展、计算思维已经深入到其他学科，而且已经被人们所接受。因此，计算思维不仅仅是计算机学科所关心的问题，它对其他学科所产生的深远影响，以至形成了一系列新的分支学科。

计算经济学是将复杂适应系统理论、计算机仿真技术应用到经济学的一种研究方法，影响着经济学研究方法和工具的演进。例如，在经济分析中的经济优化问题使用人工智能的方法解决，经济增长模型的数理性研究被计算性的研究替代。

计算生物学是指开发和应用数据分析及理论的方法、数学建模、计算机仿真技术等，用于生物学研究的学科。当前，生物学数据量和复杂性不断增长，每14个月基因研究产生的数据就会翻一番，单单依靠观察和实验已难以应对。因此，必须依靠大规模计算模拟技术，从海量信息中提取最有用的数据。计算生物学的研究内容主要包括生物序列的片段拼接、基因识别、种族树的建构、蛋白质结构预测以及生物数据库等。

计算物理学是利用现代电子计算机的大容量存储和快速计算的有利条件，将物理学、力学、天文学和工程中复杂的多因素相互作用过程通过计算机来模拟的学科，如原子弹的爆炸、火箭的发射，以及代替风洞进行高速飞行的模拟试验等。因为复杂的自然现象用纯理论不易完全描述，也不容易通过理论方程加以预见，而计算物理学采用数值分析方法，可以作为探索自然规律的一个很好工具。

计算思维对其他学科的影响远不止于此，如纳米计算改变着化学家的思考方式，机器学习改变了统计学家的思考方式等，这里就不再一一列举。

这种思维不仅仅局限于科学家，它将会成为每一个人的基本技能之一。今天的普适计算就如明天的计算思维。普适计算已成为今日现实的昨日之梦，而今日的计算思维就是明日的现实。

1.6.3　计算思维能力的表现

爱因斯坦说过：提出一个问题往往比解决一个问题更重要。因为解决一个问题也许仅是一个数学上的证明或实验上的技能而已。而提出新的问题、新的可能性，从新的角度看旧的问题，却需要有创造性的想象力，而且标志着新的进步。

计算思维能力可以定义为：面对一个新问题，运用所有资源将其解决的能力。所谓"新问题"可分为两类：一类是对所有人来讲都是新问题，比如尚未解决的科学问题；另一类只是对自己来讲是新问题，比如尚未学过排序的同学面对排序的问题。无论是哪种问题，其解决途径都基本一致，即查阅资料、运用已有知识、结合现有经验，同时发挥智力因素进行积极思考，再加上一点点灵感。只不过前者的难度更大，结果更不确定。

计算思维能力的核心是发现问题、寻求解决问题的思路，并能分析比较不同方案、验证方案。这里，结合目前各学校开设的课程及并结合计算思维的内涵，初步探讨计算思维能力的表现。

1. 初阶计算思维能力

初阶计算思维能力是指当遇到问题时，不仅有利用计算机解决问题的意识，还要具备利用计算机的常规技术和应用软件解决问题的能力。现在，一般人都具有计算思维意识，但利用计算机解决问题的能力就不尽相同。例如，遇到查阅资料、数据统计、总结汇报等情况时，能够熟练地使用计算机及相关常用技术很好地解决。如果这样，可以说具备初步的计算思维能力，这与大学计算机基础的课程相对应。

2. 中阶计算思维能力

在初阶计算思维能力的基础上，再进一步学习程序设计语言，了解计算机的解题思路，掌握问题抽象化，并能实现自动化的基本能力。需要强调的是，计算思维是人类问题求解的一条途径，绝非让人像计算机那样去思考。但我们要理解计算机解决问题的方法，能够适应计算机处理。

下面来看一个大家熟悉的鸡兔同笼的问题。假设在一个笼子里有 10 个头，28 条腿，问鸡和兔子各有多少只？

看到这个问题，大家的第一反应可能是用方程求解。现在以一元方程为例：假设鸡有 x 只，得到方程：$2x+4(10-x)=28$。通过解方程可以得到结果，但是这些方法不便于计算机的自动实现。

换个角度用"枚举法"的话，鸡的只数 x 可能的取值是 1～9，然后从 1 到 9 依次取其中的每个值计算鸡兔的腿数，并判断计算出的腿数是否等于 28。如果等于 28，则这个 x 的值就是结果。因此，用计算机求解的方法可以表示如下：

```
For x= 1 to 9
if   2*x+4*(10-x)=28 then
输出 x 和 10-x 的值
```

如果让问题的求解方法更通用，还可以对上述代码进行改进。

这种方法如果人工计算效率很低，但是便于计算机的自动执行，由于计算机具有高速的特性，因此是完全可行的。通过学习程序设计语言，如果掌握了一定的利用计算机解决问题的基本思路和方法，可以说具备了中阶计算思维能力。

3. 高阶计算思维能力

高阶计算思维能力也就是在中阶计算思维能力的基础上，进一步结合所学的专业知识能够进行创新，创造性地解决专业学习中遇到的问题，甚至是一些尖端问题。比如在校期间学生参加互联网＋大赛等与专业相关的一些竞赛，或参与教师的一些科研项目，在这个过程中多数都需要应用计算思维，将计算机知识和专业知识有机结合解决一些新问题，这充分体现了创新，可以说具备了一定的高阶计算思维能力。

计算思维通常表现为人在解决问题时对算法、数据、程序、自动化等概念的潜意识的应用。思维是一种不自觉的行为，希望通过计算机的学习，在遇到问题时会不自觉地想到用计算机进行解决，以及有效的解决思路。因此，计算思维应当成为这个时代每个人都具备的一种基本能力。

1.6.4　计算思维能力的培养

在日常学习中，培养和推进计算思维能力包括两个方面。

① 在掌握计算机基础知识的基础上，掌握计算机解决问题的思路和方法，能更好地用好计算机。

② 把计算机处理问题的方法应用于各个领域，推动在各领域中运用计算思维，更好地与信息技术相结合。

计算思维是通过各种途径、各个环节进行培养的。尤其在学习和应用计算机的过程中，可以更好地培养计算思维，同时也培养了其他的科学思维。在计算机课程的学习过程中，通过理论讲授以便更好地使用计算机，培养计算思维；通过实验教学，进行计算思维的训练，巩固计算思维；通过将信息技术与自己的专业学习结合，有意识地运用计算思维解决专业问题，不断探索。通过几个阶段的培养，可以逐步提升计算思维能力。

这种培养不只是通过"教"或"学"就能掌握的，而是要通过"练"。求解是一个复杂且综合的过程，口口相传的课堂教学无法表达其精髓，只能教授一些求解知识和一点求解的经验。真正的求解能力是在求解实践中锻炼、体会出来的。因此，教学中培养求解能力的根本途径是引出问题、激发学生的主动性，让学生自己动手解决问题。

习　　题

一、选择题

1. 下列关于计算机发展史的叙述中，错误的是_____。
   A. 世界上第一台计算机是在美国发明的 ENIAC
   B. ENIAC 诞生于 1946 年
   C. ENIAC 主要用于弹道计算
   D. ENIAC 是按照冯·诺依曼原理设计的计算机

2. 以下关于计算机特点的说法错误的是_____。
   A. 运算速度快　　　　　　　　　B. 运算精度高
   C. 有记忆和逻辑判断能力　　　　D. 运行过程须人工干预

3. 以下关于图灵机的说法，正确的是_____。
   A. 图灵机是一台机械式计算机
   B. 图灵机是一种计算机理论模型
   C. 图灵机是按照冯·诺依曼体系结构设计的计算机
   D. 图灵机是用于图灵测试的计算机

4. 未来计算机的发展趋势是_____。
   A. 巨型化、微型化、网络化、智能化、多媒体化
   B. 巨型化、大型化、中型化、小型化、微型化
   C. 巨型化、微型化、网络化、自动化、多功能化
   D. 巨型化、微型化、网络化、智能化、自动化

5. 目前微型计算机中所采用的主要电子元器件是_____。
   A. 电子管　　　　　　　　　　　B. 晶体管
   C. 大规模集成电路　　　　　　　D. 大规模和超大规模集成电路

6. 下列英文缩写和中文名字的对照中，错误的是_____。
   A. CAD——计算机辅助设计　　　B. CAM——计算机辅助制造
   C. CIMS——计算机集成制造系统　D. CAT——计算机辅助教育

7. 计算机发展的方向之一是巨型化、微型化、智能化和网络化等，其中巨型化是指_____。

    A. 体积大   B. 质量大

    C. 功能强大、运算速度快、存储容量大   D. 外设多

8. 学校的排课选课系统属于计算机应用技术领域的_____。

    A. 科学计算   B. 过程控制

    C. 计算机辅助工程   D. 数据处理

二、简答题

1. 计算机的发展经历了哪几个阶段？各阶段的主要特征是什么？

2. 计算机的发展趋势有哪几个方面？

3. 简述计算机的主要应用领域。

4. 就自己理解，简述计算机发展的新热点。

5. 简述我国超级计算机的发展现状和主要应用领域。

6. 什么是计算思维？计算思维的本质是什么？可举例说明。

7. 简要说明你对计算思维的理解。

第2章
数制与信息编码

计算机可以处理的信息主要包括数值、字符、声音、图像等。要使计算机处理这些信息，首先要将其转换为计算机能直接识别的二进制形式来表示，然后才能对其进行处理、存储和传输。因此信息编码成为计算机应用的重要基础。

本章主要介绍常用数制、进制间转换以及不同信息的编码。

2.1　理解"0"和"1"

2.1.1　《易经》与0和1

随着电子技术的迅速发展，计算机已成为各行各业不可或缺的重要工具。同时由于计算机基础知识的逐渐普及，现在计算机与二进制之间的关系几乎是人所共知。但对于我国古代几千年前留下来的著名哲典《易经》和计算机的关系，人们却知之甚少。

众所周知，《易经》是最能体现中国文化的经典。《易经·系辞》中说："一阴一阳之谓道"，即认为世界万物是发展变化的，其变化的基本要素为"阴"和"阳"。《易经》中的八卦就是每次取三个爻，由下往上组合而形成的八种排列，即"乾、坤、震、巽、坎、离、艮、兑"，分别代表着天、地、雷、风、水、火、山、泽这八种自然现象，如图2-1所示。

图2-1　八卦图

如果将阳爻用1表示，阴爻用0表示，那么八卦就可以将自下而上的卦爻转换成自左至右的二进制数表示（见表2-1）。

表2-1　爻与0和1的对应表

坤	艮	坎	巽	震	离	兑	乾
☷	☶	☵	☴	☳	☲	☱	☰
000	001	010	011	100	101	110	111

这样，八卦就变成了 3 位二进制数的表示。类似的，再将八卦两两重叠，就可以得到 6 个位次的易卦，称为六十四卦，每卦可以用 6 位二进制数表示。《易经》中用"先天八卦次序"表示的方法不仅表示了二进制数的符号及其转换编码，还表明二进制数不仅是数，而且还是数理逻辑符号。

2.1.2 情报与 0 和 1

1775 年 4 月，美国革命前夕，马萨诸塞州的民兵为计划抵抗英军的进攻，派出的侦察员需要将英军的进攻路线传回。作为信号，侦察员会在教堂的塔上点一盏或两盏灯笼。一盏灯笼意味着英军从陆地进攻，两盏灯笼意味着从海上进攻。如果直接在山上拼出单词"LAND"或"SEA"，则至少需要使用二、三十盏灯笼。但如果英军的进攻策略发生改变，即一部分英军从陆地进攻，而另一部分英军从海上进攻，该如何传递这一信息？是否还需要使用第三只灯笼？

侦察员可以找到更有效的编码方式，一盏灯笼的开和关可以传送两种信息，如"是"或"否"、"大海"或"陆地"等。众所周知，计算机是用 0 和 1 编码来表示信息，如果灯笼的点亮表示为 1，灯笼的熄灭表示为 0，一个二进制位就可以表达 2 种信息，两个灯笼就可以表示出如下四种信息：

① 00：表示英军不进攻。

② 01：表示英军从海上进攻。

③ 10：表示英军从陆地进攻。

④ 11：表示英军一部分从海上进攻，一部分从陆地进攻。

假设侦查员打探到英军先头部队进攻的具体月份，也可以使用上述方法来传送该信息，那么需要使用几盏灯笼呢？

2.1.3 计算机为什么采用二进制

由于计算机是由电驱动工作，而电路的"开 / 关"可以用数字"0/1"来表示。所以，在计算机系统中所有信息的转换电路都可转化成"0/1"的形式，也就是说在计算机系统中所有数据的存储、加工、传输都是以电子元件的不同状态来表示，即用电信号的"高 / 低"电平表示。

采用二进制的主要原因：

① 技术实现简单。计算机是由逻辑电路组成，逻辑电路通常只有两个状态，即开关的接通与断开，这两种状态正好可以用"1"和"0"表示。

② 简化运算规则。与十进制数相比，两个二进制数运算规则简单，有利于简化计算机中运算器的内部结构，提高运算速度。

③ 适合逻辑运算。逻辑代数是逻辑运算的理论依据，二进制只有两个数码，正好与逻辑代数中的"真"和"假"相吻合。

④ 可靠性高。因为每位数据只有高低两个状态，当受到一定程度的干扰时，仍能可靠地分辨出它是高电平还是低电平。

⑤ 数制间的转换容易。二进制数与十进制数之间的转换规则简单，易于计算机结构的实现。

为什么如此简单的二进制系统能够表示出客观世界中那么多种丰富多彩的信息呢？这就需要对各种信息进行不同方式的编码。

2.2 数制与转换

2.2.1 数制

1. 数制的概念

进位计数制是指按进位的原则进行计数的方法，简称"数制"。在日常生活中会用到不同的数制，人们常用的是以十进制进行计数。除十进制计数外，在生活中还会用到其他非十进制的计数方法。例如，1 星期有 7 天，用的是七进制计数法；1 小时有 60 分钟，1 分钟有 60 秒，用的是六十进制计数法；1 年有 12 个月，用的是十二进制计数法等。而在计算机领域，信息采用二进制表示，同时为了书写和表示方便，又引入了八进制和十六进制。无论哪种进制都涉及三个基本问题，即数码、基数和位权。

（1）数码

用不同的数字符号来表示某种进制的数值，这组数字符号的集合称为"数码"。如二进制包含 0 和 1 两个数码；十进制包含 0～9 的 10 个数码；八进制包含 0～7 的 8 个数码；十六进制包含 0～9 和 A、B、C、D、E、F 共 16 个数码。

（2）基数

计数制中所允许使用的全部数码的个数称为基数。例如，十进制的基数为 10，表示这种计数制一共可以使用 10 个不同的符号，低位计满后向高位进一，即通常所说的"逢十进一"。同理，二进制的基数为 2，其采用 0 和 1 两个不同的符号，采用"逢二进一"的方式计数，其他计数制可以依此类推。

（3）位权

数制中每一固定位置对应的单位值称为位权。在某种计数制的数值中，每个数位上的数字所表示的量是这个数字本身与该位位权的乘积，称为位权值。而位权 =（基数）^{i}，其中 i 值是由每个数所在的位置所决定，整数部分从右至左 i 值依次为 0，1，2，3…小数部分从左至右 i 值依次为 -1，-2，-3…

例如，十进制数的基数是 10，$(345.12)_{10}$ 中 4 的位权为 10^1，其位权值为 4×10^1，2 的位权为 10^{-2}，2 的位权值 2×10^{-2}，该数可表示为

$$(345.12)_{10}=3 \times 10^2+4 \times 10^1+5 \times 10^0+1 \times 10^{-1}+2 \times 10^{-2}$$

这个式子称为十进制数 345.12 的按位权展开式。

又如，二进制数的基数为 2。$(1101.101)_2$ 中整数部分从右至左第 3 位的位权值为 1×2^2，小数部分从左至右的第 1 位位权值为 1×2^{-1}，该数可表示为

$$(1101.101)_2=1 \times 2^3+1 \times 2^2+0 \times 2^1+1 \times 2^0+1 \times 2^{-1}+0 \times 2^{-2}+1 \times 2^{-3}$$

其他进制，依此类推。

2. 常用数制

（1）几种常用的数制表示

计算机使用的数制是二进制，为了书写方便引入八进制和十六进制，而日常使用的是十进制。几种常用计数制的表示见表 2-2。

表 2-2　几种常用计数制的表示

进制	二进制	八进制	十进制	十六进制
计数规则	逢 2 进 1	逢 8 进 1	逢 10 进 1	逢 16 进 1
基数	2	8	10	16
数码	0，1	0，1，…，7	0，1，…，9	0，1，…，9，A，B，…，F
位权	2^i	8^i	10^i	16^i
表示	B 或 $(N)_2$	O 或 $(N)_8$	D 或 $(N)_{10}$ 或省略	H 或 $(N)_{16}$

在使用不同进制的数值时，为了相互区分，常用的书写规则是采用字母后缀或括号外面加下标两种方法表示，如：

二进制数 1011 表示为：1011B 或 $(1011)_2$。

八进制数 327 表示为：327O 或 $(327)_8$。

十进制数 218 表示为：218D 或 $(218)_{10}$，一般情况下，十进制数后面的字母后缀或数字下标可以省略，即无后缀的数字默认为十进制数。

十六进制数 1A2 表示为：1A2H 或 $(1A2)_{16}$。

（2）常用计数制的对应关系

十进制与二进制、八进制、十六进制之间的对应关系，见表 2-3。

表 2-3　常用计数制的对应关系

十进制	二进制	八进制	十六进制	十进制	二进制	八进制	十六进制
0	0000	0	0	8	1000	10	8
1	0001	1	1	9	1001	11	9
2	0010	2	2	10	1010	12	A
3	0011	3	3	11	1011	13	B
4	0100	4	4	12	1100	14	C
5	0101	5	5	13	1101	15	D
6	0110	6	6	14	1110	16	E
7	0111	7	7	15	1111	17	F

2.2.2　不同进制间的转换

虽然计算机内部使用二进制来表示各种信息，但计算机与外部的交流仍采用人们方便书写和阅读的表示形式。就数值型数据而言，常有二进制与十进制之间、二进制与八进制和十六进制之间的转换。

1. R 进制数转化为十进制数

R 进制数是指二进制、八进制和十六进制等非十进制数的统称。R 进制数的基数是 R，转换为十进制数按位权展开式求和即可。一般表示为

$$N=(D_{n-1}\cdots D_1 D_0 D_{-1} D_{-2}\cdots D_{-m})_R$$
$$=D_{n-1}\times R^{n-1}+\cdots+D_1\times R^1+D_0\times R^0+D_{-1}\times R^{-1}+D_{-2}\times R^{-2}+\cdots+D_{-m}\times R^{-m}$$

其中，R 表示基数，$D_i (i=n-1,\cdots,1,0$ 或 $-1,-2,\cdots,-m)$ 表示第 i 位的数码，R^i 表示 R 进制数第 i 位的位权。

【例 2.1】将 $(1101.011)_2$、$(125)_8$ 和 $(2B3.A2)_{16}$ 分别转换为十进制数。

$(1101.011)_2 = 1\times 2^3+1\times 2^2+0\times 2^1+1\times 2^0+0\times 2^{-1}+1\times 2^{-2}+1\times 2^{-3}=(13.375)_{10}$

$(125)_8 = 1 \times 8^2 + 2 \times 8^1 + 5 \times 8^0 = (85)_{10}$

$(2B3.A2)_{16} = 2 \times 16^2 + 11 \times 16^1 + 3 \times 16^0 + 10 \times 16^{-1} + 2 \times 16^{-2} = (691.633)_{10}$

2. 十进制数转换为 R 进制数

将十进制数转换为 R 进制数时，整数部分和小数部分转换方式不同，需要分别转换，然后再组合。

（1）十进制整数转换 R 进制整数

采用"除 R 取余逆写法"，即用十进制数的整数部分除基数 R，得到商和余数，商再除以 R，直到商为 0 为止；然后将所得余数由下而上排列，即最后得到的余数排在最前面。

【例2.2】将十进制数 23 转换为二进制数。

余数

$$
\begin{array}{c}
2\underline{\smash{\big)}\,23} \quad \cdots\cdots \quad 1 \quad \text{低} \\
2\underline{\smash{\big)}\,11} \quad \cdots\cdots \quad 1 \\
2\underline{\smash{\big)}\,5} \quad \cdots\cdots \quad 1 \\
2\underline{\smash{\big)}\,2} \quad \cdots\cdots \quad 0 \\
2\underline{\smash{\big)}\,1} \quad \cdots\cdots \quad 1 \quad \text{高} \\
0
\end{array}
$$

转换结果：$(23)_{10} = (10111)_2$

（2）十进制小数转换 R 进制小数

采用"乘基取整顺写法"，即十进制数的小数部分不断用相应进制的基数 R 去乘，然后去掉乘积中的整数部分，再用基数 R 去乘剩余的小数部分，直到小数部分为 0 或达到所要求的精度为止。然后将所得乘积的整数部分由上而下排列，即先得到的乘积整数写在最前面。

【例2.3】将十进制数 0.8125 转换为二进制数。

0.8125   整数

$$
\begin{array}{c}
\times \quad 2 \\
\hline
\boxed{1}.6250 \quad \cdots\cdots \quad 1 \quad \text{高} \\
\times \quad 2 \\
\hline
\boxed{1}.2500 \quad \cdots\cdots \quad 1 \\
\times \quad 2 \\
\hline
\boxed{0}.5000 \quad \cdots\cdots \quad 0 \\
\times \quad 2 \\
\hline
\boxed{1}.0000 \quad \cdots\cdots \quad 1 \quad \text{低}
\end{array}
$$

转换结果：$(0.8125)_{10} = (0.1101)_2$

【例2.4】将十进制数 75.32 转换为二进制数，精确到小数点后 4 位。

$(75)_{10} = (1001011)_2$

$(0.32)_{10} = (0.0101)_2$

转换结果：$(75.32)_{10} = (1001011.0101)_2$

实际上，一个非十进制小数能够完全准确地转换成十进制数，但一个十进制小数并不一定能完全准确地转换为非十进制数。在这种情况下，可以根据精度要求只转换到小数点后某一位为止，这个数就是该小数的近似值。

3. 二进制与八进制、十六进制数之间的转换

由于二进制与八进制、十六进制数之间存在着特殊的关系，如 $2^3=8$，即可以用 3 位二进制数表示 1 位八进制数，而 $2^4=16$，即可以用 4 位二进制数表示 1 位十六进制数，因此二进制与八进制、十六进制数之间的转换简单方便，这也是引入八进制和十六进制数的原因。

（1）二进制数转换为八进制、十六进制数

二进制数转换为八进制数采用"3 位合 1"的方法，即以二进制数的小数点为界，分别向左（整数部分）和向右（小数部分）每 3 位二进制数码分成一组，在最左或最右不足 3 位的用"0"补足。然后再分别将每组二进制数码转换成一位八进制数码即可。

【例 2.5】将 $(1101011.11001)_2$ 转换为八进制数。

$$(1101011.11001)_2 =(1\ 101\ 011\ .\ 110\ 01)_2$$

$$\text{左} \qquad\qquad \text{右}$$

$$=(001\ 101\ 011\ .\ 110\ 010)_2=(152.62)_8$$

$$\downarrow\quad \downarrow\quad \downarrow\quad\ \downarrow\quad \downarrow$$

$$1\quad\ 5\quad\ 3\ .\ 6\quad\ 2$$

因此，$(1101011.11001)_2=(153.62)_8$

同理，将二进制数转换为十六进制数，采用"4 位合 1"的方法进行。

【例 2.6】将 $(1101011.11001)_2$ 转换为十六进制数。

$$(1101011.11001)_2 =(110\ 1011\ .\ 1100\ 1)_2$$

$$\text{左} \qquad\qquad \text{右}$$

$$= (0110\ 1011\ .\ 1100\ 1000)_2=(6B.C8)_{16}$$

$$\downarrow\qquad \downarrow\qquad\quad \downarrow\qquad \downarrow$$

$$6\qquad B\ .\quad C\qquad 8$$

因此，$(1101011.11001)_2=(6B.C8)_{16}$

（2）八进制数、十六进制数转换为二进制数

八进制数转换成二进制数采用"以 1 换 3"的方法，即八进制数中的每一位数码用对应的一组 3 位二进制数来替换。同理，十六进制数转换成二进制数采用"以 1 换 4"的方法。最后去掉整数部分最左端和小数部分最右端的 0 即可。

【例 2.7】将八进制数 37.62 转换为二进制数。

$$(37.62)_8=(\quad 3\qquad 7\ .\quad 6\qquad 2\quad)_8$$

$$\downarrow\qquad \downarrow\qquad\quad \downarrow\qquad \downarrow$$

$$011\quad\ 111\ .\ 110\quad\ 010$$

$$= (011\ 111.110\ 010)_2=(11111.11001)_2$$

【例 2.8】将十六进制数 3E.72H 转换为二进制数。

$$3E.72H = \quad 3\quad\ E\ .\quad 7\qquad 2\ H$$

$$\downarrow\qquad \downarrow\qquad\quad \downarrow\qquad \downarrow$$

$$0011\quad 1110\ .\ 0111\quad 0010$$

$$= (0011\ 1110.0111\ 0010)_2=(111110.0111001)_2$$

（3）八进制数与十六进制数间的转换

八进制与十六进制之间的转换，通常先转换为二进制数作为过渡，再用上面所讲的方法进行转换。

读者课后自己练习将 $(527)_8$ 转化为十六进制数，将 $(3A5)_{16}$ 转化为八进制数。

2.3 数值在计算机中的表示

在计算机中处理的数据分为数值型和非数值型两大类。数值型数据是指数学中的代数值，具有量的含义，如 98、−215.6 等；非数值型数据是指除数值型数据以外的所有信息，没有量的含义，如字母、汉字、用作电话号码或学生学号的数字、图像、声音及其他一些符号。本节主要介绍数值型数据在计算机中的表示。

2.3.1 机器数

人们在日常生活中遇到的一些数据，不仅有一个确切的数值，同时还有正、负之分。这些数值的正、负在数学上通常用"+"或"−"号表示，在计算机中该如何表示？当遇到一个浮点数时，在计算机中又该如何表示？

通常，把数值型数据在计算机中的二进制表示形式称为机器数。若要全面、完整地将数值型数据表示出来，需要考虑三个因素，即符号表示、机器数的范围和小数点的位置。

1. 机器数的符号表示

由于计算机采用二进制形式表示信息，因此计算机中的数据都是由"0"和"1"两个数字组合而成，包括数值的符号。为了正确表示有符号的数值，在计算机中设置了符号位，用"0"表示正数，用"1"表示负数，并规定放在数值的最左边，将其称为"数符"，其余位表示数值。例如，+45 和 −45 用 8 位二进制数表示，如图 2-2 所示。

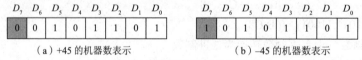

（a）+45 的机器数表示　　　　（b）−45 的机器数表示

图 2-2　机器数的符号表示

把存放在机器内的正负号数字化的数称为机器数，把机器外部由正负号表示的数称为真值数。例如，真值数 −0101101B，对应的机器数为 10101101。这样把符号数字化后和数值位一起编码的方法，很好地解决了带符号数的表示方法及其计算问题。

2. 机器数的范围

机器数的范围由硬件决定。计算机能直接处理的二进制数的位数称为字长，一台机器的字长是固定的。现在机器字长一般都是字节的整数倍，如字长为 8 位、16 位、32 位或 64 位等。

当 CPU 中使用 8 位寄存器时，即字长为 8 位，它可表示的无符号整数的范围是 0 ～ 255，有符号整数的范围是 −128 ～ 127。当 CPU 中使用 16 位寄存器时，即字长为 16 位，表示无符号整数的范围值 0 ～ 65 535，有符号整数的范围是 −32 768 ～ 32 767。

3. 小数点的位置

通常在日常生活中遇到的数据，不仅有正、负号之分，而且大多数是带有小数的数值。在计算机系统中，根据小数点的位置是否固定，又将数值分为定点数和浮点数两种。

2.3.2　定点数和浮点数

1. 定点数

定点数是指小数点位置固定不变的数据。该位置在计算机设计时已经规定，无须再用其他状态专门的表示小数点 "."。根据小数点固定位置的不同，又将定点数分为定点整数和定点小数两种形式。

（1）定点整数

定点整数是把小数点的位置约定在有效数值的最低位之后。假设在 8 位字长的计算机中，数值 –105D 的存放形式如图 2-3 所示。

图 2-3　定点整数的表示

对于 8 位字长的计算机，能存放的最大定点整数是 0111 1111B，对应于十进制数的 +127；最小定点整数是 1111 1111B，对应于十进制数的 –127，而此时 0 有两种表示，即 0000 0000B 和 1000 0000B，由于引入补码的概念，在表示时用 –128 代替了 –0，其数值表示范围是 –128 ～ +127 共 256 个，即 $-2^7 \sim 2^7-1$。对于 16 位字长的计算机，其数值表示范围是 –32 768 ～ +32 767，即 $-2^{15} \sim 2^{15}-1$。

这样，对于 n 位字长的计算机有符号整数的存数范围是 $-2^{n-1} \leqslant x \leqslant 2^{n-1}-1$。

（2）定点小数

定点小数是把小数点的位置约定在符号位之后、有效数值部分最高位之前，用来表示一个小于 1 的纯小数。假设在 8 位字长的计算机中，数值 0.525D 的存放形式如图 2-4 所示。

图 2-4　定点小数的表示

2. 浮点数

由于受计算机字长的限制，定点数所表示的数据范围是有限的。对于一些很大、要求精度很高的数据就无法表示，对于既有整数部分，又有小数部分的数据表示也会遇到困难。因此，计算机采用十进制数据的科学计数法思想来表示这些数值数据。

例如，234.50、–2.345、–0.02345 等数值，它们的小数点的位置不固定，可以转换成用科学计数法来表示，即 0.23450×10^3、-0.2345×10^1、-0.2345×10^{-1}。

可以看出，在原数据中无论小数点前后各有几位数，都可以转化为一个定点小数和一个基数的整数次幂的乘积来表示，这就是浮点数的表示方法。这里将表示有效数字部分的纯小数称为尾数（M），为了保证不损失有效数字，通常对尾数进行格式化处理，保证尾数的最高位不为 0，从而唯一地规定了小数点的位置。将表示基数的幂次部分称为阶码（r），一般为整数，用于指明小数点的实际位置。因此，浮点数的大小就由尾数和阶码唯一确定。

在计算机中，任意一个二进制浮点数 N 规范化的表示形式为：

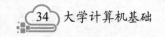

$$N = \pm M \times 2^{\pm r}$$

其中，M 为 N 的尾数，是 N 的全部有效数字，表示数的精度；M 前面的 ± 号是尾数的符号，简称数符，表示数值 N 的正负；r 为 N 的阶码，表示数的大小范围，r 前面的 ± 为阶码符号，简称阶符，表示小数点的移动方向。

【例 2.9】用浮点数形式表示二进制数 1010.01。

$$(1010.01)_2 = (0.101001)_2 \times 2^{(100)_2}$$

在计算机中，浮点数的表示格式有多种，如果用 4 个字节表示浮点数，其中阶码用 8 位表示，尾数用 24 位表示，其浮点数的表示形式如图 2-5 所示。

图 2-5　浮点数的存放格式

由此可见，浮点数的数值表示范围大、精度高，但是浮点数存储数据占用的空间比定点数要大，增加了计算机的操作时间。

2.4　信息编码

在计算机的信息处理中，除处理数值信息外，更多的是对大量的字符、文字、图形等非数值信息的处理。这些信息不表示数值大小，只代表一种符号，所以又称为符号数据。

从键盘向计算机中输入的各种操作命令以及原始数据都是字符形式的，如英文字母、汉字、标点符号、十进制数以及运算符 \$、%、+ 等。而计算机只能处理二进制数，这就需要对符号数据进行编码，将输入的各种字符由计算机自动转换成二进制编码进行存储。一个编码就是一组"0"和"1"的组合，这样一组二进制数的位数就决定了符号集的大小。对于西文和汉字字符，由于字符形式和数量的不同，使用不同的编码方式。

2.4.1　ASCII 码

国际上对字符的二进制编码有多种，对西文字符编码最常用的是美国标准信息交换码（American Standard Code for Information Interchange，ASCII）。它被国际标准化组织确认为国际标准字符编码。统一的编码便于不同计算机之间的通信。

一个二进制位只能表示 0 和 1 两种信息，即 $2^1 = 2$；两个二进制位可以表示 00、01、10 和 11 四种信息，即 $2^2 = 4$；以此类推，n 个二进制位可以表示 2^n 种不同的信息。一个字节有 8 个二进制位组成，因此一个字节可以表示 256 种不同的信息。

标准 ASCII 码由 7 位二进制位组成，用 0000000 ～ 1111111 共 128 种不同的数码串分别表示 128 个字符的编码，其中包括 34 个非图形字符（又称控制字符）和 94 个图形字符（又称普通字符）。在图形字符中，又包括 0 ～ 9 十个阿拉伯数字、52 个大小写英文字母和 32 个标点符号，标准 ASCII 码字符集如表 2-4 所示。

在 ASCII 码表中可以看出，其编码具有以下特点：

表 2-4　标准 ASCII 码字符集

高位 $b_6b_5b_4$ 低位 $b_3b_2b_1b_0$		000 0	001 1	010 2	011 3	100 4	101 5	110 6	111 7
0000	0	NUL	DLE	SP(空格)	0	@	P	、	p
0001	1	SOH	DC1	!	1	A	Q	a	q
0010	2	STX	DC2	"	2	B	R	b	r
0011	3	ETX	DC3	#	3	C	S	c	s
0100	4	EOT	DC4	$	4	D	T	d	t
0101	5	ENQ	NAK	%	5	E	U	e	u
0110	6	ACK	SYN	&	6	F	V	f	v
0111	7	BEL	ETB	'	7	G	W	g	w
1000	8	BS	CAN	(	8	H	X	h	x
1001	9	HT	EM	)	9	I	Y	i	y
1010	A	LF	SUB	*	:	J	Z	j	z
1011	B	VT	ESC	+	;	K	[	k	{
1100	C	FF	FS	,	<	L	\	l	|
1101	D	CR	GS	-	=	M	]	m	}
1110	E	SO	RS	.	>	N	^	n	~
1111	F	SI	US	/	?	O	_	o	DEL

① ASCII 码表中前 33 个字符和最后一个字符（DEL）为非图形字符，主要用于回车、换行等控制功能，又称为控制字符。

② 在图形字符中"0"～"9"、"A"～"Z"和"a"～"z"均顺序排列，这一特点常用于字符数据的比较运算中。

③ 数字"0"～"9"的十进制 ASCII 码值是 0110000B～0111001B，对应的十进制码值为 48～57，ASCII 码与数值相差 48。

④ 在英文字母中，"A"的 ASCII 码值为 1000001B，对应十进制数的 65；"a"的 ASCII 码值是 1100001B，对应十进制数的 97，且英文字母的 ASCII 码值按字母顺序由小到大依次排列。因此，只要知道"A"或"a"的 ASCII 码，就可以计算出其他字母的 ASCII 码值。

⑤ 空格字符的 ASCII 码值为 0100000B，对应的十进制码值是 32，它排在所有图形符号之前。

在计算机的内部，存储与操作的基本单位是字节（Byte），一个字节含 8 个二进制位，而一个标准 ASCII 码只使用 7 个二进制位。为了便于计算机的存储和管理，将一个字符的 ASCII 码在计算机内用 8 位二进制位表示，并为多出一位最高位 b_7 补"0"。在需要奇偶校验时，这一位可用于存放奇偶校验的值，此时称这一位为奇偶校验位。

【例 2.10】分别用二进制和十六进制数写出字符串"Good!"的 ASCII 码（见表 2-5）。

表 2-5　二进制和十六进制的字符串"Good!"

字母	ASCII 值	二进制表示	十六进制表示
G	100 0111	0100 0111	47H
o	110 1111	0110 1111	6FH
o	110 1111	0110 1111	6FH
d	110 0100	0110 0100	64H
!	010 0001	0010 0001	21H

读者想想，二进制数"1011011"是哪个字符的 ASCII 码表示。

2.4.2　BCD 码

计算机为了适应人们的日常习惯，采用十进制数的方式对数值进行输入和输出。在输入数据时，应将十进制数转换成二进制数，在输出时，再将二进制数转换成十进制数。为了让计算机自动完成此项工作而又方便管理，还需对十进制数进行专门的编码，即将十进制数的每一位分别转换成一组 4 位二进制数表示的编码，这种编码称为"二－十进制编码"（Binary-Coded Decimal，BCD）。BCD 码的编码方式很多，有 8421 码、2421 码、余 3 码等，其中最常用的是 8421 码。这种编码表面上具有二进制数的形式，但同时又具有十进制数的特点。

BCD 的 8421 编码是一种有权码，即每位二进制数都有固定的权，每个 BCD 码的权值从左向右分别是 8、4、2、1。应该指出的是，4 位二进制数有 0000 ～ 1111 共 16 种状态，而十进制数 0 ～ 9 只取 0000 ～ 1001 十种状态，其余的 6 种不用。BCD 的 8421 编码与十进制数的对应关系见表 2-6。

表 2-6　BCD 的 8421 码与十进制数的对应关系

十进制数	8421 编码	十进制数	8421 编码
0	0000	6	0110
1	0001	7	0111
2	0010	8	1000
3	0011	9	1001
4	0100	10	0001 0000
5	0101	11	0001 0001

值得注意的是，BCD 编码形式上像二进制数，但不是真正的二进制数，不能按权展开求值，同时也不直接与相应字符的 ASCII 码对应。如十进制数 12 的 8421 码为 0001 0010，而在每个 8421 码前补上高四位"0011"，就会将其转换成对应的 ASCII 码，例如：$(12)_{10} \rightarrow$ 0001 0010（8421 码）$\rightarrow$ 0011 0001　0011 0010（ASCII 码）$\rightarrow$ 3132H。

因此，在学习中应正确区分 BCD 码与其他编码不同，不要混淆。

2.4.3　汉字编码

因为计算机只能识别二进制数，所以任何信息在计算机中都必须以二进制数的形式表示，汉字也不例外。英文字符用 128 个字符构成的字符集就能满足处理的需要，编码容易，在计算机系统中输入、存储和输出都使用统一编码。而汉字是象形文字，不能利用键盘直接输入，加之汉字数量多且复杂，给计算机编码带来了一定难度。

计算机在处理汉字时，汉字的输入、存储和输出过程中各环节所使用的汉字编码不同。首先，通过汉字输入码将汉字信息输入计算机内部，再用汉字国标码和汉字机内码对汉字信息进行加工、转换、处理，最后使用汉字字形码将汉字从显示器或打印机上输出，之间需要进行不同编码的相互转换，如图 2-6 所示。

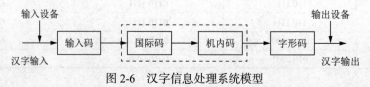

图 2-6　汉字信息处理系统模型

1. 汉字输入码

汉字输入码也称汉字外码，是利用计算机键盘输入汉字时对汉字进行的编码。目前，国内外提出的汉字输入码有百种之多，衡量一种输入码的好坏主要从编码短、规则简单、重码少、易学易记、方便操作等方面进行考虑，但到目前为止，还没有一种汉字输入码完全符合上述要求。现在常用的汉字输入码可以归纳为以下两类。

（1）音码

音码是以汉字拼音为基础的编码方案。这类输入法符合人们的思维习惯，不需要学习和记忆，例如，智能 ABC、搜狗拼音、微软拼音等。这类输入法存在的主要问题：一是由于同音字多，重码率高，影响了输入效率；二是要求操作者发音准确，对不认识的字难以输入。不过现在此类输入法大多支持词组输入，很好地弥补了重码多的缺陷。

（2）形码

形码是以汉字的字形及书写顺序为基础对汉字进行的编码。这类输入法按照一定的规则对汉字进行拆分，从而得到若干具有特定结构特点的形状，然后以这些形状为编码元素进行代码组合，例如，五笔字型、表形码等。这类输入法重码少，不受读音不准的干扰，输入效率高。这类输入法存在的主要问题：需要专门的训练学习才能掌握，长时间不用也会忘掉，所以适合于专业录入员使用。

当然还有根据汉字的读音和字形相结合对汉字进行编码等方案。随着技术的进步，手写输入、语音输入和扫描输入受到操作者的欢迎。但不论用哪种输入法，都是向计算机输入汉字的手段。在计算机内部最终都是以统一的汉字内码进行表示，而汉字内码又来自于汉字国标码。

2. 国标码

国标码是指在不同汉字系统之间进行汉字交换时所使用的统一编码。1980 年，为了使每一个汉字有一个全国统一的代码，我国颁布了第一个汉字编码的国家标准：GB 2312—1980《信息交换用汉字编码字符集——基本集》，简称国标码。这个字符集是我国中文信息处理技术的发展基础，也是目前国内所有汉字系统的统一标准。

国标码 GB 2312—1980 中共收录了 7 445 个汉字和字符符号。其中一级常用汉字 3 755 个（按汉语拼音字母顺序排列），二级非常用汉字和偏旁部首 3 008 个（按部首笔划顺序排列），以及字符符号 682 个。由于汉字总数和相关的文字符号较多，每个字符占用 2 个字节。同时考虑到 ASCII 码的编码规则，国标码采用双七位二进制的编码表示，最高位补 0。这个方案最大可容纳 $128 \times 128 = 16\,384$ 个汉字及字符。

为了编码方便，所有的国标码汉字及符号组成一个 94 行×94 列的方阵。在方阵中，每一行称为一个"区"，每一列称为一个"位"。每个字在方阵中的坐标，称为该汉字的"区位码"。例如，"保"字在方阵中处于第 17 区第 3 位，它的区位码即为"1703"。

国标码并不等于区位码，它和区位码存在对应关系。其转换规则为：先将十进制数表示的区码和位码各加上 32 后，再将其分别转换为十六进制表示。

【例 2.11】"保"字的区位码是 1703D，写出它对应的国标码。

① 区位码中"区"和"位"分别加上 32。

区：17+32 → 49　　　位：03+32 → 35

② "区"码和"位"码分别转换为十六进制数。

区：49D → 31H　　　位：35D → 23H

最后，得到"保"字的国标码为 3123H。

> **提示：** 为了与标准 ASCII 码兼容，避开 ASCII 字符中的前 32 个控制字符，因此区位码向国标码转换时，区码和位码需要分别加上 32。

3. 汉字机内码

汉字机内码是汉字在计算机内部最基本的表现形式，是计算机对汉字进行存储、处理的编码。前面讲过，一个国标码占两个字节，每个字节最高位补 0，这样在计算机内存储汉字时，会与 ASCII 码发生冲突。例如，"保"字的国标码为 31H 和 23H，而英文字符"1"和"#"的 ASCII 码也分别为 31H 和 23H，假如内存中连续两个字节存放的信息分别是 31H 和 23H，这样计算机难以确定存储的是"保"字还是"1#"两个英文字符，产生了二义性。因此，汉字在计算机是不能直接用国标码表示的。

为了在计算机内部能够正确区分是汉字编码还是 ASCII 码，将国标码的每个字节的最高位由"0"变为"1"，变换后的国标码称为汉字机内码。由此可见，汉字机内码的每个字节的数值都大于 128，而每个西文字符的 ASCII 码值均小于 128。

【例 2.12】 已知"保"字的国标码为 3123H，写出该汉字的机内码。

先将国标码转换成二进制数表示，然后将国标码两个字节的最高位分别置 1，可再转换成十六进制数表示。

国标码（十六进制）：　31H　　　　23H

国标码（二进制）：00110001B　00100011B

机内码（二进制）：10110001B　10100011B

机内码（十六进制）：　B1H　　　　A3H

最后，得到"保"字的机内码表示为 B1A3H。

综上所述，国标码、机内码两者间的转换规则归纳如下，反之亦然。

机内码 = 国标码（每个字节）+80H

国标码 = 机内码（每个字节）-80H

4. 汉字字形码

由于汉字数量多、字形和笔画复杂等特点，在进行显示和打印汉字信息时还需要对其编码。汉字字形码就是对汉字输出字形的编码，又称为汉字字模。汉字字形码分为点阵字形和矢量字形两种。

（1）点阵方式

由于汉字数量多且字形变化大，对不同字形汉字有不同的点阵表示。所谓汉字的点阵字形码就是汉字点阵字形的代码，即将一个汉字放入一个横竖等分的网格中，每个格用一个二进制位表示，有笔画处用"1"表示，无笔画处用"0"表示。现以 16×16 点阵宋体的"云"字为例说明汉字的点阵及编码方式，如图 2-7 所示。

在汉字库中，每个汉字所占用的存储空间与汉字笔画无关，网格分割的粗细决定了每个汉字点阵编码占用空间的大小。点阵规模愈大，存储一个汉字的字形所占用的空间就愈大，输出的字形愈清晰美观。例如，一个 16×16 点阵的汉字占 32 个字节。同时，对于不同的字体应使用不同的点阵字库。这种字模点阵只用来构成"字库"，而不用于汉字的机内存储。字库中存储了每个汉字的点阵代码，当显示输出时才检索字库，输出字模点阵得到字形。

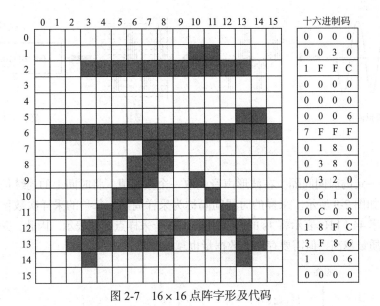

图 2-7 16×16 点阵字形及代码

目前，我国已经颁布了简易型汉字为 16×16 点阵，提高型汉字为 24×24 点阵、32×32 点阵和 48×48 点阵的字模标准。一般 16×16 点阵汉字库用于显示输出，而其他点阵汉字库则多用于打印输出。

（2）矢量方式

矢量方式存储是描述汉字字型的轮廓特征，当输出汉字时，通过计算机的计算，由汉字字型描述生成所需大小和形状的汉字。矢量化字形描述与最终文字显示的大小和分辨率无关，因此可以产生高质量的汉字输出。Windows 中使用的 TrueType 技术就是采用汉字的矢量表示方式。

点阵方式和矢量方式的主要区别：前者编码和存储方式简单，无须转换可直接输出，但字形放大后输出效果变差，同一字体的不同点阵需要不同的字库存放。后者正好相反，它的存储方式较复杂，且不能直接输出，但字形放大的输出效果保持不变，且同一字体不同的点阵只需一个字库存放。

2.4.4 声音编码

声音是传递信息的一种重要媒体，也是计算机信息处理的主要对象之一，它在多媒体技术中起着重要的作用。声音是随时间连续变化的物理量，计算机处理、存储和传输声音信息之前，必须将其转换为在时间和幅度上都是离散的数字信号，这一过程称为声音的数字化。

声音是随时间连续变化的波，这种波通过空气传播到人的耳朵，引起耳膜的震动，这就是人们听到的声音。声波的振幅反映了音量，波形中相邻两个波峰之间的距离称为振动周期，周期的长短体现了振动进行的速度；振动频率是指 1 秒内的振动周期数，反映了声音的音调。多媒体技术处理的声音主要是人耳可听到的 20 Hz ～ 20 kHz 的音频信号。

声音的数字化过程主要包括采样和量化操作，如图 2-8 所示。

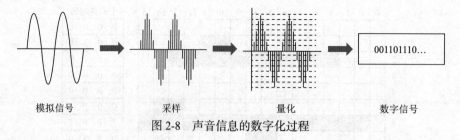

| 模拟信号 | 采样 | 量化 | 数字信号 |

图 2-8 声音信息的数字化过程

1. 采样

采样是按一定的时间间隔，在波形声音上取一个振幅值，将时间上的连续信号变成时间上的离散信号，如图 2-9 所示。采样的时间间隔称为采样周期，每秒的采样次数称为采样频率。例如，采样频率 44.1 kHz 表示将 1s 的声音用 44 100 个采样点数据表示。因此，采样频率越高，数字化音频的质量越高，但需要存储的数据量也越大。

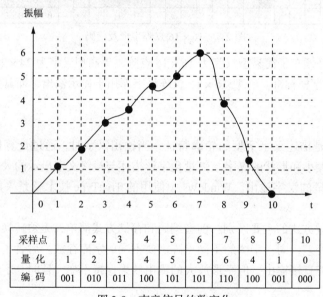

采样点	1	2	3	4	5	6	7	8	9	10
量 化	1	2	3	4	5	5	6	4	1	0
编 码	001	010	011	100	101	101	110	100	001	000

图 2-9 声音信号的数字化

按照采样定律，当采样频率大于声音信号最高频率的两倍时，采样后的数字信号能完整保留原始信号中的信息。这也就是在实际采样中，声音信号的采样频率通常为 44.1 kHz 的原因。

2. 量化

量化是将采样获得的振幅值转化为二进制表示。量化精度也称为量化位数，是指表示振幅值所用的二进制位，它决定了模拟信号数字化以后的动态范围。例如，图 2-9 所示的是 3 位量化精度，将采样振幅表示为 2^3（8）个等级。以此类推，如果采用 8 位量化精度，振幅可表示为 2^8（256）个等级；如果采用 16 位和 32 位量化精度，采样振幅可表示为 2^{16} 和 2^{32} 个等级。由此可见，在采样频率不变的情况下，量化精度越高，数字化声音的保真程度就越好，但需要的存储空间也会越大。

【例 2.13】如果对一段声音进行数字化，采用 44.1 kHZ 的采样频率，16 位的量化精度，立体声双声道，每秒的数据量是多少字节？

分析：44.1 kHz 的采样频率是指每秒产生 44 100 个采样值，每个采样值用 16 位的二进制数表示，即每个点存储信息需要占用 2 个字节。双声道是指有 2 个声道，每个声道均采用上述的采样量化标准，即该声音每秒的数据量为：

$$44.1 \times 10^3 \times 16 \text{（位）} \times 2 \text{（声道）} = 176\ 400 \text{ 字节} \approx 173 \text{ MB}。$$

从上例看出，经过采样和直接量化后的数据量比较大，为了满足人们对声音的存储和传输的需要，将数字音频信号采用一些特殊的编码技术进行数字压缩，以减少数据量。编码中包含了有损压缩和无损压缩两种编码技术，我们常见的 MP3 音乐格式就是一种有损的声音编码。

2.4.5 图像数字化

在生活中看到的照片、录像等都是模拟图像，计算机不能直接处理。若要用计算机对图像进行存储和处理，需要将其进一步转化成用数据表示的数字图像。这一转化过程称为图像的数字化。

计算机中的数字图像按其生成方式可以分为两类：一类是将现实中的模拟图像通过数码照相机、摄像机、扫描仪等设备获取而产生的，称为位图图像（简称图像）；另一类是由计算机软件绘制的点、线、面等一系列图元组成的，称为矢量图形（简称图形）。模拟图像数字化的过程也主要包括采样和量化操作。

1. 采样

采样就是将图像划分为 $M \times N$ 个网格，每个网格称为一个采样点（像素点），如图 2-10 所示。实质上，采样就是决定用多少个像素点来描述一幅图像，称为图像的分辨率，通常用"列数 × 行数"来表示。分辨率越高，图像清晰度越好，存储量也越大，如图 2-11 所示。

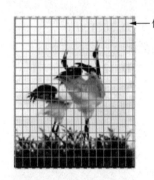

← 像素点

图 2-10 图像的采样

图 2-11 比较不同分辨率的图像

2. 量化

量化是将采样获得的每个采样点的色彩转化为数据值表示的过程。把量化时所确定的整数值取值个数称为量化级差，表示量化的色彩值（或亮度）所需的二进制位数称为像素深度，它决定了像素点可表示不同颜色（或亮度）的最大数目。一般可用 8 位、16 位、24 位、32 位等来表示图像的颜色。

例如，单色图像，若像素深度为 8 位，则不同亮度的数目为 $2^8 = 256$，量化级差为 256，整个亮度级差分别均匀地分布在由黑（0）到白（255）的整个明暗带中，每个灰度级由一个 0 ~ 255 数值来表示；又如由红、绿、蓝三基色组成的彩色图像，若每个分量中的像素位数分别为 8 位，则该图像的像素深度为 24，可表示的最大颜色数目为：$2^{8+8+8} = 2^{24} = 16\ 777\ 216$，称为真彩色。

由此可见，图像的分辨率和像素点的像素深度决定了图像数字化后占用存储空间的大小。若存储空间用字节表示，其计算方法为：

$$图像文件的大小 = 列数 \times 行数 \times 像素深度 \div 8$$

【例2.14】计算一幅分辨率为 800×600 的 24 位真彩色图像所占用的存储空间。

分析：首先根据图像的分辨率"列数 × 行数"，计算组成该图像的像素点总数；再根据该图像的每个像素点需要 24 个二进制位来存储，计算存储该图像全部像素点所用空间，最后进行存储单位的转换。因此该图像占用的存储空间为：

$$800 \times 600 \times 24 \div 8 = 1440000 \text{ B} \approx 1.37 \text{ MB}$$

【例2.15】计算分辨率为 720×576 的 PAL 制式的彩色视频（真彩色 24 位），10 秒长的视频所占用的存储空间。

分析：视频是由连续时间内的若干图像组合而成。每个图像存储量的总和即为视频的存储容量。PAL 制式的视频每秒钟显示 25 帧图像。因此该视频的计算结果为：

$$720 \times 576 \times 24 \times 25 \times 10 \div 8 = 311040000 \text{ B} \approx 300 \text{ MB}$$

由此可见，数字化后的图像、视频数据量十分巨大，必须采用编码技术来进行信息压缩才能被广泛应用，它是图像、视频传输与存储的关键技术之一。

习　题

一、选择题

1. 十进制数 178 转换为二进制数为_____。

    A. 10110011   B. 10110110   C. 10010010   D. 10110010

2. 一个字节由 8 位二进制数组成，其最大容纳的无符号十进制数是_____。

    A. 256   B. 255   C. 128   D. 127

3. 二进制数 10101100 转换为八进制数为_____。

    A. 254   B. 167   C. 160   D. 264

4. 将十六进制数 1AD 转换为二进制数为_____。

    A. 000110101101   B. 100010101010   C. 001111001100   D. 101010100101

5. 十进制数 178 转换为八进制数为_____。

    A. 259   B. 268   C. 269   D. 262

6. 字符的 ASCII 编码在机器中的表示方法准确的描述应是使用 8 位二进制代码，_____。

    A. 最右 1 位为 1   B. 最右 1 位为 0   C. 最左 1 位为 1   D. 最左 1 位为 0

7. 字符比较大小实际是比较它们的 ASCII 码值，下列正确的是_____。

    A. 'A' 比 'B' 大   B. 'H' 比 'h' 小

    C. '9' 比 'D' 大   D. 'F' 比 'D' 小

8. 已知英文字母 m 的 ASCII 码值为 109，那么英文字母 i 的 ASCII 码值是_____。

    A. 106   B. 105   C. 104   D. 103

9. 已知"装"字的拼音输入码是"zhuang"，而"大"字的拼音输入码是"da"，则存储它们内码分别需要的字节数是_____。

    A. 6，2   B. 3，1   C. 2，2   D. 3，2

10. 下列编码中，正确的汉字机内码是_____。

A. 6EF6H　　　　B. FB6FH　　　　　C. A3A3H　　　　　D. C97CH

11. 任意一个汉字的机内码和国标码之差是_____。

A. 8000H　　　　B. 8080H　　　　　C. 2080H　　　　　D. 8020H

12. 用 16×16 点阵来表示汉字的字型，存储一个汉字的字型需要用_____个字节。

A. 16　　　　　B. 32　　　　　C. 48　　　　　D. 64

二、简答题

1. 数制转换：

　　213D =_____B =_____H =_____O

　　69.625D =_____B =_____H =_____O

　　3E1H =_____B =_____D =_____O

　　10110101101011B =_____H =_____O =_____D

2. 某台计算机的机器数占 8 位，写出十进制数 –57 的机器数表示。

3. 什么是 ASCII 码？根据 ASCII 码表给出字符 "U" 和 "?" 的 ASCII 码值。

4. BCD 码的作用及其编码方法是什么？

5. 在一个汉字的处理过程中，会用到哪几种汉字编码方式？各有什么作用？

6. 如图 2-12 所示的 "上" 字 8×8 信息编码点阵图，假设空白处 "0" 表示，有笔画处用 "1" 表示。请给出点阵图第 5 行从左向右排列的信息编码。

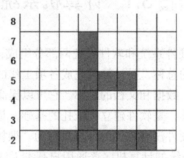

图 2-12　"上" 字的点阵图

7. 录制时长 8 秒、采样频率为 44.1 kHz、量化位数为 16 位、双声道立体声的 WAVE 格式的一段音频，其文件存储容量大小约为多少？

8. 存储一幅 1 024×768 像素、256 色（8 位）的彩色图像，需用多大的存储空间？若将它另存为 16 位的彩色图像，其存储空间将如何变化？

第 3 章

计算机系统

随着计算机技术的飞速发展，计算机及其应用已渗透到社会生活的各个领域。为了更好地使用计算机，应该对计算机系统有个全面的了解。

本章主要介绍计算机系统、计算机硬件系统、计算机软件系统、国产芯片等相关知识。

3.1 计算机系统概述

一个完整的计算机系统由硬件系统和软件系统两部分组成，如图 3-1 所示。硬件系统是构成计算机系统的各种物理设备的总称，是计算机完成各项工作的物质基础。软件系统是运行、管理和维护计算机的各类程序、数据和文档的总称，它可以提高计算机的工作效率、扩展计算机的功能。硬件是计算机的实体，是软件建立和依托的基础，是计算机系统的躯体，软件是计算机系统的头脑和灵魂。只有硬件没有软件的计算机称为"裸机"，"裸机"只能识别由 0 和 1 组成的机器代码，没有软件系统的计算机，普通用户基本无法使用。实际上，用户所面对的是经过若干层软件"包装"的计算机，计算机的功能不仅取决于硬件系统，更大程度上是由所安装的软件系统所决定的。

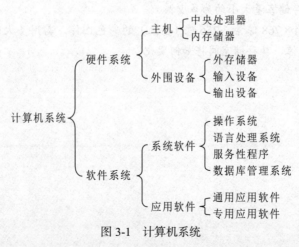

图 3-1　计算机系统

在计算机系统中，软件和硬件的功能没有一个明确的分界线。软件实现的一部分功能可以用硬件来实现，称为硬化或固化，例如，微型计算机中的 ROM 芯片就固化了系统的引导程序；同样，硬件实现的一部分功能也可以用软件来实现，称为硬件软化，例如，在多媒体计算机中，视频卡可以用来对视频信息进行处理（包括获取、编码、压缩、存储、解压和回放等），目前的计算机一般是通过软件来实现的。

3.2　计算机硬件系统

3.2.1　计算机硬件系统组成

计算机的硬件是指组成一台计算机的各种物理装置，它们是由电子部件和机电装置组成的计算机实体，如显示器、打印机、键盘、硬盘等。计算机从发明到现在，尽管在规模、速度、性能、应用领域等方面得到很大程度的发展，但是绝大多数计算机采用的还是冯·诺依曼体系结构。

1945 年，美籍匈牙利科学家冯·诺依曼提出了一个"存储程序"的计算机方案，该方案归纳为以下三点：

① 采用二进制的形式表示数据和程序。

② "存储程序"，即程序和数据一起存储在内存中，计算机按照程序顺序执行。

③ 计算机由五个基本部分组成，即控制器、运算器、存储器、输入设备和输出设备。

一台完整的计算机硬件系统应该包括冯·诺依曼体系结构的五个部分，即控制器、运算器、存储器、输入设备和输出设备，如图 3-2 所示。图中给出这五部分之间的关系以及数据信息和控制信息的流向，反映了冯·诺依曼型计算机的基本工作原理。

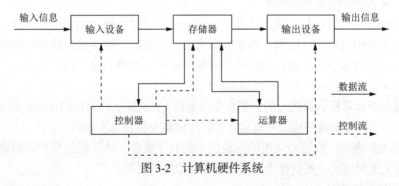

图 3-2　计算机硬件系统

1. 控制器

控制器是计算机的控制中心，其主要作用是指挥计算机的各部件能自动协调地工作。控制器每次从存储器中读取一条指令，经过分析译码，产生一串操作命令，发向各个部件，控制各部件的动作，使整个系统连续地、有条不紊地运行。概括地说，控制器的主要工作是反复从存储器中逐条取出指令、分析指令和执行指令。控制器主要由指令寄存器、译码器、程序计数器、操作控制器等部件组成。

2. 运算器

运算器是一个信息加工的部件。在控制器的指挥下，它对数据可以进行算术运算和逻辑运算。

运算器主要由算术逻辑运算单元（Arithmetic and Logic Unit，ALU）、加法器和通用寄存器组成。运算器的功能可以归纳为：

① 实现对数据的算术运算和逻辑运算。

② 暂时存放参与运算的数据和某些运算的中间结果。

③ 挑选参加运算的数据，选中要执行的运算功能，并把运算结果输出到指定部件中。

3. 存储器

存储器是计算机中用来存放程序和数据的部件，是计算机中各种信息存储和交流的中心。它的基本功能是在控制器的控制下按照指定的地址存入和取出信息。

4. 输入设备

输入设备是将用户需要的程序、数据和命令进行输入，并将它们转变为计算机能识别的形式后存放到计算机的内存储器中。常用的输入设备有键盘、鼠标、扫描仪、光笔、条形码阅读器、手写板等。

5. 输出设备

输出设备是将计算机处理后的结果，转换成人们能识别和使用的数字、文字、图形和声音等信息形式进行输出。常用的输出设备有显示器、打印机、绘图仪等。

EDVAC 计算机是第一台按照"存储程序"的冯·诺依曼体系结构设计的计算机，也可以说是第一台现代意义的通用计算机，这种体系结构一直延续至今。现在使用的计算机，其基本工作原理仍然是存储程序和程序控制，所以现在一般的计算机也被称为冯·诺依曼型计算机。

3.2.2 计算机的基本工作原理

按照冯·诺依曼型计算机"存储程序"的概念，计算机的工作过程就是执行程序的过程，要了解计算机是如何工作的，首先应了解计算机指令和程序的概念。

1. 指令、指令系统和程序的概念

指令是指挥计算机进行基本操作的命令，是一组二进制代码。例如，加、减、取数、移位等都是一个基本操作，分别可以用一条指令来实现。一条指令通常包含操作码和操作数两部分内容，操作码是指该指令要完成的操作类型或操作性质，如做加法、减法、输入、输出等。操作数是指参加操作运算的数据或是存放数据的地址。

指令系统是指计算机所能执行的全部指令的集合，它描述了计算机内全部的控制信息和"逻辑判断"能力。不同计算机的指令系统包含的指令种类和数目也不相同。

程序是指为解决某一问题而选用的一组指令的有序集合。计算机按照程序设定的顺序依次执行指令，并完成对应的一系列操作，这就是程序执行的过程。

2. 计算机的工作过程

计算机的工作过程，实际上就是计算机依次执行程序指令的过程。计算机工作时要先把程序和所需数据送入计算机内存，然后存储起来，这就是"存储程序"的概念。运行时，计算机根据事先存储的程序指令，在程序的控制下由控制器周而复始地取出指令、分析指令、执行指令，直至完成全部操作。在计算机工作时，有两种信息在执行指令的过程中流动，即数据流和控制流。

数据流是指原始数据、中间数据、结果数据、源程序等。控制流是由控制器对指令进行分析、解释后向各部件发出的控制命令，指挥各部件协调工作（见图 3-2）。

计算机完成一条指令操作分为取指令、分析指令和执行指令三个阶段。

（1）取指令

控制器根据程序计数器的内容（存放指令的内存单元地址）从内存中取出指令送到指令寄存器，同时修改程序计数器的值，使其指向下一条要执行的指令。

（2）分析指令

对指令寄存器中的指令进行分析和译码，将指令的操作码转换成相应的控制电位信号，由地址码确定操作数的地址。

（3）执行指令

根据分析和译码的结果，由控制器发出完成该操作所需要的一系列控制信息，去完成该指令所要求的操作。

总之，计算机的工作是自动执行由指令组成的程序，而程序开发人员的工作是编制程序。每一条指令的功能虽然是有限的，但经过程序员精心编制的程序可完成的任务可以是无限的。

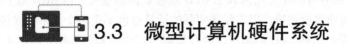

3.3　微型计算机硬件系统

3.3.1　微型计算机体系结构

随着大规模集成电路技术的发展，微型计算机硬件的发展速度也越来越快。其发展基本遵循"摩尔定律"，即每 18 个月集成度提高一倍，速度提高一倍，价格降低一半。无论是早期的微型计算机还是现在的酷睿系列计算机，它们基本组成都是由主机和外围设备两大部分构成，采用总线将微机的各个部件进行连接并通信，如图 3-3 所示。

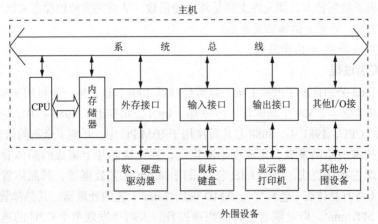

图 3-3　微型计算机系统结构

3.3.2　微处理器

中央处理器（Central Processing Unit，CPU）又称微处理器，是微型计算机的核心部件。计算机内所有操作都受 CPU 的控制，同时 CPU 还负责对计算机内部的所有数据进行处理和运算。CPU 的性能直接决定着微型计算机系统的性能。

1.CPU 的主要组成部件

CPU 是采用超大规模集成电路制成的芯片，主要由控制器、运算器、寄存器等部分组成。

控制器的主要功能是从内存中读取指令、对指令进行分析，然后按照指令的要求控制各部件工作。运算器的主要功能是完成各种算术运算、逻辑运算。寄存器是 CPU 内部的临时存储部件。

2. 主要性能指标

（1）字和字长

在计算机中，作为一个整体参与运算、处理和传送的一串二进制数称为一个"字"，字是计算机内 CPU 进行数据处理的基本单位。组成"字"的二进制数的位数称为字长，字长的大小直接反映计算机的数据处理能力，字长越长，一次可处理的数据二进制位越多，运算能力就越强，计算精度也越高。通常所说的 CPU 位数就是 CPU 的字长，由 CPU 中通用寄存器的位数决定。例如，64 位 CPU 是指 CPU 的字长为 64，即 CPU 中的通用寄存器为 64 位。

（2）主频

主频即 CPU 的时钟频率，用来表示 CPU 处理数据的速度，以 MHz 或 GHz 为单位。通常主频越高，其处理速度就越快，但主频和实际的运算速度不是一个简单的线性关系。因为 CPU 的处理速度还会受到诸如 CPU 的高速缓冲存储器等诸多因素的影响，所以主频高 CPU 的运算速度并不一定比主频低的快，如 1.5 GHz Itanium 2 的速度与 4 GHz Xeon/Opteron 差不多。

（3）外频

外频是指系统总线的工作频率，反映 CPU 到芯片组之间的总线速度，以 MHz 为单位。CPU 的外频决定着整块主板的运行速度。

（4）倍频

倍频即倍频系数，是指 CPU 主频与外频之间的相对比例关系。由于 CPU 工作频率不断提高，而其他部件却受到工艺的限制，不能承受更高的频率，因此限制了 CPU 工作频率的进一步提高。于是，Intel 提出了倍频技术，即允许主频是外频的倍数，从而完美地解决了 CPU 与各部件协同工作的问题。主频、外频、倍频的关系是：

CPU 的主频＝外频 × 倍频系数

3. CPU 的发展过程

1971 年，Intel 公司推出了世界上第一款微处理器 4004，这是第一个可用于微型计算机的四位微处理器，它集成了 2 300 个晶体管。1979 年，Intel 公司推出了 8088 芯片，它是第一块成功用于个人电脑的 CPU。1981 年，8088 芯片首次用于 IBM PC 中，开创了全新的微型计算机时代。

随着电子技术的不断发展，集成度不断提高，在一块芯片上集成的晶体管数目越多，意味着运算速度即主频就更快。当今 Intel 公司采用 14 nm 工艺处理器，其晶体管密度已经达到 37.5 MTr/mm^2（百万晶体管 / 毫米^2），AMD 采用 7 nm 工艺的处理器，其晶体管密度甚至达到了惊人的 96.5 MTr/mm^2。但是随着主频的快速提升，人们也发现单个 CPU 的速度也会遇到上限，即单纯的主频提升，已经无法明显提升系统的整体性能。与此同时，随着主频增大，功耗和散热问题也越来越成为一个无法逾越的障碍。据测算，主频每增加 1 GHz，功耗将上升 25 W，而在芯片功耗超过 150 W 后，现有的风冷散热系统将无法满足散热的需要。此时，Intel 和 AMD 开始寻找其他方式提升处理器的能效，而最具实际意义的方式就是增加 CPU 内处理核心的数量，即多核心处理器。

多核心是指在一枚处理器中集成两个或多个完整的计算引擎（内核）。我们常听到的双核、四核、八核，指的就是 CPU 的核心数量。与传统的单核心处理器相比，多核心处理器可以在多个计算引擎上同时运行程序，在没有执行顺序冲突的情况下，真正缩短了运行时间，提高了计算效率。需要注意的是，一块 CPU 的整体性能，并不是随着核心数量的增多而成倍增长，而是由处理器设计架构、主频、核心数量等众多因素共同决定的。

CPU 按照其处理信息的字长可以分为：4 位微处理器、8 位微处理器、16 位微处理器、32 位微处理器和 64 位微处理器。CPU 的主要生产厂商有 Intel 公司、AMD 公司、IBM 公司、IDT 公司、VIA 公司等，目前 Intel 公司和 AMD 公司的产品占据市场份额的前两位。在个人电脑市场中 75% 的 CPU 是 Intel 公司的产品，如奔腾（Pentium）系列、酷睿（Core）系列等。AMD 公司是除 Intel 公司外最具挑战力的公司，它的产品有速龙（Athlon）、炫龙（Turion）、羿龙（Phenom）、锐龙（RYZEN）、霄龙（EPYC）等。

回顾过去，微处理器的发展史不过四十余年，从最初 8088 的 8 MHz 主频，到现在的第十一代酷睿 4.8 GHz 主频，从最初的单核心到现在 8 核心 16 线程，其发展历程却是经历了天翻地覆的变化。展望未来，CPU 将继续沿着高主频、多核心方向发展前进。同时随着制作工艺的不断提高，CPU 的体积将会更小，集成度更高，耗电更低。

3.3.3　总线

任何一个 CPU 都要与一定数量的部件和外围设备相连接，但如果将各部件与每种外围设备都分别用一组专用线路与 CPU 直接连接，那么连线将会错综复杂，甚至难以实现。为了简化硬件电路设计和系统结构，设计一组共用的连接线路，配以适当的接口，用以与各部件和外围设备连接，这组连接线称为总线（Bus）。总线是各种信号线的集合，是计算机各部件之间传输数据、地址和控制信息的公共通道。采用总线结构便于部件和外围设备的扩充，使用统一的总线标准，更易于实现不同设备之间的互连。

1. 总线分类

总线是微型计算机系统中各个功能部件之间传输信息的连接通道。可将其分为内部总线、系统总线和外部总线。

内部总线是指用于连接 CPU 内部各部件之间的总线；系统总线是指连接 CPU、存储器和各种 I/O 模块等主要部件的总线；外部总线是连接微机和外围设备之间的总线。

2. 系统总线

通常所说的总线是指系统总线，各种总线标准也主要是指系统总线的标准。

（1）系统总线的分类

系统总线根据传送信息内容的不同又分为：数据总线、地址总线、控制总线。

① 数据总线。

数据总线（Data Bus，DB）是用于 CPU 与主存储器、I/O 接口之间传送数据信息的通道。数据总线是双向的，而具体传输信息的方向由 CPU 控制。数据总线的宽度等于计算机的字长，决定每次能同时传输信息的二进制位数。因此数据总线的宽度是决定计算机性能的主要指标。目前微机采用的数据总线有 16 位、32 位、64 位等。

② 地址总线。

地址总线（Address Bus，AB）是用于传输地址信息的通道。CPU 通过地址总线把需要访问的内存单元地址或外围设备地址传送出去，因此地址总线是单向的。地址总线的宽度决定 CPU 的寻址范围，如寻址 1 MB 的地址空间，需要有宽度为 20 位的地址总线。

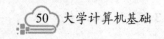

③控制总线。

控制总线（Control Bus, CB）是用来传输控制信号的通道，主要是协调各部件的操作，包括对内存储器和接口电路的读写信息、中断响应信号等。

（2）常用的总线标准

①PCI总线：外围部件互连局部总线（Peripheral Component Interconnect, PCI）。PCI总线标准具有并行处理能力，支持自动配置，输入/输出过程不依赖CPU，充分满足多媒体要求。在CPU的指挥下，通过总线来沟通计算机所有部件之间信息的流通，目前被广泛使用。

②AGP总线：加速图形接口（Accelerate Graphical Port, AGP），它是一种显卡专用的局部总线。严格地说，AGP不能称为总线，它与PCI总线不同，因为它是点对点连接，即连接控制芯片和AGP显示卡，但在习惯上依然称其为AGP总线。

③USB总线：通用串行总线（Universal Serial Bus, USB），是继PCI之后又开发的外围接口总线。它是由Intel公司提出的一种新型接口标准，现已成主流规范。USB接口就是为解决现行微型计算机与各种外围设备的通用连接而设计的，其目的是使所有的低速设备都可以连接到统一的USB接口上，如键盘、鼠标、扫描仪、数字音箱、数字相机及打印机等外围设备都可以通过USB接口与CPU连接。

USB接口具有"即插即用"的功能，支持功能传递，树状结构可连接127个外设，支持多个设备并行操作以及自动处理错误和恢复的功能，因此，它已成为目前最受欢迎的总线接口标准。

另外，以前还有ISA总线、EISA总线、VESA总线等，这些总线标准现已淘汰。

3. 总线性能指标

（1）总线位宽

总线位宽指的是总线能同时传送的数据位数，用位（bit）表示。总线位宽通常有8位、16位、32位和64位之分。显然，总线的数据传输量与总线位宽成正比。

地址总线的宽度决定了CPU可以访问的物理地址空间，即CPU能够使用多大容量的内存。假设CPU有 n 条地址线，则其可以访问的物理地址为 2^n。目前，微型计算机的地址总线有8位、16位、32位等。

数据总线的宽度决定了CPU与二级高速缓存、内存以及输入/输出设备之间一次数据传输的信息量，决定整个系统的数据流量的大小，也就是数据的传输速率。

（2）总线的时钟频率

总线的时钟频率也称为总线的工作频率，以MHz为单位。一般来说，总线时钟频率越高，单位时间内数据传输量越大，但不完全成正比例关系。

（3）最大数据传输速率

最大数据传输速率有时也被称为总线带宽（Bandwidth），是指单位时间内在总线中可以传输的数据量，即每秒传输的字节数，用MB/s表示，与总线的位宽和总线的工作频率有关。

为了更好地理解总线位宽、总线的时钟频率和最大数据传输速率的关系，可以将其比喻成高速公路的车道数、车辆行驶速度和车流量。总线位宽仿佛高速公路上的车道数，总线时钟频率相当于车速，总线最大数据传输速率就像是高速公路的车流量。总线位宽越宽、总线时钟频率越高，则总线最大数据传输速率越大。当然，影响总线性能的参数还有很多，如同步方式、负载能力、信号线等。

目前，在微机中一般可做到一个总线时钟周期完成一次数据传输，因此，总线的最大数据传输速率的计算方法为：

总线最大数据传输速率 = 总线位宽 /8 × 总线时钟频率

例如，PCI 总线位宽为 32 位，总线时钟频率为 33 MHz，则最大数据传输速率为 32/8 × 33 = 132（MB/s）。但有些总线采用了一些新技术，如在时钟脉冲的上升沿和下降沿都选通等，使得实际最大数据传输速率比上面的计算结果要高。

总之，总线是用来传输数据的，所采取的各项提高性能的措施，最终都反映在传输速率上，因此在诸多指标中最大数据传输速率是最重要的指标之一。

3.3.4　主板

主板是微型计算机中最大的一块多层印制电路板，也是其他部件和各种外围设备的连接载体，如图 3-4 所示。它安装在主机箱内，中央处理器 CPU、内存、声卡、显卡等部件就是通过主板上的插槽进行安装的，硬盘、光盘等外围设备在主板上也有各自的接口，有些主板甚至集成了声卡、显卡、网卡等部件，以降低整机成本。在微型计算机中，所有其他部件和外围设备通过主板有机地结合在一起，主板在整个微机系统中扮演着举足轻重的角色。可以说，主板的性能影响着整个微机系统的性能。

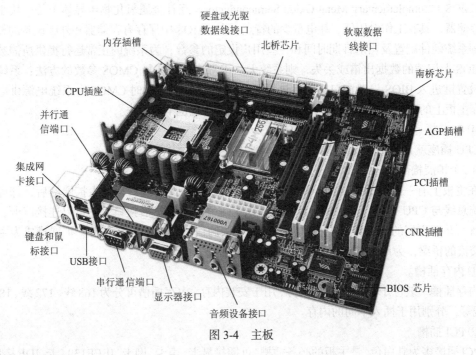

图 3-4　主板

1. 工作原理

在主板下面，是错落有致的电路布线；在上面，则为棱角分明的各个部件：插槽、芯片、电阻、电容等。当主机加电时，电流会在瞬间通过 CPU、南北桥芯片、内存插槽、AGP 插槽、PCI 插槽，以及主板边缘的串口、并口、PS/2 接口等。随后，主板会根据基本输入 / 输出系统来识别硬件，并进入操作系统，发挥出支撑系统平台工作的功能。

2. 主板的组成

主板主要由芯片、扩展槽、对外接口等几部分组成。

（1）芯片部分

① 芯片组。

芯片组是主板上的重要部件，决定了主板的结构及 CPU 的使用，计算机系统的整体性能和功能在很大程度上由主板上的芯片组来决定。目前使用量最多的是 Intel 系列主板芯片组。

主板上的芯片组一般由北桥芯片（Memory Control Hub，MCH）和南桥芯片（I/O Control Hub，ICH）组成，两个芯片通过专用总线进行连接，俗称为"桥"。简单来说，桥就是一个总线转换器和控制器，实现各类微处理器总线通过一个 PCI 总线进行连接的标准。

② BIOS 芯片。

基本输入 / 输出系统（Basic Input Output System，BIOS）芯片保存着计算机中基本输入 / 输出程序、系统信息设置、自检程序及引导操作系统等，为计算机提供最低级、最直接的硬件控制功能。

2003 年，Intel 公司宣布已启用新的软件系统可扩展固件界面软件（Extensible Firmware Interface，EFI）来代替 BIOS。由于 EFI 的使用大大提高 PC 的开机速度，因此目前已在部分 PC 中得到应用。

③ CMOS 芯片。

CMOS（Complementary Metal Oxide Semiconductor，互补金属氧化物半导体）是一块小型的随机存储器，具有工作电压低、耗电量少的特点。在 CMOS 中保存有存储器和外围设备的种类和规格等系统硬件配置及当前日期时间和一些用户设定的参数，为系统的正常运行提供所需数据。若 CMOS 上记载的数据出错或丢失，则系统无法正常工作。恢复 CMOS 参数的方法：系统启动时按设置键进入 BIOS 设置窗口，然后进行 CMOS 的设置。开机时 CMOS 由系统电源供电，关机时靠主板上的电池供电，因此即使关机，CMOS 的信息也不会丢失。

④ CPU 插座。

CPU 插座就是主板上安装中央处理器的地方。

（2）扩展槽部分

在主板上有一系列的扩展槽，用于连接各种接口板。任何接口板插入扩展槽后，都可以通过系统总线与 CPU 连接。扩展槽为计算机提供了统一的功能扩展接口，它可以连接声卡、显卡等设备，并把它们的信号传给主板电路，或将主板的信号传递给外围设备。扩展槽成为主板与外界交流的桥梁，为用户扩充和组装设备提供了便利。

① 内存插槽。

内存插槽一般位于 CPU 插座的下方，用于安装内存。内存插槽可分为 168 线、172 线、184 线、200 线等，分别用于插入不同的内存。

② PCI 插槽。

PCI 插槽多为乳白色，是主板的必备插槽，可插接显卡、声卡、网卡、IEEE1394 卡、IDE 接口卡、RAID 卡、电视卡、视频采集卡以及其他种类繁多的扩展卡。PCI 插槽通过插接不同的扩展卡可以获得目前计算机能实现的几乎所有功能，是名副其实的"万用"扩展插槽。

③ AGP 插槽。

AGP 插槽的颜色多为深棕色，位于北桥芯片和 PCI 插槽之间，它直接与主板的北桥芯片相连，是专供 3D 加速卡（3D 显卡）使用的接口，目前已很少使用。

（3）外部接口部分

主板作为计算机的主体部分，提供多种接口与各部件进行连接，而随着科技的不断发展，主板上的各种接口与规范也在不断升级、不断更新换代。下面介绍常用的几种外部接口。

① 硬盘接口。

硬盘接口可分为 IDE 接口（Integrated Drive Electronics，电子集成驱动器）和 SATA 接口（Serial ATA，串行 ATA）。IDE 接口数据传输速度慢、线缆长度过短、连接设备少，因此在新型主板上，IDE 接口大多缩减，甚至没有，以 SATA 接口代之。SATA 采用串行方式传输数据，SATA 总线使用嵌入式时钟信号，具有更强的纠错能力，不仅能对传输数据进行检查，还能对传输的指令进行检查，发现错误会自动矫正，这在很大程度上提高了数据传输的可靠性。SATA 还具有结构简单、支持热插拔等优点。

② PS/2 接口。

PS/2 接口的功能比较单一，仅用于连接键盘和鼠标。这类接口通常出现型号较旧的主板上，目前已逐步被 USB 接口取代。

③ USB 接口。

USB 接口是目前较为流行的接口，最大可以支持 127 个外设，并且可以独立供电，其应用非常广泛。USB 接口可以从主板上获得 500 mA 的电流，支持热插拔，真正做到了即插即用。一个 USB 接口可同时支持高速和低速 USB 外设的访问，由一条四芯电缆连接，其中两条是正负电源，另外两条是数据传输线。USB2.0 标准最高传输速率可达 480 Mbit/s（即 60 MB/s），USB3.0 已出现在新主板中，最高传输速率可达 5.0 Gbit/s（即 640 MB/s）。

3.3.5 内存储器

微型计算机内部直接与 CPU 直接交换信息的存储器称为内存储器，也称为主存储器。其主要作用是存放正在运行的程序和数据，内存储器的容量也是微型计算机重要性能指标之一。

1. 内存储器的分类

内存储器按其性能和特点可分为随机存储器、只读存储器和高速缓冲存储器三种。

（1）随机存储器

随机存储器（Random Access Memory，RAM）的作用是存放正在运行的程序和数据。其特点是 RAM 中的内容可以随时进行读 / 写操作，一旦断电，RAM 中的数据就会丢失。

RAM 从特性上又分为动态随机存储器（DRAM）和静态随机存储器（SRAM）。其中，DRAM 使用 MOS 型晶体管中的栅极电容存储数据信息，需要通过定时充电来补充丢失的电荷；SRAM 是指数据被写入后，除非再重新写入新数据或断电，否则存储器中写入的数据保持不变。相比较而言，DRAM 比 SRAM 电路简单，集成度高，但速度较慢。DRAM 一般常用在微型计算机的内存中，而 SRAM 常用在微型计算机的高速缓冲存储器中。

当前，微型计算机的常用内存是以内存的形式插在主板上。内存就是将 RAM 集成块集中在一起的一小块电路板，如图 3-5 所示。目前市场上常见的内存条有 2 GB/ 条、4 GB/ 条、8 GB/ 条、16 GB/ 条等不同的容量。

（2）只读存储器

只读存储器（Read Only Memory，ROM）中存放的信息通常是在制造时用专门设备一次性写入的。其内容固定不变且只能读出不能写入，并且断电后 ROM 中的内容不丢失。一般将系统引导程序、开机检测、系统初始化程序等固化在 ROM 中，如图 3-6 所示。ROM 包含一个称为 BIOS 的程序，这些程序指示计算机在启动时如何访问硬盘、加载操作系统并显示启动信息等。随着半导体技术的发展，目前出现了多种形式的只读存储器，如可擦除可编程的 EPROM 以及掩膜型只读存储器 MROM。

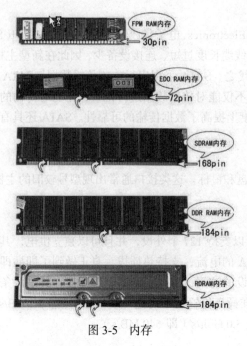

图 3-5　内存　　　　　　　　　　　图 3-6　ROM 芯片

（3）高速缓冲存储器

随着 CPU 主频的不断提高，CPU 对 RAM 的存取速度要求也越来越高。如果 RAM 的读写速度跟不上 CPU 的要求，就可能成为整个微型计算机系统的"瓶颈"。为了协调 CPU 与 RAM 之间速度的不匹配，在 CPU 和主存储器之间设置一个缓冲性的高速存储部件 Cache，其工作速度接近于 CPU 速度，但它的存储容量比主存储器要小得多。

Cache 存储的是 CPU 当时需要的一部分程序和数据。CPU 要执行的程序由操作系统装入主存储器，而主存储器中经常被访问到的那部分执行程序由系统自动复制到 Cache 中，以后 CPU 执行这部分程序时，可以直接从 Cache 中读取，从而提高速度。

386DX 以上的微型计算机都有 Cache 存储器。Cache 按其功能通常分为多级，常见的有一级 Cache 和二级 Cache 等。

① 一级 Cache：通常集成在 CPU 芯片内，容量较小，负责在 CPU 内部的寄存器与二级 Cache 之间的缓冲。

② 二级 Cache：通常放置在系统主板上，容量比一级 Cache 大一个数量级，价格较便宜。相对于 CPU 是独立的部件，主要用于弥补 CPU 内部 Cache 容量过小的缺陷，负责整个 CPU 与内存之间的缓冲。

现在新式 CPU 一般将这两级 Cache 都放在 CPU 内核中，而且其速度与 CPU 内核相同，使 CPU 的整体性能有了极大的提高。

2. 内存储器的性能指标

内存储器的性能指标主要包括存储速度、存储容量、内存带宽等。

（1）存储速度

内存的存储速度是用存取一次数据的时间来表示，单位为纳秒（ns）。存储速度的值越小，表明存取时间越短，速度就越快。目前，常见的有 60 ns、70 ns、80 ns。通常在内存型号连字符后面的两位数字即代表存取速度，如"–60"就是存取速度为 60 ns。

（2）存储容量

存储容量是存储器能够存储信息的总字节数。存储容量越大，计算机能记忆的信息量就越多。常用的存储容量单位还有 KB（千字节）、MB（兆字节）、GB（吉字节），另外还有 TB（太字节）、PB（拍字节）、EB（艾字节）等。目前，PB、EB 等单位民用领域很少使用，但在军用、医疗、气象等领域已被广泛使用。它们之间的换算关系为：

1 字节（B）=8 个二进制位（bit）

1 KB =1 024 B　　　　1 MB =1 024 KB　　　1 GB =1 024 MB

1 TB =1 024 GB　　　1 PB =1 024 TB　　　1 EB =1 024 PB

3.3.6 外存储器

外存储器又称为辅助存储器，与内存储器相比，它的特点是存储容量大、价格低，而且在断电的情况下也可以长期保存信息。常用的外存储器有硬盘、光盘、U 盘等。

1. 硬盘存储器

（1）机械式硬盘

硬盘是计算机系统中最重要的外存储器。计算机的操作系统、应用软件、相关资料和一些数据等都存放在硬盘上。

硬盘作为一组磁表面存储器，通常是在非磁性的合金材料表面涂上一层磁性材料，通过磁层的磁化来存储信息。硬盘主要由磁盘、磁头及控制电路组成，信息存储在磁盘上，由磁头负责读出或写入信息。目前常见的是温彻斯特硬盘，简称温盘。它是将盘片组及磁头等部件做成一个不可随意拆卸的整体，如图 3-7 所示。其主要特点是防尘性能好、可靠性高，对环境要求不高。

目前一般台式机选用 3.5 寸硬盘，笔记本电脑选用 2.5 寸硬盘。而衡量一个硬盘的主要技术指标是存储容量和存储速度。

① 存储容量。

存储容量是硬盘最主要的参数。目前常见的硬盘存储容量有 500 GB ～ 4 TB 等多种。

图 3-7　机械式硬盘

② 存储速度。

硬盘的存取速度一般用"转速"来衡量，即硬盘内电机主轴在单位时间内的旋转速度。硬盘转速以每分钟多少转来表示，单位为 rpm（revolutions per minute）。rpm 值越大，内部传输率就越快，访问时间就越短，硬盘的整体性能也就越好。家用台式机硬盘的转速一般为 7 200 rpm，笔记本电脑硬盘的转速为以 4 200 rpm、5 400 rpm 为主，服务器硬盘转速大多为 10 000 rpm。

（2）固态硬盘

随着科技的发展，出现了固态硬盘（也称为电子硬盘），并且近年来发展迅速，出现了逐步取代机械硬盘的趋势。

固态硬盘与机械硬盘的构造原理不同，是由控制单元和固态存储单元（DRAM 或 FLASH 芯片）组成，由于主要使用闪存颗粒制作，其内部不存在任何机械部件，因此固态硬盘的读取速度快、防震抗摔性能好、功耗低、零噪声，且体积小、重量轻，相比普通的机械硬盘拥有明显优势，这也成为固态硬盘的亮点。但是固态硬盘的寿命受读写次数的限制，一般只有 10 万次的读写寿命，成本低廉的读写寿命更短。因此相对于固态硬盘，机械硬盘寿命更长。

2. 光盘存储器

光盘存储器是采用激光技术存储信息。由于其存储容量大、存储成本低、易保存，因此在微型计算机中得到了广泛的应用。光盘存储器主要由光盘和光盘驱动器两部分组成。

（1）光盘驱动器

光盘驱动器也称为光驱，主要用于读/写光盘上的信息，是多媒体计算机中重要的外围设备之一。衡量一个光驱性能的主要技术指标是读取数据的速率，用"倍速"表示。每一倍速为150 KB/s，现在主流的光驱数据传输速率为 64～100 倍速。

光盘驱动器按读写光盘的功能来分，可以分为只读型光驱和刻录光驱；按外形来分，可以分为外置式光驱和内置式光驱，如图 3-8 所示。

图 3-8 光盘及光驱

① 只读型光驱。它只能读取光盘里的信息，其工作原理是利用弱激光扫描光盘盘片，把盘片上的存储信息转换为数字信息并传送给计算机。只读型光驱根据读取光盘类型的不同，又分为 CD-ROM 光驱和 DVD-ROM 光驱。

② 刻录光驱。它能对一次性写入型光盘和可擦写型光盘一次性或重复地写入数据。其工作原理是用强激光束对光介质进行烧孔或起泡，从而产生凹凸不平的表面。同时它也可以读取光盘信息。

（2）光盘

光盘由于其容量较大、便于携带、成本低廉，可以脱机用于多台机器等特点，在微型计算机中得到了广泛的应用。盘片一般采用有机塑料做基底，表面涂抹一层镀膜制作而成，通过激光在光盘上产生一系列的小坑点（亦称为光点）来记录信息。光盘的直径有 120 mm 或 80 mm 两种。从可写性方面来看，常见的光盘可分为只读型光盘、一次写入型光盘和可重写型光盘三种；从存储内容方面看，光盘有 CD、VCD、DVD 等类型。

3. 移动存储器

近年来出现的移动存储器是一个容量大、携带方便的外存储器。目前广泛使用的移动存储器主要有 USB 闪存盘（U 盘）和移动硬盘。

（1）U 盘

U 盘也称为优盘或闪存，其最大的优点是容量大、体积小、价格低、便于携带，如图 3-9 所示。U 盘中无任何机械式装置，抗震性强，同时还具有防潮防磁、耐高低温等特性，可靠性强。因而它取代软盘成为目前最常用的移动存储设备，常见的 U 盘容量有 4 GB～1 TB 多种规格。

图 3-9 U 盘

现在广泛应用于数码照相机和手机上的存储卡也是闪存。它与 U 盘相比，存储原理相同，只是接口不同。若要在计算机上使用，只需要一个读卡器即可。

（2）移动硬盘

虽然 U 盘已经成为人们工作中必不可少的移动储存设备，但是由于 U 盘的容量有限，对于需要保存图像、声音和视频等大数据量文件的专业用户来讲是远远不够的，也不能满足计算机系统备份的要求，需要有存储容量更大的存储设备，因此出现了移动硬盘，如图 3-10 所示。市面上绝大多数的移动硬盘都是以标准硬盘为基础，采用传输速度较快的 USB、IEEE1394 等接口与系统进行数据传输。移动硬盘具有体积小、重量轻、容量大、速度快、兼容性好、即插即用、安全可靠性好等优点。目前常见的移动硬盘容量为 512 GB ～ 4 TB。

图 3-10　移动硬盘

3.3.7　输入设备

输入设备是向计算机输入数据和信息的设备，即将数据、信息转换成计算机能接收的二进制码，并送入计算机内存。输入设备是计算机与用户或其他设备通信的桥梁。常见的输入设备有：键盘、鼠标、摄像头、扫描仪、光笔、手写输入板、游戏杆、语音输入装置等。另外还有一些新产品，如触摸屏、图形数字化仪等，目前也得到广泛应用。

1. 键盘

键盘是计算机中最基本的输入设备，主要功能是用来输入数据、文本、程序和命令。按照键盘上的按键数量可分为：83 键、101 键、102 键、104 键和 107 键等。目前常用的键盘是 104 键键盘，比以前键盘多出几个 Windows 专用键。它通常连接在 PS/2 接口或 USB 接口上。近年来，又出来了采用蓝牙技术的无线键盘。

（1）键盘组成

根据各类按键的功能和位置，键盘一般由四部分组成，即主键盘、数字小键盘、功能键和编辑键，如图 3-11 所示。

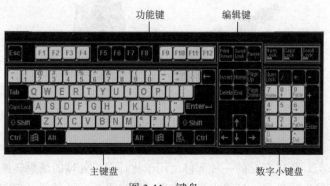

图 3-11　键盘

① 主键盘：主要用于输入各类字符信息。当一个键上有两个字符时，直接按键输入的是下档字符，若想输入上档字符，必须与【Shift】键一起使用。

② 数字小键盘：位于键盘的右边，当要输入大量数字时，用数字小键盘会提高录入速度。数字小键盘上的双字符键具有数字键和编辑键的双重功能。通过小键盘上的数字锁定键【Num Lock】可实现在数字键和编辑键之间的切换。

③ 功能键：位于键盘的上方，包括【F1】～【F12】和【Esc】共13个键。【Esc】键常用于中断某种操作；而【F1】～【F12】的功能由操作系统或应用软件决定。

④ 编辑键：位于主键盘与数字小键盘之间，它们用于光标定位和编辑操作。

（2）常用键的使用

键盘上一些常用键的主要功能见表3-1。

表3-1 常用键的作用

键	作 用	说 明
Esc	释放键	取消当前的操作
Backspace	退格键	删除光标左侧的字符
Del	删除键	删除光标右侧的字符
Shift	换档键	与双字符键一起使用，用于输入上档字符
Tab	跳格制表定位	每按一次【Tab】键，光标向右跳动一个制表位
Caps Lock	大写锁定键	Caps Lock 灯亮，处于大写状态，否则为小写状态
Num Lock	数字锁定键	Num Lock 灯亮，小键盘数字键有效，否则下档键有效
Ins	插入／改写转换	插入状态时在光标左侧插入字符，否则覆盖当前字符
Ctrl	控制键	此键与其他键配合使用时可产生各种功能效果
Alt	控制键	又称替换键，具有与【Ctrl】键相似的作用
Print Screen	打印屏幕	将屏幕内容复制到剪贴板
PgUp	向前翻页	光标快速定位到上一页
PgDn	向后翻页	光标快速定位到下一页

2. 鼠标

鼠标是一种屏幕标定设备，主要用于操作图形界面的操作系统和应用软件的输入设备。目前使用的鼠标通常为 USB 接口的三键鼠标，其中中键为滚轮，而早先的鼠标多采用 PS/2 接口。

鼠标按其工作原理的不同可以分为机械式鼠标和光电式鼠标，按其结构可分为有线鼠标和无线鼠标，如图 3-12 所示。光电式鼠标性能可靠，故障率低，目前得到广泛使用。

图 3-12 鼠标

3.3.8 输出设备

输出设备是人与计算机交互的一种部件，用于将计算机处理的结果转换成人们能够识别的字符、图像、声音等形式显示、打印或播放出来。输出设备有显示器、打印机、绘图仪、影像输出系统、语音输出系统等，其中显示器和打印机是最常用的输出设备。

1. 显示器

显示器是计算机必备的输出设备，用于将系统信息、计算结果、用户程序及文档等信息显示在屏幕上，是人机对话的重要工具。微型计算机显示系统由显示器和显示控制适配器（即显卡）组成。

（1）显示器的分类

可用于计算机的显示器有许多种，按显示器件可分为阴极射线管显示器（CRT），液晶显示器（LCD）和等离子显示器（PDP）等。图 3-13 为阴极射线管显示器与液晶显示器。液晶显示器为平板式显示器，它体积小、重量轻、功耗小，已成为目前主流的显示器。

图 3-13　阴极射线管显示器与液晶显示器

（2）显示器的主要参数

① 屏幕尺寸：指屏幕对角线的长度，用来表示屏幕的大小，单位为英寸。如笔记本电脑多见的 13 英寸、15 英寸显示器，台式机多见的 21 英寸、24 英寸显示器等。

② 宽高比：指屏幕横向与纵向的比例。如一般显示器为 4:3、宽屏显示器为 16:9。

③ 点距：指屏幕上两个荧光点之间的距离。它决定像素的大小，以及屏幕能达到的最高显示分辨率。点距越小越好，现在显示器的点距规格有 0.20、0.25、0.26、0.28、0.31 等，而 0.21 mm 点距通常用于高档显示器，一般日常工作和娱乐使用的显示器的点距多为 0.28 mm。

④ 像素：指屏幕上能被独立控制其颜色和亮度的最小区域，即荧光点，是显示画面的最小组成单位。屏幕像素点数的多少与屏幕尺寸和点距有关。例如，14 英寸显示器，横向长 240 mm，点距为 0.31 mm，相除后横向像素点数是 774 个。

⑤ 分辨率：指整个屏幕上像素的数目，通常用（水平像素点数）×（垂直像素点数）表示。它是衡量显示器的一个重要性能指标。目前，显示器的常见分辨率为 1 024 × 768、1 280 × 960、1 920 × 1 080 等。

⑥ 灰度和颜色：灰度指像素点亮度的级别数。灰度用二进制数进行编码，位数越多，级数越多，图像的层次感越强。颜色是指计算机中表示色彩的二进制位数，如 16 位或 32 位等，位数越多，图像的色彩越丰富，图像的画面越细腻逼真。增加颜色深度和灰度等级主要受到显示存储器容量的限制。

（3）显卡

显卡也称为显示控制适配器，如图 3-14 所示。它不仅是连接 CPU 与显示器的接口电路，同时还起到把需要显示的图像数据转换成视频信号，加速图形显示等作用。

显卡插在主板的扩展槽上，为了适应不同类型的显示器，

图 3-14　显卡

显卡也有多种型号，如 VGA（视频图形阵列显示卡）、SVGA（增强型 VGA 显示卡）、XVGA（加速 VGA 显示卡）等，目前大多数显示器都支持 SVGA 卡。

显卡最基本的三项技术指标是：分辨率、色深和刷新频率。分辨率代表显卡在显示器屏幕上所能描绘的像素点的数量。色深也称为颜色数，是指显卡在当前分辨率下能同屏显示的色彩数量，以多少色或多少 Bit 色来表示，如 256 色；刷新频率是指图像在显示器屏幕上更新的速度，单位是"赫兹（Hz）"。刷新频率越高，屏幕上图像的闪烁感越小，视觉效果越好。以上三项指标越高，要求的显卡内存就越大。

2. 打印机

打印机是计算机最基本的输出设备之一，它可以将计算机的运行结果或中间结果输出到打印纸上，以便用户保存和传阅。

打印机的种类很多，按打印颜色可分为单色打印机和彩色打印机；按工作原理可分为击打式打印机和非击打式打印机。击打式打印机又分为点阵式打印机和字符式打印机，非击打式打印机又有静电打印机、喷墨打印机、热敏打印机和激光打印机等。

目前常用的打印机主要有以下三种，如图 3-15 所示。

图 3-15　针式、喷墨、激光打印机

（1）针式打印机

针式打印机属于点阵击打式打印机，它由走纸机构、打印头和色带等主要部分组成。这种打印机历史悠久、技术成熟，耗材价格低廉，对纸张要求低，可以打印蜡纸和多层复写纸。但其打印速度慢、噪声大，打印质量在所有打印机中最差。

（2）喷墨打印机

喷墨打印机是通过精制的喷头将带点的墨水喷射到纸面上，形成输出字符或各种图形。喷墨打印机具有体积小、噪声小、打印质量较高、价格便宜等优点，适合于家庭使用。这种打印机对纸张的要求较高，墨水消耗大，因此打印成本较高。

（3）激光打印机

激光打印机是目前市场上最主要的非击打式打印机之一。它是激光技术与电子照相技术相结合的产物。激光打印机属页式打印机，具有印字质量高、噪声小、速度快（每分钟可打印的页数）等特点，但价格相对较贵。

衡量打印机性能的主要指标包括打印分辨率、打印速度和噪声等。其中打印分辨率常用每英寸打印点数 dpi 表示。

3. 绘图仪

绘图仪在绘图软件的支持下可将计算机的信息以图形的形式输出，如图 3-16 所示。主要可绘制各种管理图表和统计图、大地测量图、建筑设计图、电路布线图、各种机械图，以及轻印刷和广告制作等。按结构和工作原理可以分为滚筒式和平台式两大类。绘图仪的性能指标主要有绘图笔数、图纸最大尺寸、分辨率、灰度 / 色度以及接口形式等。彩色绘图仪由红、蓝、黄、黑四种基本颜色组成，通过自动调和，可形成不同的色彩。

图 3-16　绘图仪

3.3.9　微型计算机的主要性能指标

衡量一台微型计算机性能好坏，通常关注以下几个方面的技术指标。

1. 字长

字长是指计算机内部一次可以同时处理的二进制位数。字长是 CPU 的主要技术参数。字长越长，可以表示的有效位数就越多，运算精度越高，计算机的处理能力越强，计算机的数据处理速度也越快。目前微型计算机的字长以 32 位和 64 位为主流，小型计算机、网络服务器等以 64 位为主流。

2. 主频

主频用来表示 CPU 的运算速度。在其他配置相同的基础上，一般主频越高，CPU 的运算速度越快。以前单核常把微机的类型与主频标注在一起，如 "P4/2.4G"，表示 CPU 芯片的类型为 Pentium 4，主频为 2.4 GHz。八核 Intel 凌动 C2750，主频为 2.4 GHz，八线程。相当于八个单核 2.4 GHz 主频的 CPU 可以并行工作，但不代表它的速度一定是单核的八倍，与处理的作业有关。

3. 运行速度

计算机的运行速度指每秒所能执行的指令数。由于不同类型的指令所需时间不同，因此，运行速度有不同的计算方法。现在多用各种指令的平均执行时间及相应指令的运行比例来综合计算运行速度，即用加权平均法求出等效速度，单位为 MIPS（百万条指令 / 每秒）。

4. 存储容量

（1）内存容量

内存容量是指随机存储器 RAM 存储容量的大小，它决定了可运行程序的大小和程序运行的效率。内存越大，主机与外设交换数据所需要的时间越少，因而运行速度越快，可运行的应用软件就越丰富。目前内存容量一般为 4 GB ～ 16 GB。

（2）硬盘容量

硬盘容量反映了微型计算机存取数据的能力。硬盘容量越大，可存储的信息就越多，计算机工作就越方便。目前硬盘容量一般在 500 GB 以上。

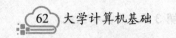

5. 外围设备的配置和扩展能力

外围设备的配置和扩展能力主要指计算机系统连接各种外围设备的可能性、灵活性和适应性。一台微型计算机可配置外围设备的数量以及配置外围设备的类型，对整个系统的性能有重大影响。如显示器的分辨率、多媒体接口功能和打印机型号等，都是外围设备选择中要考虑的问题。

除了以上主要指标外，还可用存取周期、系统的兼容性、可靠性、可维护性、可用性、性价比等多方面衡量计算机的性能。

3.3.10 个人计算机的选购

以上这些指标很抽象，它们到底对我们的生活和工作有什么帮助呢？对于刚开始接触计算机的新用户而言，最有意义的可能就是指导我们如何选购计算机了。

1. 首先确定是买台式机还是笔记本电脑

现在很多高校已经实现了全校园无线 Wi-Fi 网络覆盖，很多课程老师授课的过程中也会让学生使用计算机，因此具有便捷移动优势的笔记本电脑成了首选。台式机的优势在于，在相同资金条件下，可以购买性能更高的计算机，但是要牺牲计算机的移动性。

现在笔记本电脑主要分为三大类：轻薄型、高性能型、便宜型。推荐大家根据自己的资金和使用需求合理购买。三者的比较如图 3-17 所示。

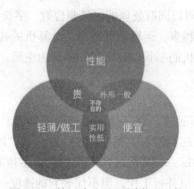

图 3-17　笔记本电脑不同类型比较

2. 如何根据性能参数选购计算机

从性能指标上说，计算机选购主要考虑如下几个方面。

（1）CPU 方面

①办公型使用用户：日常以办公软件、上网、聊天、看视频为主，选择 Intel i3 即可。

②专业使用用户：除日常办公软件、上网外，还要使用专业的应用软件进行学习工作，例如数据分析软件 MATLAB、制图软件 AutoCAD、图形处理软件 Photoshop 等，偶尔玩玩游戏，可以选择 Intel i5。

③软件开发和一般游戏使用用户：需要专业的软件开发工具和高性能游戏体验效果的用户，可以选择 Intel i7。

④3D 动画开发和游戏发烧友使用用户：需要极好的显示效果，可以选择 Intel i9。

它们的主要区别是不同的 CPU 具有不同的主频和内核，主频越高，内核越多，性能越好，价格越高。主流 CPU 的对比如图 3-18 所示。

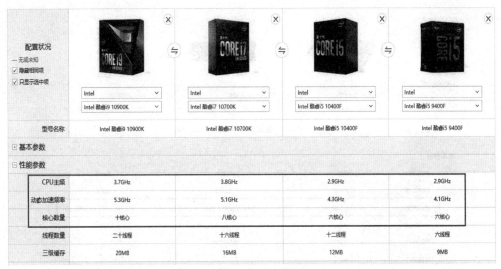

图 3-18 主流 CPU 对比

（2）内存方面

现在内存的价格已经非常低了，最低配置为 4 GB，主流配置为 8 GB，推荐有条件的用户配置 16 GB 及以上。内存选购目前主流是 DDR4，频率 2 666 MHz 以上，主流内存的参数对比如图 3-19 所示。

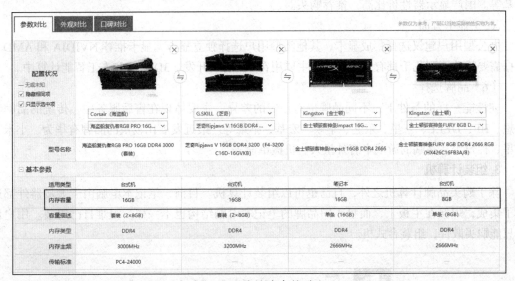

图 3-19 主流内存的对比

（3）硬盘方面

如果需要轻薄的笔记本电脑，就选择固态硬盘，但是价格较贵。推荐采用固态硬盘＋机械硬盘的混合式结构笔记本电脑，虽然在轻薄性方面有一定的损失，但是性价比高。推荐固态硬盘的容量在 256 GB 以上，作为系统盘使用。机械硬盘在 1 TB 以上，作为数据存储盘使用。

固态硬盘根据接口的不同，分为 SATA3、M.2PCIe、M.2 SATA，品牌有三星、金士顿、西部数据等；机械式硬盘目前主流接口是 SATA3，主要品牌是西部数据、希捷等。主流硬盘的对比如图 3-20 所示。

图 3-20　主流硬盘对比

（4）显示器方面

显示器主要是考虑其尺寸大小和分辨率，主流分辨率要达到 1 920×1 080 以上，笔记本电脑大小在 14 英寸以上，台式机大小在 21 英寸以上。主要品牌有三星、飞利浦、AOC、优派、明基等。国产显示器性价比高，推荐购买。

（5）显卡方面

办公型用户建议选择集成显卡，其他类型用户选择独立显卡，显卡推荐 NVIDIA 和 AMD。根据需要从几百到几千都有，高端显卡主要用在 3D 动画开发、3D 游戏和人工智能计算中。

（6）品牌选择

在性能一样的条件下，不同品牌也有一定的差异，主要体现在售后服务中，传统的品牌有联想、HP、DELL、三星、东芝、华硕、宏基、苹果等。最近发展比较快的品牌有华为、小米、微星、神州等。高端的游戏本有外星人、机械革命等。

3. 组装计算机

除了购买品牌计算机之外，自己也可以组装计算机。目前，笔记本电脑由于大量器件都进行了集成，焊接在主板上，而且不同品牌的笔记本电脑结构也不一样，很难自己组装。用户目前只能购买散件，组装台式机。

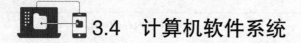 **3.4　计算机软件系统**

3.4.1　计算机软件系统的组成

计算机软件系统是指为运行、管理和维护计算机而编写的各类程序、数据和相关的文档资料的总称。所谓程序，就是用某种特定的符号系统（指令或语言）对被处理的数据和实现算法进行的描述，也就是用于指挥计算机执行各种动作以便完成某项任务的指令或语句的集合。计算机要做的工作可能是复杂的，所以指挥计算机工作的程序就可能是庞大而复杂的，需要对程序作必要的说明，并整理出相关的文档资料；要运行程序，有时还需要输入一些必要的数据，因此，计算机软件系统就是指挥计算机工作的程序、程序运行时所需的数据，以及与这些程序和数据有关的文字说明和图表资料。其中，文字说明和图表资料又称为文档。

在计算机技术的发展过程中，计算机软件随硬件技术的发展而发展，反过来，软件的不断发展与完善又促进了硬件的发展，两者相辅相成。

计算机系统是在硬件的基础上，通过一层层软件的支持，向用户呈现出强大的功能和友好便捷的使用界面。软件系统通常又分为系统软件和应用软件两大类。

1. 系统软件

系统软件的主要功能是管理、监控和维护计算机软硬件资源，方便用户操作，扩充计算机的功能，提高计算机使用效率，并为应用软件提供支持和服务。

系统软件一般是由计算机生产厂家或软件开发人员研制的。它有两个显著特点：一是通用性，其算法和功能不依赖于特定的用户，普遍适用于各个应用领域；二是基础性，其他软件都是在系统软件的支持下进行开发和运行的。常用的系统软件通常包括操作系统、语言处理系统、数据库管理系统和服务性程序等。

（1）操作系统

操作系统（Operating System，OS）是管理、控制和监控计算机软件、硬件资源协调运行的程序系统，由一系列具有不同控制和管理功能的程序组成。它是直接运行在裸机上的最底层的系统软件，是对硬件功能的第一级扩充。其他系统软件和应用软件必须在操作系统的支持下才能运行，所以操作系统是软件系统的核心。常用的操作系统有：Windows、Linux 等。

（2）语言处理程序

计算机只能直接识别二进制形式表示的信息。如果要执行的程序是用非二进制形式表示的，要想在计算机上运行这样的程序就必须配备相应的翻译程序，不同的程序设计语言都有相应的翻译程序，将这些翻译程序称为语言处理程序。

（3）数据库管理系统

随着社会的飞速发展，大量的数据需要用计算机进行处理。目前，数据处理是计算机应用最广泛的领域，它主要包括数据的存储、查询、修改和统计等。为了妥善地保存和管理这些数据，需要将这些数据存储在数据库中。

数据库是长期存放在计算机内、有组织、可共享的数据的集合。如学生基本信息、学生成绩信息、人事档案信息和银行的储户信息等都可以分别组成数据库。

对数据库中的数据进行组织和管理的软件称为数据库管理系统（Data Base Management System，DBMS）。DBMS 能够有效地对数据库中的数据进行维护和管理，并能保证数据的安全性，实现数据的共享。根据存放数据的逻辑结构不同，数据库管理系统可分为层次模型、网状模型和关系模型三种，目前广泛应用的是关系型数据库管理系统，如 Microsoft Access、SQL Server、MySQL、Oracle、DB2、Sybase 等。

数据库管理系统不但能够存储大量的数据，更重要的是能迅速地、自动地对数据进行增加、删除、检索、修改、统计、排序、合并等操作，为人们提供有用的信息。

（4）服务性程序

系统服务性程序主要是指系统开发和系统维护时使用的一些工具软件或支撑软件，完成一些与管理计算机系统资源及文件有关的任务，如系统诊断程序、测试程序、调试程序等。目前的操作系统都包含了一些常用的服务性程序，如磁盘清理、磁盘碎片整理程序等。

2. 应用软件

为解决某类具体问题而专门编制的软件称为应用软件，应用软件具有很强的实用性。随着计算机的普及和应用领域的不断扩展，各种各样的应用软件与日俱增。应用软件按照其应用范围分为应用软件包和特定用户程序两类。

（1）应用软件包

某些应用软件经过标准化、模块化，逐步形成了解决某类典型问题的应用软件组合，称为应用软件包，如 Office 办公软件、AutoCAD 绘图软件、图像处理软件、解压缩软件、杀毒软件等。目前，软件市场上能提供数以千计的软件包供用户选择，可以说，凡是应用计算机的行业都有适合本行业的应用软件包。目前微型计算机中常用的应用软件包有如下几类。

① 办公软件，是为办公自动化服务的一组程序。现代办公涉及对文字、数字、表格、图表、图形、语言等多种媒体信息的处理，这就需要用到不同类型的办公软件。办公软件一般包括文字处理、电子表格处理、演示文稿制作、个人信息管理软件等。目前，常用的办公套装软件有 Microsoft Office、WPS 等。

② 多媒体处理软件，主要包括图形图像处理软件、动画制作软件、音频视频处理软件等。目前常用的图形图像处理软件有 Photoshop、Fireworks 等，动画制作软件有 Flash、3ds MAX、Maya 等，音频视频处理软件有 Adobe Audition、Movie maker、Premiere 等。

③ 计算机辅助设计软件，能高效地绘制、修改、输出工程图纸，普遍应用于机械、电子、服装、建筑等行业。目前常用的计算机辅助设计软件有 AutoCAD、Protel 等。

④ 网络应用软件，是指能为网络用户提供各种服务的软件，它用于提供或获取网络上的共享资源。如浏览软件、传输软件、远程登录软件等。例如，FrontPage、Dreamweaver、Outlook Express、Internet Explorer 等。

除此以外，微型计算机中还有一些常用的工具软件，一般有压缩 / 解压缩软件，如 WinZip、WinRAR 等；有查杀病毒软件，如瑞星、360、金山毒霸、卡巴斯基等。

（2）特定用户程序

特定用户程序是用户为了解决特定的问题而专门开发的软件，编制用户程序应充分利用计算机系统的现有软件，在系统软件和应用包的支持下进行开发，如定制开发的某高校学生选课管理系统、航天飞机控制系统等。

3.4.2　操作系统

操作系统是计算机系统中所有软件的基础与核心，是硬件和软件资源的协调大师，是整个计算机系统的管家。掌握了操作系统，就掌握了操作计算机的精髓。操作系统在计算机系统中的特殊地位决定了它的重要性，并成为现代计算机系统中不可分割的重要组成部分。

1. 什么是操作系统

早期的计算机没有操作系统，计算机要在人工干预下才能运行。为了使计算机系统中所有软、硬件资源协调一致，有条不紊地工作，就必须有一个软件来进行统一管理和调度，这种软件就是操作系统。操作系统是最基本的系统软件，是管理和控制计算机中所有硬件资源（包括 CPU、存储器、I/O 设备等硬件）、其他系统软件和应用软件的一组程序。现代计算机系统绝对不能缺少操作系统，而且操作系统的性能很大程度上影响了整个计算机系统的性能。

操作系统（Operating System，OS）是运行在裸机之上的，控制和管理计算机硬件和软件资源、合理地组织计算机工作流程以及方便用户操作的程序集合。它由一整套分层次的控制程序组成，是计算机硬件的第一级扩充，是软件系统的核心，是最基本的系统软件，是管理和控制计算机中所有硬件、其他系统软件和应用软件的一组程序，其他软件必须在操作系统的支持下才能运行。

操作系统是用户和计算机之间的接口，是为用户和应用程序提供操作硬件的界面，但其本身属于软件范畴，操作系统的出现是计算机软件发展史上的一个重大转折。操作系统越复杂，用户操作计算机就越简单。计算机硬件、操作系统、其他系统软件、应用软件以及用户之间的层次关系如图 3-21 所示。

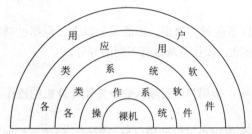

图 3-21　硬件、操作系统、其他软件、用户的关系

2. 操作系统的发展

随着计算机硬件的发展，也加速了操作系统的形成和发展。1964 年，IBM 推出了一系列用途与价位都不同的计算机 IBM System/360，而它们都共享了代号为 OS/360 的操作系统，实现让单一操作系统适用于整个系列的产品是 System/360 成功的关键。

1976 年，美国 Digital Research 软件公司研制出 8 位的控制程序或监控程序（Control Program/Monitor，CP/M）操作系统。这个系统允许用户通过控制台的键盘对系统进行控制和管理，其主要功能是对文件信息进行管理，以实现硬盘文件或其他设备文件的自动存取。继 CP/M 操作系统之后，出现了 C-DOS（Disk Operating System）、M-DOS、TRS-DOS、S-DOS 和 MS-DOS 等磁盘操作系统。

在 DOS 操作系统中，值得一提的是 MS-DOS，它是在 IBM-PC 及其兼容机上运行的操作系统，是 1980 年基于 8086 微处理器而设计的单用户操作系统。1981 年，微软的 MS-DOS 1.0 版问世，这是第一个实际应用的 16 位操作系统。1987 年，微软发布 MS-DOS 3.3 版本，是非常成熟可靠的 DOS 版本，由此，微软取得个人操作系统的霸主地位。

从问世至今，DOS 经历了 7 次大的版本升级，从 1.0 版到 7.0 版，不断地改进和完善。但是，DOS 系统的单用户、单任务、字符界面和 16 位的大格局并没有变化，因此它对于内存的管理也局限在 640 KB 的范围内，目前已很少使用。

在 DOS 操作系统之后推出多用户多道作业和分时操作系统。其典型代表有 UNIX、Linux、OS/2 以及 Windows 操作系统。

UNIX 操作系统是一种发展比较早的操作系统，它的优点是具有较好的可移植性，可运行于多个不同类型的计算机上，具有较好的可靠性和安全性，支持多任务、多处理、多用户、网络管理和网络应用。缺点是缺乏统一的标准，应用程序不够丰富，并且不易学习，这些都限制了 UNIX 的普及应用。

Linux 是一套免费使用和自由传播的类 UNIX 操作系统，是一个基于 POSIX 和 UNIX 的多用户、多任务、支持多线程和多 CPU 的操作系统。它能运行主要的 UNIX 工具软件、应用程序和网络协议，它支持 32 位和 64 位硬件。Linux 继承了 UNIX 以网络为核心的设计思想，是一个

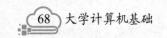

性能稳定的多用户网络操作系统。

OS/2 是 IBM 公司 1987 年推出的操作系统，它支持多任务处理和多道程序设计，内置网络支持、灵活性较强，但使用率不高。

Windows 操作系统是微软公司开发的"视窗"操作系统，是基于图形界面的单用户多任务的操作系统，其生动、形象的用户界面，简单方便的操作方法，吸引了成千上万的用户，成为 20 世纪 90 年代以后使用率最高的一种操作系统。1983 年首次推出 Windows 1.0，目前使用较多的版本是 Windows 7 和 Windows 10。

3. 操作系统的分类

经过多年的发展，操作系统种类繁多，功能差异较大，但都已基本适应各种不同硬件配置的需求。根据不同的分类标准，操作系统也有不同的划分。

（1）按用户界面分

① 命令行界面操作系统：指用户通过输入命令操作计算机的操作系统，如 DOS、Novell 等操作系统。

② 图形界面操作系统：指用户可以使用鼠标对图标、菜单或按钮等图形元素进行操作的操作系统，如 Windows、网络版 Novel 等操作系统。

（2）按支持的用户数分

① 单用户操作系统：指系统资源同一时间只能由一个用户独占的操作系统，如 DOS 操作系统。

② 多用户操作系统：指系统资源同时为多个用户共享的操作系统，如 Windows NT、UNIX、Linux 等。

（3）按运行的任务数分

① 单任务操作系统：指用户一次只能提交一个任务，待该任务完成后才能提交下一个任务的操作系统，如 DOS 操作系统。

② 多任务操作系统：指用户一次可以提交多个任务，系统可以同时接收并且处理多个任务的操作系统，如操作系统 Windows 7/10、Windows NT、UNIX 等。

（4）按系统的功能和应用分

① 批处理操作系统。

批处理操作系统以作业为处理对象，连续处理在计算机中运行的多道程序和多个作业。在这类操作系统中，用户可以将程序、数据以及操作说明组成一批作业，有序地提交给系统形成一个作业流。计算机系统自动地执行作业流，期间无须人机交互，直到作业运行完毕。它节省人工操作时间，但不具有交互性，这类操作系统目前已很少使用。

② 分时操作系统。

分时操作系统是多道程序分时共享硬件和软件资源。在分时操作系统中，将时间分为很短的时段——时间片，通常按时间片轮转，每道程序一次运行一个时间片。它多用于一个 CPU 连接多个终端的系统，CPU 按照优先级分配给各个终端时间片，轮流为其服务。由于主机运算速度高，每个终端用户彼此并没有感觉到其他用户的存在，就好像自己独占整个系统。目前在微型计算机上使用最为普遍的 Windows、Linux 和 UNIX 操作系统，均为分时操作系统。

③ 实时操作系统。

实时操作系统是实时控制系统和实时处理系统的统称。实时操作系统对外来的信息在限定的时间范围内能立即作出响应，它能够及时响应外部事件的请求，在规定的时间内完成对该事件的处理并控制所有实时设备和实时任务协调一致地运行。实时操作系统常见于航空航天的自动控制、工业生产的过程控制等，以及目前大家常用的导航系统等。

④ 网络操作系统。

网络操作系统是在网络环境下实现对网络资源的管理和控制的操作系统，是用户与网络资源之间的接口。网络操作系统是建立在独立的操作系统之上，为网络用户提供使用网络系统资源的桥梁。在多个用户争用系统资源时，网络操作系统进行资源调剂管理，它依靠各个独立的计算机操作系统对所属资源进行管理，协调和管理网络用户进程或程序与联机操作系统进行交互。

⑤ 分布式操作系统。

分布式操作系统是为分布式计算机系统配置的操作系统。分布式计算机系统也是由多台计算机通过通信网络互联，实现资源共享。各台计算机没有主次之分，任意两台计算机之间可以传递、交换信息，系统中若干台计算机可以并行运行，互相协作共同完成一个任务。

⑥ 嵌入式操作系统。

嵌入式系统是指操作系统和功能软件集成在计算机硬件系统之中。由于这些软硬件系统被嵌入各种设备和装置中，因此称为嵌入式系统。常见的应用是各种家用电器和通信设备。

4. 操作系统的功能

操作系统的主要功能是资源管理、程序控制和人机交互等。计算机系统的资源可分为设备资源和信息资源两大类。设备资源指的是组成计算机的硬件设备，如中央处理器、内存、外存、打印机、显示器、鼠标和键盘等。信息资源指的是存放在计算机内的各种软件和数据，如系统软件、应用软件和文件等。

从资源管理的角度可将操作系统的功能分为以下五部分。

（1）中央处理器管理

中央处理器是计算机的核心，所有程序的运行都要经过它来实现。中央处理器处理信息的速度远比内存的存取速度和外围设备的工作速度快，因此，协调好它们之间的关系才能充分发挥中央处理器的作用。操作系统能够使中央处理器按照预先规定的优先级和管理原则，为若干外设和用户服务。

（2）主存储器管理

计算机在处理具体问题时，除必需的硬件资源外，还需要操作系统、编译系统、用户程序和数据等软件资源。这些软件资源的存放都需要由操作系统对主存储器进行统一的分配与调度，使它们之间既保持联系，又避免相互干扰。同时，存储管理是操作系统中用户与主存储器之间的接口，其目的是通过合理调度，充分利用主存储器的空间。

（3）作业管理

作业是用户要求计算机完成一项工作的总称，任何一种操作系统都要用到作业这一概念。作业管理就是对作业的执行情况进行系统管理的程序集合。作业管理的功能是为用户提供一个使用系统的良好环境和界面，为用户提供一个向操作系统提交作业的接口，使用户能够方便地运行自己的程序。作业管理主要包括作业组织、作业控制、作业状况管理及作业调度等功能。

（4）文件管理

文件是指具有符号名的一组相关信息的有序集合。通常所说的程序、文档、图画、声音、动画等都是以文件的形式存放在计算机的存储器中。

文件管理是操作系统中用户与外围存储设备之间的接口，它负责管理和存取文件信息。具体来说，操作系统负责为用户建立、保存、读取、索引、删除文件，以及文件共享、文件保护等。

（5）设备管理

设备管理是操作系统中用户和外围设备之间的接口，其目的是合理地使用外围设备。它是控制外围设备和中央处理器（CPU）之间的通道，把提出请求的外围设备按一定的优先级排队，等待 CPU 的响应。为了提高 CPU 和外设之间并行操作的速度，操作系统在内存中设定一些缓冲区用于实现成批数据传送，以减少 CPU 与外设之间交互次数，提高执行速度。设备管理主要包括设备的缓冲管理、I/O 调度、中断处理及虚拟设备管理等。

3.4.3　程序设计语言与语言处理程序

1. 程序设计语言

程序设计语言是人与计算机交流的语言，也是编写计算机程序的基础。按照程序设计语言发展的过程，将其分为机器语言、汇编语言、高级语言三大类。

（1）机器语言

机器语言是一种用二进制代码表示机器指令的语言。它是计算机唯一能直接识别和执行的语言。机器语言是一种面向机器的语言，对同一个问题，使用不同型号的计算机所编写的机器语言程序是互不相同的。

机器语言的特点是占用内存少、执行速度快，但随机型而异、通用性差、难阅读、难记忆、难维护、编程工作量大、易出错。

（2）汇编语言

汇编语言是用助记符来代替难懂、难记的机器指令的语言，也称符号语言。汇编语言的语句与机器语言指令相对应，机器语言的指令直接用二进制代码表示，而汇编语言指令则用助记符表示。这些助记符一般是人们容易理解和记忆的英文缩写，如加法指令的助记符是 ADD。用汇编语言编写的程序计算机无法直接执行，必须提前翻译成计算机能识别的机器语言目标程序才能执行。

汇编语言在编写、阅读和调试等方面比机器语言有了很大改进，但是它的助记符只是机器语言的符号化而已，仍然是一种面向机器的语言。因此汇编语言的特点是比机器语言易学、易记，但还是通用性差，仍然属于低级语言。

（3）高级语言

高级语言是一种用各种意义的"词"和数学表达式按照一定的"语法规则"编写程序的语言。所谓高级语言是指这类语言与自然语言和数学公式相当接近。它与汇编语言一样，计算机不能直接识别，所以需要把用高级语言编写的程序翻译成目标程序才能执行。

高级语言的特点是面向问题的，而且不依赖于计算机的型号，通用性和可移植性好。用高级语言编写的程序短小精练、便于阅读、易于修改和调试，但执行效率不高。高级语言的种类很多，有面向过程的高级语言，如 Basic、FORTRAN、C 等；还有面向对象的语言，如 C++、Visual Basic、Java 等。不同的高级语言有不同的特点和应用范围。

2. 语言处理程序

在所有的程序设计语言中，除了用机器语言编写的程序能够被计算机直接理解和执行外，其他程序设计语言编写的程序，计算机都不能直接执行，这种程序称为源程序。例如，用高级语言编写的程序称为"高级语言源程序"，用汇编语言编写的程序称为"汇编语言源程序"。源程序必须经过一个翻译过程才能转换为计算机所能识别的机器语言程序，实现这个翻译过程的工具就是语言处理程序，翻译后的机器语言程序称为目标程序。针对不同的程序设计语言编写出的程序，语言处理程序也不相同。

汇编程序是将汇编语言源程序翻译成机器语言程序（也称为目标程序）的工具，相互关系如图 3-22 所示。

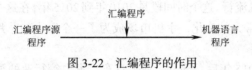

图 3-22　汇编程序的作用

高级语言翻译程序是将高级语言源程序翻译成目标程序的工具。翻译程序有两种工作方式，即编译方式和解释方式，相应的翻译工具也分别称为编译程序和解释程序。

编译方式是将高级语言编写的源程序一次性地全部翻译成机器语言表示的目标程序，完成此功能的程序叫编译程序。一般来说，编译方式执行速度快，但占用内存多。把编译后的目标程序以及所需的库函数等连接，转换成一个可执行的程序，完成此功能的程序叫作连接程序。

编译方式的优点是产生的可执行程序可以脱离编译程序和源程序独立存在并反复使用。编译方式执行速度快，但每次修改源程序后，必须重新编译生成目标程序。一般高级语言都是采用编译方式，如 C/C++、FORTRAN 等。编译方式的工作过程如图 3-23 所示。

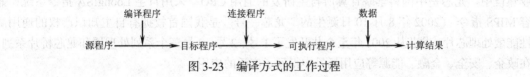

图 3-23　编译方式的工作过程

解释方式是用专门的解释程序将高级语言编写的源程序逐句翻译成机器指令并执行，即边解释边执行，完成此功能的程序叫作解释程序。在翻译过程中如果发现错误，它会立即停止，显示出错信息并提醒用户更正代码，修改后再继续向下执行。解释方式不再生成目标程序，而是借助解释程序直接执行源程序本身，其工作过程如图 3-24 所示。

图 3-24　解释方式的工作过程

这种边解释边执行的方式，特别适合于初学者，便于查错并且占用内存少，但执行效率低、花费时间长、速度慢。

3.5 国产芯片的发展与现状

3.5.1 国产芯片发展的历程

国产化芯片发展历程比较曲折，主要可以分为三个阶段。

① 第一阶段，芯片的国产化起始时间应该是在 2000 年到 2010 年，这段时间更多的国内芯片设计公司从事的方向主要还是一些用量比较大的消费类产品，像电源芯片、音频芯片，消费电子推动了国产芯片公司涌现。

② 第二阶段，智能手机流行。这个时间段是 2010 年到 2015 年，在这个阶段，智能手机的崛起，给整个供应链体系带来非常大的变化，手机市场成为了一个巨大的芯片应用平台，从而催生了新的国产芯片设计公司。

③ 第三个阶段是在 2015 年后，部分工业、汽车、家电等行业的智能需求越来越高，芯片的需求也日趋旺盛，而之前国产芯片设计公司所从事的主要方向是在消费类电子上，为了满足这一部分变化，为国产芯片设计公司的发展提供了新的契机，带动了整个行业的变化。

2020 年 8 月 4 日，国务院以国发〔2020〕8 号印发《新时期促进集成电路产业和软件产业高质量发展的若干政策》。业内人士表示，尽管和国外还存在较大差距，但在政策支持下，在"新基建""新经济"拉动下，芯片行业有望迎来黄金发展阶段。

3.5.2 主要的国产芯片简介

1. "龙芯" 芯片

在国产芯片的发展中，具有代表性的国产芯片非"龙芯"莫属，它目前主要用在我国的工业建设中。龙芯是中国科学院计算所自主研发的通用 CPU，采用自主 LoongISA 指令系统，兼容 MIPS 指令。2002 年 8 月 10 日诞生的"龙芯一号"是我国首枚拥有自主知识产权的通用高性能微处理芯片。龙芯从 2001 年至今共开发了 1 号、2 号、3 号三个系列处理器和龙芯桥片系列，在政企、安全、金融、能源等应用场景中得到了广泛的应用。

（1）龙芯 1 号系列

龙芯 1 号系列为低功耗、低成本专用处理器，应用场景面向嵌入式专用应用领域，如物联终端、仪器设备、数据采集等。

（2）龙芯 2 号系列

龙芯 2 号系列为低功耗通用处理器，应用场景面向工业控制与终端等领域，如网络设备、行业终端、智能制造等。

（3）龙芯 3 号系列

龙芯 3 号系列为通用处理器，应用场景面向桌面和服务器等信息化领域；配套芯片包括以龙芯 7A1000 为代表的接口芯片及正在研发的电源芯片、时钟芯片等。其中，龙芯 1 号系列、龙芯 2 号系列主要面向工控类应用；龙芯 3 号系列主要面向信息化应用，其中工业级产品面向高端工控类应用，如图 3-25 所示。

龙芯系列产品能够提供 32 位、64 位，单核、多核和不同质量等级的处理器及配套芯片，搭载的 Loongnix、LoongOS 两大系统软件可以适应不同的应用场景。

中国工程院院士、联想汉卡发明人倪光南指出：IT 核心技术的掌握关系到国家的信息安全，因此，IT 核心技术中国非做不可。"龙芯"的问世不仅仅在于中国自主研发出了自己的 CPU 产品，其更深层次的意义在于它穿透了困扰在中国科技人员心中的一团迷雾，凭借着自身的技术研发实力，中国同样可以自己研发生产出被国外垄断的产品。

2. 华为"麒麟"芯片

2019 年 9 月 6 日，华为在德国柏林和北京同时发布最新一代旗舰芯片麒麟 990 系列，包括麒麟 990 和麒麟 990 5G 两款芯片。华为的芯片研发经过十几年，才走到今天。

2003 年，华为决定研发 WCDMA（3G 技术的一种）手机芯片，代号"梅里"，项目一度失败关停，但华为还是决定在芯片领域继续攻关。

2007 年，华为集合 3 个团队进攻 Modem 芯片、AP 芯片和 4G 芯片。Modem 芯片被命名为巴龙，基于 ARM 架构；AP 芯片 K3V2 使用在手机和平板产品上。

2012 年，华为海思投入升级芯片，巴龙 710 诞生。此时，国内 4G 建设开始大规模启动，分立的 K3V2 和巴龙 710 难以支撑华为手机业务发展，多模 SoC 迫在眉睫。经过持续攻关，华为推出了首款手机 SoC 麒麟 910，支撑了华为 Mate2、P7 等手机。

2014 年年底，麒麟 620 发布，它支撑的荣耀 6X 手机成为华为首款出货量超一千万台的手机。

2016 年 4 月，发布麒麟 955 SoC 芯片，麒麟 955 将领 P9 系列成为华为旗下第一款销量破千万的旗舰机。

2019 年 9 月，华为推出麒麟 990 5G 芯片，它是全球首款旗舰 5G SoC 芯片，是业内最小的 5G 手机芯片方案，面积更小，功耗更低；它可率先支持全频段通信，是业界首个全网通 5G SoC，真正做到了世界领先，如图 3-26 所示。

图 3-25　龙芯 3 号芯片

图 3-26　华为"麒麟"芯片

 习　题

一、选择题

1. 下面关于随机存取存储器的叙述中，正确的是_____。

　　A.DRAM 常用来做 Cache 用

　　B.DRAM 的存取速度比 SRAM 快

　　C.SRAM 的集成度比 DRAM 高

D. 存储在 SRAM 或 DRAM 中的数据在断电后将全部丢失且无法恢复

2. 下列软件中，属于应用软件的是_____。

   A. 操作系统   B. 程序设计语言处理系统

   C. 管理信息系统   D. 数据库管理系统

3. 下面关于操作系统的叙述中，正确的是_____。

   A. 操作系统属于应用软件

   B. 操作系统是计算机软件系统中的核心软件

   C. 操作系统的五在功能是：启动、打印、显示、文件存取和关机

   D. Windows 是 PC 唯一的操作系统

4. 计算机硬件主要包括：中央处理器、存储器、输入设备和_____。

   A. 显示器   B. 鼠标   C. 输出设备   D. 键盘

5. 液晶显示器的主要技术指标不包括_____。

   A. 存储容量   B. 亮度和对比度   C. 显示速度   D. 显示分辨率

6. 解释程序的功能是_____。

   A. 解释执行汇编语言程序   B. 将汇编语言程序解释成目标程序

   C. 将高级语言程序解释成目标程序   D. 解释执行高级语言程序

7. 微机上广泛使用的 Windows 是_____。

   A. 单任务操作系统   B. 实时操作系统

   C. 多任务操作系统   D. 批处理操作系统

8. 下列各组软件中，全部属于应用软件的是_____。

   A. 军事指挥程序、数据库管理系统   B. 航天信息系统、语言处理程序

   C. 导弹飞行控制系统、军事信息系统   D. 视频播放系统、操作系统

9. 下列叙述中，正确的是_____。

   A. 外存中存放的是当前正在执行的程序代码和所需的数据

   B. 内存中存放的只有数据

   C. 内存中存放的只有程序代码

   D. 内存中存放的既有程序代码又有数据

10. CPU 主要技术性能指标有_____。

   A. 冷却效率   B. 耗电量和效率

   C. 可靠性和精度   D. 字长、主频和运算速度

11. 下列设备组中，完全属于输入设备的一组是_____。

   A. 绘图仪，键盘，鼠标   B. 打印机，硬盘，条码阅读器

   C. 键盘，鼠标器，扫描仪   D. CD-ROM 驱动器，键盘，显示器

12. 下列说法正确的是_____。

   A. CPU 可直接处理外存上的信息

   B. 系统软件是买来的软件，应用软件是自己编写的软件

   C. 计算机可以直接执行高级语言编写的程序

   D. 计算机可以直接执行机器语言编写的程序

13. 影响一台计算机性能的关键部件是_____。

A.CD-ROM   B. 显示器   C.CPU   D. 硬盘

14. 下列各存储器中，存取速度最快的一种是_____。

A.U 盘   B. 光盘   C. 固定硬盘   D. 内存储器

15. 以下关于编译程序的说法正确的是_____。

A. 编译程序不会生成目标程序，而是直接执行源程序

B. 编译程序构造比较复杂，一般不进行出错处理

C. 编译程序属于计算机应用软件，所有用户都需要编译程序

D. 编译程序完成高级语言程序到低级语言程序的等价翻译

二、简答题

1. 简述计算机系统的构成。

2. 冯·诺依曼提出的"存储程序"方案包括哪些要点？

3. 计算机软件系统的组成有哪些？

4. 简述操作系统作用。

5. 计算机程序设计语言可分为机器语言、汇编语言、高级语言，这三类语言的各有什么特点？请举出几种常用的高级语言。

6. 计算机语言处理系统中，编译方式与解释方式有什么不同？

7. 简述计算机的基本工作原理。

8. 系统总线按照传送内容的不同可分哪三种总线？

9. 存储器由哪几部分组成？它们各有什么作用？内存的分类及其各自的特点是什么？现在微机常用的外存储器有哪几种？

10. 显示器的显示效果主要取决于哪几方面？

第*4*章
计算机网络基础

计算机网络已成为继广播、电话和电视之后更加方便快捷的信息交流和共享平台，成为政治、经济、军事、教育、科学、文化、艺术、卫生以及体育等全时空的信息支持环境。随着"网络经济""电子商务""网络教育"等新技术和新应用不断涌现，网络已经延伸到世界的每一个角落，渗透到社会的各个层面，也正从根本上改变着人们的工作与生活方式，改变着人们的思想意识和思维方法。

本章主要从计算机网络的基础概念入手，介绍计算机网络的产生与发展，计算机网络的基本组成及分类、计算机网络体系结构、Internet 的基本知识、浏览网页、收发电子邮件与文件下载等内容。

4.1 计算机网络概述

4.1.1 计算机网络的产生与发展

计算机网络是把地理上分散的、具有独立功能的多台计算机用通信线路和通信设备连接起来，在网络软件的管理下实现数据传输和资源共享的系统。它是计算机技术、通信技术和信息处理技术相结合的产物，并在用户需求的促进下得到进一步的发展。从 20 世纪 60 年代开始发展至今，计算机网络已完成从小规模局域网到全球性的广域网的转变。计算机网络技术已取得了惊人的发展，成为信息社会的基础。

计算机网络的发展经历了由简单到复杂，从单机到多机、从终端与计算机的通信到计算机与计算机直接通信的演变过程。其发展主要概括为以下几个阶段。

1. 远程终端连接阶段

远程终端连接阶段以美国航空公司订票系统（SABRE-I）为代表。1963 年该系统以一台设在纽约的大型计算机作为中央计算机，外连 2 000 多台遍布美国各地区的终端，使用通信线路与中央计算机连接。实质上，它的构成是一种分时多用户系统，通常称为面向终端的联机系统或以单计算机为中心的联机系统。为了使中央计算机更好地发挥效率进行数据处理与计算，将通信任务从中央计算机中分离出来，形成了通信处理机，如图 4-1 所示。

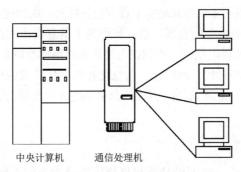

中央计算机　　通信处理机

图 4-1　带通信处理机的远程终端联机系统

2. 计算机 – 计算机网络阶段

1969 年底，美国国防部高级研究计划署（Advanced Research Projects Agency）建立起一个由 4 台计算机（节点）互连的分组交换试验网络 ARPANET。这四个节点分布在斯坦福研究院（SRI）、加州大学圣巴巴拉分校（UCSB）、加州大学洛杉矶分校（UCLA）和犹他大学（U of U）。ARPANET 的技术创新主要体现在采用分组交换技术及连接节点都是独立的计算机系统，而且信道采用宽带传输，网络作用范围大，拓扑结构灵活，通常称这种网络为计算机 – 计算机网络，如图 4-2 所示。

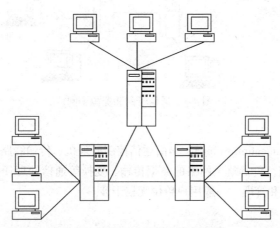

图 4-2　计算机 – 计算机网络结构

3. 计算机网络互连阶段

在这一时期，广域网、局域网和公用分组交换网迅速发展，加速了体系结构和协议国际标准化的研究和应用。国际标准化组织（International Organization for Standardization，ISO）经过多年的工作，于 1978 年正式制定并颁布了"开放系统互连参考模型（Open System Interconnection/Reference Model，OSI/RM）"，作为研究和制定新一代计算机网络标准的基础，并于 1983 年成为国际标准。很多计算机厂商相继宣布支持 OSI 标准，并积极研究和开发符合 OSI/RM 标准的产品，这就使得不同厂家生产的不同设备之间实现了互连互通。

4. 信息高速公路阶段

1993 年，随着美国信息高速公路法案的提出，各国也纷纷开始建设自己国家的信息基础设施，使得 Internet 获得了迅速发展。尤其 WWW（World Wide Web）技术的成熟应用，有力地促进了 Internet 的推广。现在，Internet 包括了几十万个全球范围内的局域网，这些局域网通过主干广域网互连起来。在互联网上，每天增加上百万的新网页，成为现实社会最大的信息公告板。与此同时，电子商务、电子政务的发展，进一步促进了信息技术的应用，通信技术的长足发展与网络技术的紧密结合，使得电信网、电视网与计算机网络向着融合统一的趋势发展。

今天是以网络为核心的时代。网络化、信息化和数字化已成为社会经济发展与人们生活的基础，计算机网络向着高速、宽带、智能、多媒体及移动的方向发展。人类只有运用这些信息技术，才能迎接未来的挑战。

4.1.2 计算机网络的组成

从系统功能的角度来看，典型的计算机网络可以分为通信子网和资源子网两个部分，如图 4-3 所示。

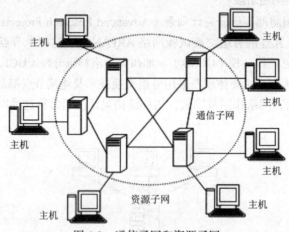

图 4-3 通信子网和资源子网

1. 通信子网

通信子网（Communication Subnet）是由通信控制处理机、传输线路以及其他通信设备组成的独立的数据通信系统，负责整个网络的数据传输、变换等通信处理任务。公用的通信子网由国家电信部门统一组建和管理，一般用户单位无权干涉。

2. 资源子网

资源子网（Resource Subnet）是信息资源的提供者，负责全网的数据处理和向网络用户提供共享资源。资源子网上的各站点都具有访问网络信息资源、存储和处理数据的能力。它由主计算机、智能终端、磁盘存储器、输入 / 输出设备、各种软件资源和信息资源组成。

4.1.3 计算机网络的基本功能

随着计算机网络技术的不断提高，计算机网络系统的功能也越来越强大。其主要功能可以概括为以下几个方面。

1. 数据通信

在计算机网络中，各计算机之间可以快速、可靠地互相传送各种信息。利用网络的这一功能可以实现在一个地区或更大范围内进行信息系统的数据采集、加工处理、预测决策等工作。例如，通过计算机网络实现铁路运输的实时管理控制，以提高铁路运输能力。

计算机网络改变了利用信件、电话和传真等传统的通信手段，解决了利用磁盘传递信息的不便，方便了人们的工作和生活。

2. 资源共享

组建计算机网络的主要目标之一就是让网络中的各用户可以共享分散在不同地点的各种软、硬件资源。利用计算机网络可以共享主机设备，以完成特殊的处理任务；使用计算机网络还可以共享外围设备，如激光打印机、绘图仪等，以节约办公成本；更重要的是，利用计算机网络共享软件、数据等信息资源，可以节约存储空间，易于维护，可最大限度地降低运作成本和提高工作效率。

3. 均衡负荷与分布处理

通过网络系统可以对各种资源的"忙"和"闲"进行合理调配。当网上某台计算机运行任务过重时，可以通过计算机网络采用适当的算法，将部分任务转移到网络中的其他计算机上进行分布式处理，从而达到均衡计算机的负担，减少用户的等待时间。

在具有分布式处理能力的计算机网络中，在网络操作系统的调度和管理下，一个网络中的多台计算机可以协同解决一个依靠单台计算机无法解决的大型任务。这样，以往只由大型计算机才能完成的工作，现在可由多台微型计算机构成的计算机网络协同完成，而且费用低廉。

4. 提高系统的可靠性

在一个较大的系统中，个别部件或计算机出现故障是不可避免的。计算机网络中的各台计算机通过网络可以互为备份。这样，若网络中的一台计算机出现故障，可由网络将信息传递给其他计算机代为处理，不影响用户的正常操作，还可以从其他计算机的备份数据中恢复被破坏的数据，从而大大提高了整个系统的可靠性。

4.1.4 计算机网络的分类

计算机网络的分类标准有很多，如按计算机网络的覆盖范围分类、按网络的交换方式分类、按拓扑结构分类等。但是，各种分类标准只能从某一方面反映网络的特征。

1. 按覆盖范围分类

按照网络的覆盖范围来划分，计算机网络可以分为局域网、城域网和广域网。

（1）局域网

局域网（Local Area Network，LAN）通常是指覆盖的地理范围在几米到几千米的计算机网络。局域网是一个小范围的数据通信网络，是目前计算机网络技术领域非常重要的一个分支，在企业、机关、学校等各单位得到了广泛的应用。局域网是封闭型的，可以由一个办公室内的几台计算机组成，也可以由公司内的上千台计算机组成，它是建立互联网的基础网络。

（2）广域网

广域网（Wide Area Network，WAN）所覆盖的范围比局域网大得多，覆盖范围从几百千米到几千千米。广域网覆盖一个地区、国家或横跨几个洲，一般作为不同地理位置的局域网之间连接的通信网络。它可以通过电报电话网、微波通信站或卫星通信站或它们的组合信道进行通信。由于广域网所连接的用户多，总出口带宽有限，通常广域网的数据传输速率比局域网低，因此信号的传播延迟比局域网要大。

（3）城域网

城域网（Metropolitan Area Network，MAN）是一种介于局域网和广域网之间的高速网络，覆盖范围一般在 10 ~ 100 km。城域网一般覆盖一个城市或地区，作为城市或地区各单位局域网之间连接的通信网络。如一个 MAN 可以连接政府的 LAN、医院的 LAN、电信的 LAN、企业的 LAN 等。

2. 按传输方式分类

按通信传输方式来划分，计算机网络可分为点对点网络和广播式网络。

（1）点对点网络

点对点网络是以点对点的方式把各台计算机相互连接起来。一条信道只连接网络中的一对节点，沿某条信道发送的数据确认只有信道另一端唯一的一个节点收到。如果两节点之间没有直接连接的信道，那么可以通过中间节点转接。因此用该方式连接多台计算机的信息结构可能构成复杂的"网络结构"，从一个节点到另一个节点之间可能存在多条信道。点对点网络主要用于广域网通信。

（2）广播式网络

广播式网络用一条共同的传输介质把各个计算机相互连接起来。在广播式网络中，所有主机共享一条信道，某主机发出的数据，其他主机都能收到，由于发送的数据中带有目的地址和源地址，每台收到数据的主机先检查目的地址与本机是否相同。若相同才接收该数据，否则不接收。在广播信道中，由于信道共享会引起信道访问冲突，因此信道访问控制是广播式网络要解决的关键问题。广播式网络主要用于局域网通信、微波通信、卫星通信等方面。

3. 其他的网络分类方法

计算机网络还可以按信息交换方式划分，可分为分组交换网、报文交换网、电路交换网和综合业务数字网；按网络控制方式划分，可分为分布式网络和集中式网络；按组网使用的传输介质划分，可分为有线网和无线网；按信道占用的带宽划分，可分为基带传输网络和宽带传输网络等。

4.1.5 计算机网络拓扑结构

计算机网络的拓扑结构是指网络中计算机或设备与通信线路之间的物理构成模式，主要由通信子网决定。用以标识网络的整体结构外貌。它影响整个网络的设计、功能、可靠性、通信费用等，是计算机网络研究的主要内容之一。

网络拓扑结构主要有星状、总线状、环状、树状和网状拓扑等形式，如图 4-4 所示。

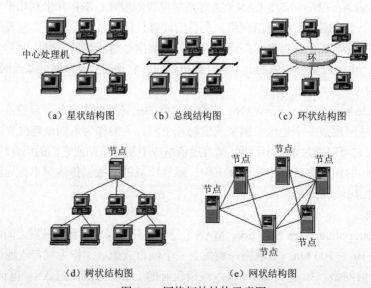

（a）星状结构图　　（b）总线结构图　　（c）环状结构图

（d）树状结构图　　（e）网状结构图

图 4-4　网络拓扑结构示意图

1. 星状结构

星状结构是最早的通用网络拓扑结构。它由一个中心通信节点和一些与它相连的计算机组成。各计算机之间的通信均需要通过中心节点进行，因此这种结构对中心节点的可靠性要求较高。

星状结构的优点是结构简单，维护管理容易；重新配置灵活；故障隔离与检测方便；网络延迟时间较短。其缺点是网络共享能力较差，通信线路利用率低；中心节点负荷重，一旦中心节点出现故障，系统将全部瘫痪，可靠性比较差。

2. 总线结构

总线结构采用一条公共总线作为传输介质，各个节点都通过相应的硬件接口直接连在总线上。总线结构采用"广播式"传输，所有节点共享一条公共传输线路，在一个特定的时刻只能有一个节点传输信息，因此需要某种形式的访问控制策略。

总线结构的优点是结构简单灵活，易于扩充，安装使用方便；通信线路利用率高，设备量少，组网成本低；网络响应速度快，节点的故障对系统影响小。其缺点是网络出现故障后，诊断和隔离比较困难，同时总线的故障会造成整个网络的瘫痪，这也是目前总线结构在局域网中不再流行的主要原因。

3. 环状结构

环状结构是通过中继器实现相邻两个节点间点到点的链路连接，由此顺序连接成一个闭合的环状。网络中各节点地位相同，数据可以单向或双向进行传送。

环状结构的优点是信息在网络中沿固定方向流动，两节点间仅有唯一通路，大大简化了路径选择的控制；当某个节点发生故障时，可以自动旁路，可靠性高；非常适合作为主干网。其缺点是由于信息是串行穿过多个节点环路接口，当节点过多时影响传输效率，使网络响应时间变长；由于整个网络构成闭合环，故网络扩充起来不太方便。

4. 树状结构

树状结构是总线结构和星状结构的结合，它将单链路直接连接的节点通过多级处理逐级进行连接，它是一种集中分层的管理形式。树状结构比星状结构降低了通信线路成本，但增加了网络的复杂性。网络中除底层节点及其连线外，其他任意一个节点或线路的故障均会影响到它所在支路网络的正常工作。

5. 网状结构

网状结构是将各节点互联成一个网状结构，没有主控机来主管，也不分层次，通信功能分散在组成网络的各个节点上，是一种分布式的控制结构。它具有较高的可靠性，资源共享方便，但线路复杂，网络的管理也较困难。

上面介绍的拓扑结构为基本拓扑结构，在组建局域网时常采用星状、总线、环状结构。而树状结构和网状结构在广域网中比较常见，但是在一个实际网络中，可能是上述几种拓扑结构的结合。

4.1.6　计算机网络体系结构

计算机网络如果仅用网络线路和网络设备将各计算机物理连接，这只是网络的硬件条件，网络系统的另一个重要部分是网络软件，其主要的研究内容是网络协议及体系结构。网络协议是网络通信各方共同遵守的约定和规则，它规定了网络传输的双方之间收发约定，对速率、传输代码、代码结构、传输控制步骤、出错控制等制定标准。不同的网络其网络协议不同。

网络协议通常由三部分组成：一是语义，用于决定通信双方对话的类型；二是语法，用于决定通信双方对话的格式；三是同步，即事件实现顺序的详细说明，常用于决定通信双方的应答关系。

由于节点之间联系的复杂性，在制定协议时，把复杂的任务先分解成一些简单的子任务，然后再将它们复合起来。最常用的复合方式是层次方式，即上一层可以调用下一层，而与再下一层不发生关系。通信协议的分层规定是：把用户应用程序作为最高层，把物理通信线路作为最低层，将其间的协议处理分为若干层，规定每层协议处理的任务和接口标准。

由于网络协议分层的方法很多，为使不同计算机厂商生产的计算机能相互通信，以便在更大范围内建立计算机网络，国际标准化组织于1978年提出了著名的"开放系统互连参考模型"（OSI/RM）。这里的"开放"是指凡遵守OSI/RM标准的系统都可以互连，彼此都能开放式地进行通信。它的提出受到计算机界和通信业的极大关注，通过多年的发展和推进已成为各种计算机网络结构的国际标准。

国际标准化组织制定的OSI/RM是一个包含七层的体系结构，其主要内容有：通信双方如何以及何时访问和分享传输介质，发送方和接收方如何进行联系和同步，指定信息传送的目的地，提供差错的检测和恢复手段，确保通信双方相互理解。

OSI/RM按照分层的结构化技术，构造了顺序式的七层模型，即物理层、数据链路层、网络层、传输层、会话层、表示层和应用层，如图4-5所示。每一层都规定有明确的任务和接口标准，不同系统的对等层之间按相应协议进行通信，同一系统不同层之间通过接口进行通信。除最高层外，每层都向上一层提供服务，同时又是下一层的用户。

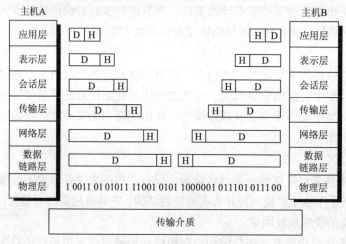

图 4-5 OSI/RM 的七层体系结构

1. 物理层

物理层提供机械、电气、功能和过程特征，使数据链路实体之间建立、保持和终止物理连接。它对通信介质、调制技术、传输速率、接插头等具体的特性加以说明，实现二进制位流的交换能力。

2. 数据链路层

数据链路层以帧为单位实现数据交换，负责帧的装配、分解及差错处理等管理。如果数据帧被破坏，则发送端能自动重发。因此，帧是两个数据链路实体之间交换的数据单元。

3. 网络层

网络层主要负责处理与寻址和传输有关的问题。在局域网中往往两个节点间只有一条通道，不存在路径选择问题，但涉及几个局域网互联时就要选择路径。在网络层中交换的数据单元称为报文分组或包。

4. 传输层

传输层提供两个会话节点（又称端对端）之间透明的数据传送，并进行差错恢复、流量控制等。该层实现独立于网络通信的端对端报文交换，为计算机节点之间的连接提供服务。

5. 会话层

会话层在协同操作的情况下支持节点间交互性活动。它为不同系统内的应用之间建立会话连接，使它们按同步方式交换数据；并且能有序地断开连接，以保证不丢失数据。为建立会话，双方的会话层应该核实对方是否有权参加会话，确定由哪一方支付通信费用，并在选择功能方面取得一致。因此该层是用户连接到网络的接口。

6. 表示层

表示层向应用进程提供信息的表示方式，对不同的表示方式进行转换管理等，使采用不同表示方式的系统之间能进行通信，并提供标准的应用接口和通用的通信服务。例如，文本压缩、数据编码和加密、文件格式转换，使双方均能认识对方数据的含义。

7. 应用层

应用层是 OSI/RM 的最高层，主要提供各种应用服务程序，包括用户应用程序执行通信任务所需的协议和功能，如分布式数据库、文件传输、电子邮件（E-mail）等。它直接面对用户的具体应用，是通信系统与用户之间的接口。

虽然 OSI/RM 仅是一个参考模型，但世界上的通信组织、计算机公司制定的某些标准或自己的体系结构，都是以 OSI/RM 为基础进行设计的。

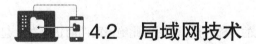

4.2　局域网技术

局域网是将较小地理区域内的各种数据通信设备连接在一起组成的通信网络。它是目前计算机网络技术领域非常重要的一个分支，在企业、机关、学校等各单位得到了广泛的应用。

4.2.1　局域网的组成

局域网是由网络硬件和网络软件组成的，主要包括计算机设备、传输介质、网卡、网间连接器、网络系统软件等 5 个部分。在网络系统中，硬件的选择对网络起着决定性的作用，而网络软件则是挖掘网络潜力的工具。

1. 计算机设备

局域网中的计算机称为主机，根据它们在网络中所起的作用不同，可划分为服务器和客户机。

（1）服务器

服务器（Server）是向所有客户机提供服务的计算机，装备有网络的共享资源。网络服务器的效率直接影响整个网络的效率，是局域网的核心部件。因此，一般要用高档计算机作为网络服务器，它要求配置高速 CPU、大容量内存和硬盘，以及具有较高的安全性和可靠性。

（2）客户机

客户机（Client）也称为工作站，是指连入网络的用于处理信息和事务的计算机。它是网络中用户实际操作的工作平台。用户通过工作站来访问网络的共享资源。工作站一般由 PC 担任，也可以由输入/输出终端担任，对工作站的性能要求主要根据用户需求而定。

2. 网卡

网卡（Network Interface Card，NIC）也称为网络适配器，是计算机与网络连接的重要设备，是工作站与服务器之间或不同工作站之间信息交换的接口，如图 4-6 所示。它通常安装在计算机主板的扩展槽中，但目前也有很多主板上集成了网卡，用户不必再单独购买网卡安装。

图 4-6　网卡

网卡在制作过程中，厂家会在它的 EPROM 里烧录上一组数字，每张网卡烧录的这组数字都各不相同，这就是网卡的 MAC 地址。由于 MAC 地址的唯一性，因此它是用来识别网络中用户的身份。MAC 地址是由 48 位二进制数组成，通常表示成十六进制，如 EA-FC-54-20-09-88。

网卡的功能主要有两个：一是将计算机的数据封装为帧，并通过网线将数据发送到网络；二是接收网络上其他设备传输过来的帧，并将帧重新组合成数据。

3. 传输介质

传输介质是传输数据的载体，负责将网络中的多种设备互连。局域网中常用的传输介质有双绞线、同轴电缆、光纤、微波等。它们支持不同的网络类型，具有不同的传输速率和传输距离。

（1）有线介质

有线传输介质主要包括双绞线、同轴电缆、光纤三种。

① 双绞线

双绞线是一种最常见的传输介质，使用彼此绝缘的两两扭合在一起的四对铜线来传输信息，如图 4-7（a）所示。双绞线的特点是线路简单，价格低廉，传输速率较快，通常能达到 1 Gbit/s，但布线烦琐。

双绞线又分为非屏蔽双绞线（Unshielded Twisted Pair，UTP）和屏蔽双绞线（Shielded Twisted Pair，STP）两种，屏蔽双绞线外面包有一层屏蔽干扰用的金属膜，在电磁屏蔽性能方面比非屏蔽双绞线要强，但价格也相对较贵。目前组网常用的是非屏蔽双绞线。

② 同轴电缆

同轴电缆由内导体铜质芯线、绝缘层、外导体屏蔽层和外层的塑料保护套构成，如图 4-7（b）所示。同轴电缆比双绞线抗干扰能力强，传输距离较长，价格较贵。同轴电缆根据阻抗又分为 50 Ω 的基带同轴电缆和 75 Ω 的宽带同轴电缆，有线电视采用的就是宽带同轴电缆，而基带同轴电缆曾经被广泛地应用在计算机局域网中。

③ 光纤

光纤是一种新型的传输介质，由极细的玻璃纤维或石英玻璃纤维作为线芯，外涂一层低折射率的包层和保护层，如图 4-7（c）所示。它传输速率高，抗干扰能力强，保密性好，通信距离远，因此应用广泛。目前光纤被广泛用于建设高速计算机网络的主干网和广域网的主干道，同时也应用于局域网建设。光纤网络技术较复杂，造价相对较高。

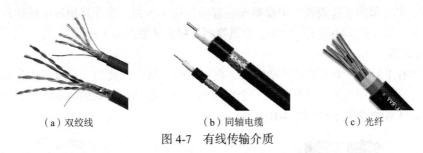

（a）双绞线　　　　　　　（b）同轴电缆　　　　　　　（c）光纤

图 4-7　有线传输介质

（2）无线介质

无线介质是指通过空间传输信号的无线电波、微波、红外线等。使用无线介质完成的通信称为无线通信。它常用于不便铺设有线介质的特殊地理环境，或灵活方便的移动通信环境。目前比较成熟的无线通信有以下几种。

① 微波通信。

微波通信是指使用频率为 1 GHz ～ 10 GHz 的电波进行信息传输，主要用于长途电信服务、语音和电视转播服务。微波在空间以直线传播，由于地表面为曲面，再加上高大建筑物和天气的影响，因此微波通信的地面传输距离一般在 50 km 左右。直线传输的距离与天线的高度有关，长距离传送时，需要在中途设立一些中继站，就构成了微波中继系统。微波的传输容量大、传输速率快、质量高，建设费用较低，一次性投资，但保密性能差。

② 卫星通信。

卫星通信是利用人造地球卫星作为中继站转发微波信号，使各地之间互相通信，因此卫星通信系统是一种特殊的微波中继系统。理论上，一颗同步地球卫星可以覆盖地球三分之一以上的表面，三颗这样的卫星就可以覆盖地球的全部表面，这样地球各地面站之间可以任意通信，如图 4-8 所示。卫星通信的优点是传输容量大，距离远，可靠性高；缺点是通信延迟时间长，易受气候影响。

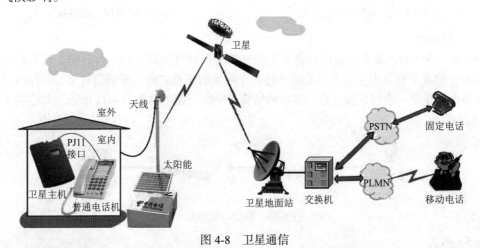

图 4-8　卫星通信

4. 网络互连设备

（1）中继器

中继器（Repeater）的作用是从物理上连接两个或多个网段，其作用是接收传输介质上传输的信息，经过放大和整形后再发送到另一段传输介质上。它是局域网环境下用于延伸网络覆盖范围最简单、最廉价的互连设备。中继器安装容易，操作方便，并保持单段电缆中原有的传输速率；缺点是不能互连不同类型的网络。中继器的连接方式如图 4-9 所示。

（2）集线器

集线器（Hub）是一个多端口的中继器，在局域网上被广泛使用。它可以用来将若干台计算机通过双绞线连到集线器，从而构成一个局域网，也可以通过级联的方式扩展局域网的物理作用范围。集线器的连接方式如图 4-10 所示。

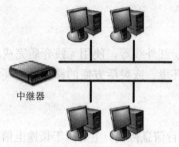

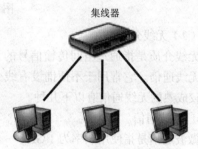

图 4-9　中继器的连接方式　　　　　　　　　图 4-10　集线器的连接方式

（3）交换机

交换机（Switch）属于工作在数据链路层的网络互连设备，用于电信号转发，可以为接入交换机的任意两个网络节点提供独享的电信号通路，如图 4-11 所示。它具有先存储后定向转发的功能。从物理上看，它与集线器类似，与集线器的不同之处在于集线器是在共享带宽的方式下工作，而交换机能以独占的方式连接几个网络。

图 4-11　交换机　　　　　　　　　　　　图 4-12　路由器

（4）路由器

路由器（Router）是在网络层提供多个独立的子网间连接服务的一种存储、转发设备。它在不同路径的复杂网络中自动进行线路选择，在网络的节点之间对通信信息进行存储转发，可以认为路由器也是一个网络服务器，具有网络管理功能。路由器如图 4-12 所示。其连接方式如图 4-13 所示。

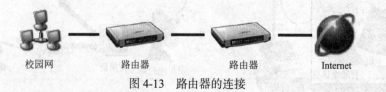

图 4-13　路由器的连接

（5）网关

网关（Gateway）又称为网间协议转换器，它是一台专用的计算机，用于连接不同体系结构或协议的网络。网关除了传输信息外，还用于提供协议转换、路由选择、数据交换等网络兼容功能。

5. 网络系统软件

网络系统软件主要由服务器操作系统、网络服务软件、工作站重定向软件、传输协议软件等组成。微机有多种联网方式可以选择，而网络系统软件主要选择的应是网络操作系统。

网络操作系统（Network Operating System，NOS）是网络的心脏和灵魂，是向网络计算机提供服务的特殊的操作系统。它使计算机操作系统增加了网络操作所需要的能力。目前在局域网中主要存在以下几类网络操作系统。

（1）Windows 操作系统

Windows 是微软公司开发的一类操作系统。微软公司的 Windows 系统不仅在个人操作系统中占有绝对优势，在网络操作系统中也具有非常强劲的力量。微软的网络操作系统主要有 Windows NT Server 5.0、Windows 2008 Server，以及最新的 Windows 2019 Server 等。

（2）UNIX 操作系统

UNIX 操作系统由 AT&T 和 SCO 公司推出。目前常用的 UNIX 系统版本主要有：UNIX SUR4.0、HP-UX 11.0，SUN 的 Solaris8.0 等。这种网络操作系统运行稳定，安全性能好，且发展历史悠久，其良好的网络管理功能已为广大网络用户所接受，拥有丰富的应用软件。正因如此，UNIX 一般用于大型的网站或大型的企事业单位的局域网中。由于它多数是以命令行方式进行操作，导致初学者不易掌握。

（3）Linux 操作系统

这是一种新型的网络操作系统，它的最大特点是源代码开放，可以免费得到许多应用程序。目前也有中文版本的 Linux，如 RedHat、Ubuntu、Fedora、红旗 Linux 等。Linux 操作系统具备良好的安全性和稳定性，在国内得到了用户充分的肯定。目前这类操作系统主要应用于中、高档服务器中，也可安装于普通微机供初学者学习使用。

因为许多网络功能是通过网络操作系统来具体实现的，所以网络操作系统的选择是一个关键问题，它会影响整个网络的性能。

4.2.2　局域网的技术要素

局域网可以实现文件管理、应用软件共享、打印机共享、工作组内的日程安排、电子邮件和传真通信服务等功能。

1. 衡量局域网性能的主要技术指标

（1）传输速率

传输速率是指计算机网络中单位时间内从一端传送到另一端的数据量，即数据传输速率，也称数据率或比特率，通常用单位 bit/s（位 / 秒，bps）表示。

（2）带宽

带宽在不同的领域理解不同。电信领域指某个信号具有的频带宽度，通常用单位赫兹（Hz）表示；而在计算机网络领域，则指网络系统的通信链路传输数据的能力，即表征单位时间内从网络中的某一点到另一点所能通过的最高数据量，通常用线路的最大传输速率表示带宽量。所谓 200 M 带宽即理论上的最大数据传输速率为 200 Mbit/s。

（3）时延

时延是指数据从网络的一端传送到另一端所需的时间。它是描述计算机网络性能的重要指标之一，网络中的时延包括发送时延、传播时延、处理时延、排队时延。

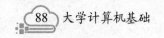

① 发送时延。

发送时延是主机或路由器发送数据帧所需要的时间，也就是从发送数据帧的第一个比特算起，到该帧的最后一个比特发送完毕所需要的时间。发送时延的计算公式为：

发送时延 = 数据帧长度（bit）/ 发送速率（bit/s）

例如，一个长度为 100 MB 的数据块，在带宽为 1 Mbit/s 的信道上持续发送，其中 1 B=8 bit，发送时延为 100 MB / 1 Mbit/s =100 M × 8 bit / 1 Mbit/s=800 s。

② 传播时延。

传播时延是电磁波在信道中传播一定的距离需要花费的时间。传播时延的计算公式为：

传播时延 = 信道长度（m）/ 电磁波在信道上的传播速率（m/s）

例如，光在光纤中传播速度约为 200 000 km/s，有一段长 200 km 的光纤，其传播时延200 km /（200 000 km/s）=1 ms。

③ 排队时延和处理时延。

排队时延是指数据通过网络传输时，要经过很多转发设备。在进出转发设备时要先在队列中排队等待处理，因素就造成了排队时延。处理时延指各类网络设备在收到数据时用于进行数据处理所耗费的时间。例如，分析数据、差错检验或查找适当的转发路径等。

（4）往返时间

往返时间（Round-Trip Time，RTT）是一个比较简单直观描述网速的性能指标。表示从发送端发送数据开始，到发送端收到来自接收端的确认总共经历的时间。RTT 一般由三个部分影响：链路的传播时间、末端系统的处理时间、路由器缓存中的排队和处理时间。往返时间可以用 ping 命令来测量，通常以毫秒（ms）为单位进行表示，数值越小表示线路质量越好。玩网络游戏时，如果 ping 值高就会感觉操作延迟明显，也就是常说的"网络卡"。

2. 局域网的工作特性

由局域网的定义可以看出，局域网具有以下主要特点。

① 通信速率较高。局域网通信传输速率为每秒百万比特（Mbit/s），从 5 Mbit/s、10 Mbit/s 到 100 Mbit/s，随着局域网技术的进一步发展，目前正在向着千兆以太网、万兆以太网等更高的速度发展。

② 通信质量较好，传输误码率低，可达 $10^{-11} \sim 10^{-8}$。

③ 通常属于某一部门、单位或企业。由于局域网的范围一般在一个建筑物、一个校园或几千米的一个区域之内，其分布性和高速传输使它适用于一个企业、一个部门的管理，所有权可归某一单位，在设计、安装、操作使用时由单位统一考虑、全面规划，不受公用网络的约束。

④ 支持多种通信传输介质。根据网络本身的性能要求，局域网中可使用多种通信介质进行连网，例如，电缆（细缆、粗缆、双绞线）、光纤及无线传输等。

⑤ 局域网成本低，安装、扩充及维护方便。局域网的安装较简单，可扩充性好，尤其在目前大量采用以集线器为中心的星状网络结构的局域网中，完成扩充服务器、工作站等操作十分方便，某些站点出现故障时整个网络仍可以正常工作。

4.3　Internet 基础

4.3.1　Internet 的发展

Internet 的中文译名为因特网，又称国际互联网，它是以美国国家科学基金会（National Science Foundation，NSF）的主干网 NSFNET 为基础发展而来的全球最大的计算机互联网。这是一个遵循 TCP/IP 协议，将全球大大小小的各种计算机网络互联起来的最大的计算机网络。

1. Internet 的发展阶段

（1）实验研究阶段（1969—1985 年）

1969 年，由美国国防部高级研究计划署（Advanced Research Projects Agency，ARPA）建立了 ARPANET，目的是为了当网络中的部分系统被摧毁时，其余部分会很快建立新的联系。最初的 ARPANET 只有 4 个节点，分别设在美国西部 4 所大学，采用 TCP/IP 作为基础协议。1972 年，有 50 余所大学和研究所参与了网络的连接，当时 ARPANET 的一个主要目标是研究用于军事目的的分布式计算机系统。1982 年，ARPANET 逐渐形成了 Internet 的雏形。作为早期的主干网，它较好地解决了异种机网络互联的一些理论与技术问题，产生了资源共享、分布控制、分组交换、使用单独的通信协议和网络通信协议分层等思想。

（2）学术性网络阶段（1986—1995 年）

1986 年，NSF 建立了一个以 ARPANET 为基础的学术性网络，即 NSFNET。NSF 斥巨资建立了全美五大超级计算机中心，并且建立了基于 TCP/IP 协议的 NSFNET 网络，让全国的科学和工程技术人员共享超级计算机所提供的巨大计算能力。NSFNET 网络的基本情况是：在全国划分若干个计算机区域网，通过路由器把区域网上的计算机与该地区的超级计算机相连，最后再将各超级计算机中心互联，在主通信节点上采用高速数据专线，构成 NSFNET 主干网。这样，只要一个用户的计算机已与某一区域网联网，他就可以使用任一超级计算机中心的资源。由于 NSFNET 的成功，NSFNET 于 1986 年取代了 ARPANET 成为今天的 Internet 的基础。1995 年，NSFNET 结束了作为 Internet 主干网的历史使命，从学术性网络转化为商业化网络。

（3）商业化网络阶段（1996 年至今）

Internet 最初的宗旨是用来支持教育和科研活动，但是随着规模的扩大和应用服务的发展，以及全球化市场需求的增长，开始了商业化服务。在引入商业机构后，准许以商业为目的的网络连入 Internet，使其得到迅速的发展。以商业化后达到 5 000 万用户为例，电视用了 13 年，收音机用了 38 年，电话更长。Internet 从商业化后达到 5 000 万用户只用了 4 年时间。Internet 正在以超过摩尔定理的速度发展到今天的规模。

2. 我国的互联网发展进程

我国目前在接入 Internet 网络基础设施上已进行了大规模投入，如建成了中国公用分组交换数据网（China Public Packet Switched Data Network，CHINAPAC）和中国公用数字数据网（China Digital Data Network，CHINADDN）。覆盖全国范围的数据通信网络已具规模。

早在 1987 年，中国科学院高能物理研究所就开始通过国际网络线路接入 Internet。1994 年，我国作为第 71 个国家级网正式加入 Internet，并建立了中国顶级域名服务器，实现了以四大主干网络为基础的 Internet 全功能服务。

（1）中国公用计算机互联网

中国公用计算机互联网（China Public Computer Network，ChinaNET）是由原邮电部投资建设的国家级网络，于 1996 年 6 月在全国正式开通。其主干网络覆盖全国，以商业活动为主，业务范围覆盖所有电话能通达的地区。截至 2020 年，ChinaNET 线路带宽的总容量占全国互联网出口总带宽的 97%，已达 8 651 625 Mbit/s，是接入互联网最理想的选择。

ChinaNET 面向全社会开放，主要提供商业服务，其用户多为虚拟拨号入网的个人用户和计算机行业相关的公司。

（2）中国科学技术网

中国科学技术网（China Science and Technology Network，CSTNET）也称中国国家计算机与网络设施（The National Computer and Networking Facility of China，NCFC），是由中科院主持，北京大学、清华大学共同建设的全国性网络。该工程于 1990 年 4 月启动，1994 年 4 月正式开通与 Internet 的专线连接，1994 年 5 月 21 日完成了我国最高域名主要服务器的设置。目前国际线路带宽的总容量为 114 688 Mbit/s，可以提供全方位 Internet 功能。

（3）中国教育和科研网

中国教育和科研网（China Education and Research Network，CERNET）是 1994 年由国家投资建设，教育部负责管理，清华大学等高等学校承担建设和管理运行的全国性学术计算机互联网络。它主要面向教育和科研单位，是全国最大的公益性互联网络。国际线路总带宽已达 61 440 Mbit/s，CERNET 具有雄厚的技术实力，是我国互联网研究的排头兵，在全国第一个实现了与国际下一代高速网 Internet2 互联。如图 4-14 所示，CERNET 分以下四级进行管理。

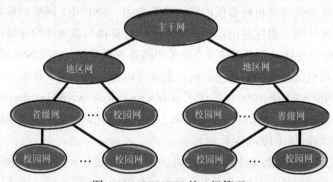

图 4-14　CERNET 的 4 级管理

① 全国网络中心。设在清华大学，负责全国主干网的运行管理。

② 地区网络中心和地区主节点。分别设在清华大学、北京大学、北京邮电大学、上海交通大学、西安交通大学、华中科技大学、华南理工大学、电子科技大学、东南大学、东北大学 10 所高校，负责地区网的运行管理和规划建设。

③ 省教育科研网。设在 36 个城市的 38 所大学，分布于全国。

④ 各地校园网。

（4）中国国家公有经济信息通信网

中国国家公有经济信息通信网（China Golden Bridge Network，CHINAGBN）又称金桥网，是为配合中国的"三金"工程（"金桥"、"金卡"和"金关"），自 1993 年开始建设的计算机网络，是国民经济信息化的基础设施，面向政府、企业、事业、社会公众提供数据通信和信息服务。

CHINAGBN 是以卫星综合数字业务网为基础，以光纤、无线移动等方式形成天地一体的网络结构，使天上卫星网和地面光纤网互联互通，互为备用，可以覆盖全国。

随着我国国民经济信息化建设迅速的发展，拥有连接国际出口的互联网已由上述四家发展成十大网络运营商，有 200 家左右有跨省经营资格的网络服务提供商（Internet Service Provider，ISP）。目前我国已初步建成了光缆、微波和卫星通信所构成的通达各省、自治区、直辖市的主干信息网络。

3. IPv6 与下一代 Internet 网

目前使用最为广泛的网际协议是 IPv4，IPv4 有 32 位地址长度，理论上能编址 1 600 万个网络、40 亿台主机。但采用分类编址方式后，可用的网络地址和主机地址的数目大打折扣，以致目前的 IP 地址已近枯竭。IPv6 将地址长度扩展至 128 位，是 IPv4 地址空间的近 1 600 亿倍。以 IPv6 为技术基础和标志性技术的下一代互联网不但可以实现现有 IPv4 网络所提供的全部业务，还提供能体现 IPv6 价值和发展前景的创新业务。下一代互联网的应用将使真正的数字化生活来临，人们可以随时、随地用任何一种方式高速上网。

与现在使用的互联网相比，下一代互联网有以下不同。

① 更庞大的 IP 地址群。下一代互联网将逐渐放弃 IPv4，启用 IPv6 地址协议，几乎可以给家庭中的每一个可能的家电产品分配一个 IP 地址，让数字化生活变成现实。

② 更快的网络传输速率。下一代互联网将比现在的网络传输速度提高 1 000 倍以上，它的基础带宽将达到 40 Gbit/s 甚至更高。

③ 更安全的网络环境。目前的计算机网络因为种种原因，在体系设计上有一些不够完善的地方，下一代互联网将在建设之初就从体系设计上充分考虑安全问题，使网络安全的可控性、可管理性大大增强。

下一代互联网与第一代互联网的区别不仅存在于技术层面，也存在于应用层面。例如，目前网络上的远程教育、远程医疗，在一定程度上并不是真正意义上的远程教育和医疗。由于网络基础条件的原因，远程教育对于互动性、实时性极强的课堂教学，还一时难以实现，大量还是采用了网上、网下结合的教学方式。而远程医疗更多地只是远程会诊，并不能进行远程的手术，尤其是精细的手术治疗几乎不可想象。但在下一代互联网上，这些都将成为最普通的应用。位于夏威夷等的 11 家全球天文台已经连接了 Internet 2，阿姆斯特丹的天文学家可以精确地调整天文望远镜，并通过 Internet 2 提供的先进的电话会议技术与全球同行讨论观察结果。

4.3.2 TCP/IP 参考模型

1. 数据交换技术

从交换技术的发展历史看，数据交换经历了电路交换、报文交换、分组交换的发展过程，如图 4-15 所示。

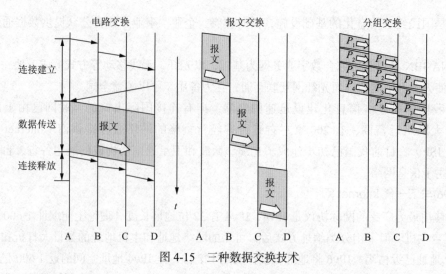

图 4-15　三种数据交换技术

（1）电路交换

电路交换就是计算机终端之间通信时，一方发起呼叫，独占一条物理线路。其特点是实时性强，时延小，交换设备成本较低。但同时也带来线路利用率低，电路接续时间长，通信效率低，不同类型终端用户之间不能通信等缺点。电路交换比较适用于大信息量、长报文，经常使用的固定用户之间的通信。

（2）报文交换

将用户的报文存储在交换机的存储器中。当所需要的输出电路空闲时，再将该报文发向接收交换机或终端，它以"存储—转发"的方式在网络内传输数据。报文交换的优点是中继电路利用率高，可以多个用户同时在一条线路上传送，可实现不同速率、不同规程的终端间互通。其缺点是以报文为单位进行存储转发，网络传输时延大，且占用大量的交换机内存和外存，不能满足对实时性要求较高的用户需要。报文交换适用于传输的报文较短、实时性要求较低的网络用户之间的通信，如公用电报网。

（3）分组交换

分组交换技术也称包交换技术，是将用户传送的数据按一定的长度进行划分，每个部分称为一个分组，然后再将分组以报文交换的方式进行信息传输。这种传输方式是在"存储—转发"的基础上发展起来的，它兼有电路交换和报文交换的优点。分组交换在线路上采用动态复用技术，将报文按一定长度分割为许多小段的数据分组。每个分组标识后，在一条物理线路上同时传送多个数据分组。发送过程中，把来自源端的数据暂存在交换机的存储器内，接着在网内转发。到达接收端后，再去掉分组首部并按顺序重新装配成完整的报文。分组交换比电路交换的线路利用率高，比报文交换的传输时延小，交互性好。

2.TCP/IP 协议及参考模型

传输控制协议 / 网际协议（Transmission Control Protocol/Internet Protocol，TCP/IP）是 Internet 最基本的协议。整个 TCP/IP 是由若干协议共同组成的协议簇，TCP 和 IP 是其中两个最重要的协议。TCP 和 IP 两个协议分别属于传输层和网络层，在 Internet 中起着不同的作用，分别处理端到端连接及异构网络通信等问题，计算机只要安装了 TCP/IP 协议，它们之间就能相互通信。TCP/IP 已成为当今计算机网络最成熟、应用最广的互联协议。运行 TCP/IP 协议的网络是分组交换网。

所有的 TCP/IP 系列网络协议都被归类到 4 个层中，并建立起一个抽象的分层模型，即 TCP/IP 参考模型，其自上而下依次为应用层、传输层、网络层、网络接口层。

（1）应用层

应用层为高层，在该层应用程序与协议相配合，发送或接收数据。TCP/IP 协议集在应用层上的协议有远程登录协议（Telnet）、文件传输协议（FTP）、简单邮件传输协议（SMTP）、邮局协议（POP）等，它们构成了 TCP/IP 的基本应用程序。

（2）传输层

传输层主要作用是将数据分段并重组为数据流，提供端到端的数据传输服务，并且可以在互联网络的发送方主机和目的主机之间建立逻辑连接。传输层上主要协议有传输控制协议（Transmission Control Protocol，TCP）和用户数据报协议（User Data Protocol，UDP）。TCP 协议支持面向连接的、可靠地传输服务；UDP 协议则直接利用 IP 协议进行 UDP 数据报的传输，因此 UDP 协议提供的是无连接的、不保证数据完整到达目的地的传输服务。

（3）网络层

网络层主要负责处理每个数据包的地址部分，使这些数据包能正确地到达目的地。网络上的网关计算机根据信息的地址来进行路由选择。网络层主要包含的协议有网际协议（Internet Protocol，IP）、Internet 控制报文协议（Internet Control Message Protocol，ICMP）、地址解析协议（Address Resolution Protocol，ARP）、反向地址解析协议（Reverse Address Resolution Protocol，RARP）。

（4）网络接口层

网络接口层在发送端负责将 IP 数据报封装成帧后发送到网络上，并在接收端负责对 IP 数据帧拆封。

OSI/RM 与 TCP/IP 两种模型的对比，如图 4-16 所示。

OSI/RM	TCP/IP	
应用层	应用层	Telnet、FTP、SMTP、DNS、HTTP 以及其他应用协议
表示层		
会话层		
传输层	传输层	TCP、UDP
网络层	网络层	IP、ARP、RARP、ICMP
数据链路层	网络接口	各种通信网络接口（以太网等）（物理网络）
物理层		

图 4-16　OSI/RM 与 TCP/IP 两种模型的比较

OSI 的七层协议结构虽然概念清楚，体系结构理论较完整，但划分比较复杂且不实用。而 TCP/IP 是一个四层的分层体系结构，层次相对简单，因此在实际的使用中比 OSI/RM 更具有实用性，所以 TCP/IP 得到了更好的发展。

4.3.3　IP 地址与域名

为了实现计算机之间的通信，必须为每台接入 Internet 的计算机指定一个地址，就像每部电话有一个电话号码一样，用来唯一标识一台计算机，以区别网上的其他计算机。在 Internet 中有两种主要的地址识别系统，即 IP 地址和域名。

1.IP 地址

（1）IP 地址的格式

IP 地址又称网址，是按照 IP 协议规定的格式，为每一个正式接入 Internet 的主机所分配的、供全网标识的唯一通信地址。目前全球广泛应用的 IP 协议是 4.0 版本，记为 IPv4。

IPv4 地址用 32 位二进制编址，即 IP 地址占用 4 个字节。为了书写方便，习惯上采用"点分十进制"表示法，即每 8 位二进制数为一组，用等效的十进制数表示，即 IP 地址中的每个十进制数的取值范围在 0 ~ 255，并且十进制数之间用小数点分隔。

例如，二进制表示 IP 的地址为 11001010. 11001001. 01100010. 01110000；用"点分十进制"法表示的 IP 地址为 202.201.98.112。

（2）IP 地址的分类

实际上，IP 地址是采用分层方式按逻辑网络的结构进行划分的。一个 IP 地址是由网络地址和主机地址两部分组成。网络地址用于标识 Internet 中的一个物理网络，由 Internet 网络信息中心统一分配。主机地址用于标识该物理网络上的一台主机，可由本单位内部分配。

IP 地址根据网络规模的大小分为 A、B、C、D、E 共 5 类。其中 A、B、C 三类为基本地址，用于主机的 IP 地址；D 类和 E 类留作特殊用途。IP 地址的划分如图 4-17 所示。

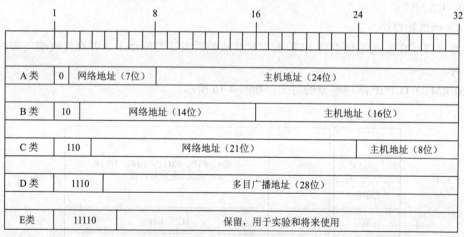

图 4-17 IP 地址的划分

从网络地址的格式中可以看出：

A 类地址中网络地址占 8 位，最高位（首位）固定是"0"，第一个字节的取值范围在 0 ~ 127，其中 0 和 127 有特殊用途，所以可分配的 A 类网络地址有 126 个。其余 24 位用于主机地址，所以每个 A 类网络可容纳的主机是 16 777 214 台（$2^{24}-2$）。因此 A 类地址适用于主机众多的大型网络，其 IP 地址的表示范围为 0.0.0.0 ~ 127.255.255.255。

B 类地址中网络地址占 16 位，最高两位固定是"10"，其余 14 位可分配给 16 384 个（2^{14}）网络，其中第一个字节地址范围在 128 ~ 191（10000000B ~ 101111111B），主机地址有 16 位，每个 B 类网络可容纳的主机是 65 534 台（$2^{16}-2$）。因此，B 类地址一般适用于中等规模的网络，其 IP 地址的表示范围为 128.0.0.0 ~ 191.255.255.255。

C 类地址中网络地址占 24 位，前三位固定是 "110"，其余 21 位可分配给 2 097 152 个（2^{21}）网络，其中第一个字节地址范围在 192 ～ 223（11000000B ～ 11011111B），主机地址有 8 位，每个 C 类网络最多可容纳主机 254 台（2^8-2）。因此，C 类网络地址数量较多，一般适用于小型网络，其 IP 地址的表示范围为 192.0.0.0 ～ 223.255.255.255。

采用 "点分十进制" 法表示 IP 地址的方式，通过第一个字节很容易识别出该地址属于哪一类。例如 "202.201.98.112" 属 C 类地址。其中 "202.201.98" 表示网络地址，"112" 表示主机地址。

从 Internet 的发展规模和网络传输速率来看，现有 IPv4 的 32 位 IP 地址已使用殆尽。因此，现在 IPv6 已经开始应用，其主要特点是地址采用 128 位表示，地址空间相当大，扩展了地址层次结构，使得网络的管理更加方便和快捷。

（3）子网掩码

为了使 IP 地址能够充分利用，尽可能减少地址的浪费，常常在 IPv4 的基础上用设定子网掩码的方式，针对主机地址部分再划分子网。

子网掩码（Subnet Mask）也称地址掩码，它是一种用来指明一个 IP 地址的哪些位标识的是主机所在的子网以及哪些位标识的是主机的掩码。子网掩码也是一个 32 位地址，必须结合 IP 地址一起使用。它的主要作用有两个：一是用于屏蔽 IP 地址的一部分以区别网络标识和主机标识，并说明该 IP 地址是在局域网上，还是在远程网上；二是用于将一个大的 IP 网络划分为若干小的子网络。

子网掩码通常有以下 2 种格式的表示方法：

①通过与 IP 地址格式相同的点分十进制表示。如 255.0.0.0 或 255.255.255.128。

②在 IP 地址后加上 "/" 符号以及 1 ～ 32 的数字，其中 1 ～ 32 的数字表示子网掩码中网络标识位的长度。如 255.255.255.0 的子网掩码也可以表示为 "/24"。

子网掩码常常用来判断任意两台计算机的 IP 地址是否属于同一子网络。两台计算机各自的 IP 地址与子网掩码进行与（AND）运算后，如果得出的结果是相同的，则说明这两台计算机是处于同一个子网络上的，可以进行直接通信。

2. 域名

网络上的主机通信必须指定双方机器的 IP 地址。IP 地址虽然能够唯一地标识网络上的计算机，但它用数字表示，对使用者来说不便记忆，为此，TCP/IP 协议引进了一种字符型的主机命名机制，这就是域名。域名（Domain Name）的实质就是用一组具有助记功能的英文字符代替 IP 地址。不同主机的域名不能相同。

为了避免域名地址的重名，主机的域名采用层次结构表示。通常按地理域或机构域分层表示，各层次的域名段之间用圆点 "."隔开，每个域名段由字母、数字和连字符组成，开头和结尾必须是字母或数字，不区分大小写，完整的域名总长度不超过 255 个字符。实际使用中，每个域名段长度一般小于 8 个字符。一般的域名格式为：

主机名 . 单位名 . 机构名 . 国别或地区

例如，清华大学的域名是 www.tsinghua.edu.cn，其中从右至左分别为 cn 表示中国，edu 代表教育机构，tsinghua 代表清华大学，www 代表提供网页服务的主机。

域名最右边的部分又称为顶级域名。顶级域名分为两种，即全球顶级域名和国别或地区顶级域名。全球顶级域名不带国家代码，又称国际域名。为了保证域名的通用性，Internet 制定了一组通用的代码作为顶级域名，参见表 4-1。

表 4-1　全球顶级域名和国别代码顶级域名

域名代码	代表意义	域名代码	代表意义
com	商业机构	mil	军队系统机构
edu	教育机构	cn	中国
net	网络机构	uk	英国
org	非营利组织	jp	日本
gov	政府机构	us	美国

中国互联网的域名体系中顶级域名为 cn，二级域名有 40 个，分为类型域名和行政区域名两类。其中类型域名有 6 个，分别是 ac（科研机构）、com（商业机构）、edu（教育机构）、gov（政府机构）、net（网络机构）和 org（非营利机构），此类型为行业域名后加 .cn，如 com.cn；另一类是行政区域名，共 34 个，对应于我国各省、自治区、直辖市，采用两个字符的汉语拼音表示。如 bj 代表北京市，gd 代表广东省等，此类型为行政区域名，后加 .cn，如 bj.cn。

在 Internet 上访问一台主机，既可以用域名地址，也可以用 IP 地址。IP 地址和域名相对应。当用户使用 IP 地址时，负责管理的计算机可直接与对应的主机联系；而使用域名时，则先将域名送往域名服务器，通过服务器上的域名和 IP 地址对照表翻译成相应的 IP 地址，传回负责管理的计算机后，再通过该 IP 地址与主机联系。若一台主机从一个地域移到另一个地域，当它属于不同的网络时，其 IP 地址通常也需随之更换，但是可以保留原来的域名。

4.3.4　Internet 接入方法

对于普通用户，接入 Internet 的常见方式有局域网接入和个人用户接入两种。

1. 局域网接入

如果一个单位或一个学校的局域网已经接入 Internet，那么该单位用户的计算机便可以通过所在的局域网接入 Internet。此时，用户先申请到连网用的 IP 地址、子网掩码、相应 IP 网关地址、域名服务器地址或域名等参数，以及连网所用的通信线路。然后用户应在 Windows 10 操作系统中进行相应网络参数设置即可。具体设置步骤如下。

① 在"设置"窗口（可由 Windows"开始"菜单中打开），单击"网络和 Internet"链接，在"状态"窗格中的"高级网络设置"部分，单击"更改适配器设置"链接，在打开的"网络连接"窗口中，右击"WLAN"图标（有线网接入则为"本地连接"图标），在弹出的快捷菜单中选择"属性"命令；在弹出的"WLAN 属性"（有线网接入则为"本地连接 属性"）对话框中，选择"Internet 协议版本 4（TCP/IPv4）"，单击"属性"按钮，如图 4-18 所示。

> **提示：** 由于 Windows 10 操作系统已经集成了大多数网络适配器的驱动程序，所以通常不需要用户自己安装网络适配器的驱动程序。

② 在打开的"Internet 协议版本 4(TCP/IPv4) 属性"对话框中，选中"使用下面的 IP 地址"单选按钮，在相应的文本框内输入 IP 地址、子网掩码、默认网关，设置 DNS 域名服务器的地址，如图 4-19 所示。最后单击"确定"按钮，使设置生效即可。

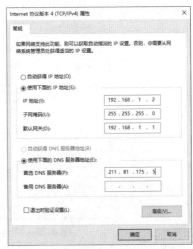

图 4-18　"WLAN 属性"对话框　　　图 4-19　"Internet 协议版本 4(TCP/IPv4) 属性"对话框

2. 宽带接入

个人用户接入互联网常用的是宽带（PPPoE）接入技术，它与传统的接入方式相比，宽带接入具有较高的性价比，在以太网上承载 PPP 协议（Point to Point Protocol over Ethernet，以太网点到点协议），它利用以太网将大量主机组成网络，通过一个远端接入设备连入因特网，并对接入的每一个主机实现控制、计费功能。极高的性价比使 PPPoE 在包括小区组网建设等一系列应用中被广泛采用。

利用 PPPoE 线路进行拨号后直接由验证服务器进行检验，用户需输入用户名与密码，检验通过后就建立起一条高速并且是"虚拟"的用户数字专线，并分配相应的动态 IP 地址。具体设置步骤如下：

① 单击桌面"开始"菜单，选择"设置"项，在打开的"设置"窗口中选择"网络和 Internet"链接；或在任务栏右侧的网络连接图标上右击，在弹出的快捷菜单中选择"打开'网络和 Internet'设置"命令。

② 在"状态"窗口的"高级网络设置"下方，单击"网络和共享中心"链接，打开"网络和共享中心"窗口。

③ 在窗口的"更改网络设置"区域单击"设置新的连接或网络"链接，打开"设置连接或网络"窗口。

④ 在当前窗口中选择"连接到 Internet"选项，单击"下一步"按钮。选择"设置新连接"选项，单击"宽带（PPPoE）"链接进入 PPPoE 连接设置窗口（需要时勾选"显示此计算机未设置使用的连接选项"）。

⑤ 填写由网络服务商（ISP）提供的用户名和密码后，单击"连接"按钮完成新建 PPPoE 拨号连接操作，如图 4-20 所示。建立完成 PPPoE 拨号连接后，可选择"设置"→"网络和 Internet"→"更改适配器选项"，在打开的"网络连接"窗口中查看及使用。

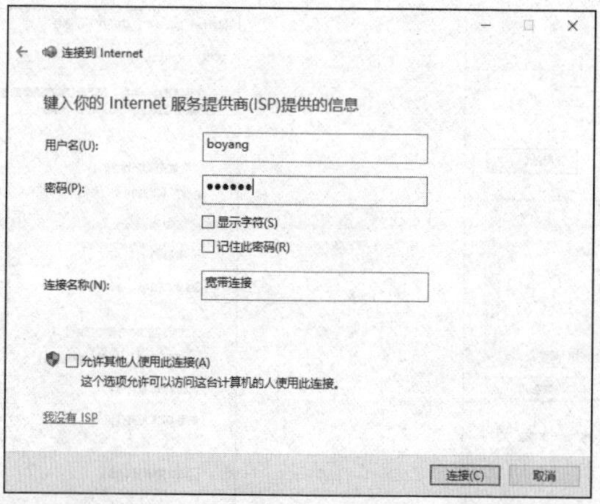

图 4-20　"连接到 Internet"对话框

4.3.5　Internet 信息服务

1. 常用名词

（1）WWW

WWW是 World Wide Web 的英文缩写，中文译为万维网或全球信息网，简称 Web 或 3W。WWW 是由欧洲粒子物理接入研究中心（the European Organization for Nuclear Research）于 1989 年提出并研制的基于超文本标记语言 HTML 和超文本传输协议 HTTP 接入的大规模、分布式信息获取和查询系统，是 Internet 最有价值的服务。

（2）HTML

HTML 是超文本标记语言 Hypertext Mark Language 的英文缩写。超文本（Hypertext）是WWW 中的一种重要信息处理技术，是文本与检索项共存的一种文件表示和信息描述方法，检索项就是指针，每一个指针可以指向任何形式的计算机可以处理的其他信息源，即在超文本中已实现了相关信息的链接。这种指针设定相关信息链接的方式就称为超链接（Hyperlink），如果一个多媒体文档中含有这种超链接的指针，就称为超媒体（Hypermedia），它是超文本的一种扩充，不仅包含文本信息，还包含诸如图形、声音、动画、接入视频等多种信息。HTTP 即 Hypertext Transfer Protocol，是一种超文本传输协议。

由超链接相互关联起来、分布在不同地域、不同计算机上的超文本和超媒体文档就构成了全球的信息网络。

2. 统一资源定位器

统一资源定位器（Uniform Resource Locator，URL），是一种用来唯一标识网络信息资源的位置和存取方式的机制，给资源的位置提供一种抽象的识别方法，并用这种方法给资源定位。URL 通过这种定位就可以对资源进行存取、更新、替换和查找等各种操作，并可在浏览器上实现 WWW、E-mail、FTP、新闻组等多种服务。因此，URL 相当于一个文件名在网络范围的扩展，是与因特网相连的机器上的任何可访问对象的一个指针。

URL 由以冒号隔开的两大部分组成，并且在 URL 中不区分字母的大小写。URL 的一般格式为：

协议：// 主机名称 [: 端口号] / 路径 / 文件名

其中，方括号 [ ] 中的内容可以根据具体情况省略。

目前 URL 支持的协议有 http、ftp、news、telnet 等，主机名称为存放资源的主机在 Internet 中的域名或 IP 地址，并以双斜线 "//" 引导。路径部分包含等级结构的路径定义，一般来说不同部分之间以斜线（/）分隔。

例如，格式为 http://www.ncist.edu.cn/index.htm 的一个 URL，表示使用 HTTP 协议访问名为 www.ncist.edu.cn 主机中的名为 index.htm 的超文本文件。又如格式为 ftp://ftp.nicst.edu.cn/software 的一个 URL，表示使用 FTP 文件传输协议访问主机名为 ftp.ncist.edu.cn 的 ftp 服务器中的 software 目录。

3. 浏览器的使用

WWW 服务采用客户机 / 服务器工作模式。在该模式中，信息资源以页面的形式存储在 Web 服务器中，用户查询信息时，首先运行一个客户端的应用程序。通常把这个客户端的应用程序称为浏览器（Browser）。浏览器是用户通向 WWW 的桥梁和获取 WWW 信息的窗口。通过浏览器，用户可以在浩瀚的 Internet 海洋中漫游，搜索和浏览自己感兴趣的所有信息。浏览器的主要功能是使用户获取 Internet 上的各种资源。

常用的浏览器有 Microsoft 公司的 Internet Explorer 浏览器，Mozilla 的 Firefox 浏览器，奇虎 360 公司的 360 安全浏览器，腾讯公司的 QQ 浏览器等，这些浏览器的使用方法大致相同。以下以 Microsoft 公司的 Internet Explorer 11.0 浏览器为基础，介绍浏览器的基本使用方法。

IE 浏览器是一种常见浏览器，通常在安装 Windows 操作系统时，同时安装 IE 浏览器。完成网络连接后，启动 IE 的最基本的方法是选择 "开始" 菜单→ "Windows 附件" → "Internet Explorer" 命令。

IE 浏览器的窗口主要包括标题栏、菜单栏、工具栏、地址栏、链接栏、状态栏和水平垂直滚动条，完全符合 Windows 的窗口规范。

（1）地址栏

要打开位于世界各地的网页，在 IE 浏览器的 URL 地址栏中输入该网页的地址即可。例如，在地址栏中输入 "http://www.baidu.com"，便可打开百度（Baidu）的主页，如图 4-21 所示。另外，对于访问过的网址，还可以单击地址栏右侧的下拉按钮 ，在弹出的下拉列表中列出了以前输入过的 URL 地址，用鼠标单击其中的任一 URL 地址，即可打开该页面。

图 4-21　百度（Baidu）首页

（2）浏览区

浏览区是 IE 浏览器的主体部分，用来显示 Web 页面的内容。在浏览区显示的网页中，当鼠标在一些图文处悬停时，可以看到鼠标变为手型，并且文字上显示下画线，则该处称为超链接。它是用于帮助用户寻找相关内容的其他网页资源链接，此时单击，便可打开被链接的相应网页。

（3）工具栏

浏览器的主要访问功能，都可以通过单击工具栏的按钮来实现。如果要在浏览器窗口中显示工具栏，可以选择"查看"→"工具栏"→"收藏夹栏"或"菜单栏"等命令，可以在窗口中显示相应功能栏。如果再次执行该操作，则隐藏该工具栏。

单击地址栏左侧的"后退"和"前进"按钮，可以返回前一页或进入下一页，可对已经看过的网页进行快速切换。

打开 IE 浏览器窗口，选择"工具"→"Internet 选项"命令，打开"Internet 选项"对话框，可以对浏览器进行一系列设置，如图 4-22 所示。

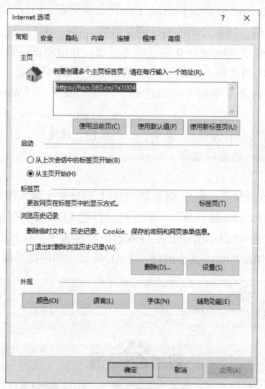

图 4-22 "Internet 选项"对话框

（4）常规选项设置

在"Internet 选项"对话框的"常规"选项卡中，可以设置 IE 的默认网页、Internet 临时文件及其存储空间、历史记录及保存天数等内容。

① 设置默认主页。设置浏览器启动时默认打开的 Web 网页。大部分的用户希望将自己常用的网页作为主页，此时只要在"主页"区域的地址栏中输入该网页的地址并单击"确定"按钮即可。

② 设置 Internet 临时文件。当用户浏览网页时，浏览器将用户查看过的网页内容保存在本地硬盘的 Internet 临时文件夹中，用户再次访问该网页时，系统只要在硬盘中调用缓存文件而不必再从网上传输全部内容，这样就可以大大提高浏览速度。

在"常规"选项卡的"浏览历史记录"区域，单击"设置"按钮，打开"网站数据设置"对话框，如图 4-23 所示。

图 4-23　"网站数据设置"对话框

在该对话框中，用户可以确定所存网页内容的更新方式；还可以通过"使用的磁盘空间"选项，来调节分配给临时文件夹的硬盘空间大小，一般在 50 MB ～ 250 MB 为宜。

注意：无论选中了何种网页更新方式，用户均可在浏览过程中按工具栏的"刷新"按钮来更新网页的内容。

③ 设置选项卡显示方式。Internet Explorer 11.0 浏览器对于新窗口的打开提供了"新窗口"和"新标签"两种方式。用户可根据自身喜好在"常规"选项卡（见图 4-22）的"标签页"区域进行设置。

（5）安全设置

"安全"选项卡的对话框如图 4-24 所示，该选项卡列出了四种不同的区域。

① "Internet"：该区域中包含所有未放置在其他区域中的 Web 站点。

② "本地 Intranet"：该区域适用于在一个 Intranet（公司企业网）上的所有站点。

③ "受信任的站点"：该区域包含用户确认不会损坏计算机和数据的 Web 站点。

④ "受限制的站点"：包含可能会损坏计算机和数据的 Web 站点。

用户选定一个区域后，便可为该区域指定相应的安全级别，然后将 Web 站点添加到具有所需安全级别的区域中。

图 4-24　"Internet 选项"对话框"安全"选项卡

安全级别有三种：

① "高"。当站点中有潜在安全问题时警告用户，用户不可下载和查看有潜在安全问题的站点的内容。

② "中 - 高"。当站点有潜在安全问题时警告用户，但用户可以选择是否下载和查看有潜在安全问题的站点的内容。

③ "中"。该级与"中 - 高"级的安全性类似，但不提示用户。

除此之外，用户还可以单击"自定义级别"按钮，自定义安全设置选项，此操作适合高级用户使用。

4. 信息检索

由于 Internet 上的信息呈爆炸式增长，并且这些信息分散在 Internet 无数的网络服务器上，若要在 Internet 上快速、有效地查找有用的信息，必须使用搜索引擎。

搜索引擎是指根据一定的策略、运用特定的计算机程序从互联网上搜集信息，对信息进行组织和处理后，为用户提供检索服务，将相关信息展示给用户的系统。

（1）搜索引擎的分类

根据功能的不同，搜索引擎可分为全文索引及目录索引。

① 全文索引。

全文索引引擎是名副其实的搜索引擎，国内知名的有百度搜索。它们从互联网提取各个网站的信息（以网页文字为主），建立起数据库，并能根据用户提供的关键字，检索查询条件相匹配的记录，按一定的排列顺序返回结果。

② 目录索引。

目录索引虽然有搜索功能，但严格意义上不能称为真正的搜索引擎，只是按目录分类的网站链接列表而已。用户完全可以按照分类目录找到所需要的信息，不依靠关键词进行查询。目录索引中最具代表性的莫过于大名鼎鼎的 Yahoo、新浪分类目录搜索等。

因特网上有许多搜索站点，在这些站点的数据库中保存着各类信息网页的网址，可以根据用户的不同要求，帮助用户快速寻找所需的网页。目前常用的搜索引擎如表 4-2 所示。

表 4-2　常用的搜索引擎

搜索引擎名称	URL 地址	说　明
Google	http://www.google.com	全球最大搜索引擎，1998 年创立于美国，支持中、英、法、德等多种语言
百度搜索	http://www.baidu.com	2001 年创建于中关村，国内搜索引擎第一品牌
360 搜索	http://www.so.com	2012 年奇虎 360 推出的搜索引擎
必应	http://www.bing.com	2009 年微软公司推出的搜索引擎

（2）搜索引擎的使用

搜索引擎的使用非常简单，以常用的百度搜索引擎（http://www.baidu.com）为例，打开百度首页，在文本框中填入要搜索的关键词，然后单击"搜索"即可，搜索结果会以列表的形式呈现在结果网页中。

虽然搜索引擎可以帮助用户在 Internet 上找到特定的信息，但同时也会返回大量无关的信息。因此，有必要使用一些技巧，以尽可能少的时间找到所需要的确切信息。

关键字在搜索引擎中是非常重要的一项，搜索引擎对于关键字的排名是有自己的规则的，而搜索引擎的使用技巧，重点就是掌握对于关键字的合理选取。

很多搜索引擎都支持在搜索关键词前冠以加号（+）限定搜索结果中必须包含的词汇，冠以减号（–）限定搜索结果不能包含的词汇。这里的加号、减号必须使用英文输入法状态下的半角符号才有效。例如，搜索包含"计算机"，但不含"网络"的网页，结合加减号的使用，关键字可以写为"+ 计算机 – 网络"。

如果输入的关键词很长，搜索引擎在经过分析后，给出的搜索结果中的查询词可能是拆分的。如果对这种处理方式的搜索结果不满意，可以使用不拆分关键词的搜索方式，即给搜索的关键词加上双引号即可。这里的双引号仍然为英文输入法状态下的半角符号。

例如，搜索华北科技学院计算机系的相关信息，如果不加双引号，关键字常常被拆分"华北科技学院"和"计算机系"分别进行搜索，搜索效果不理想。若加上双引号后再搜索""华北科技学院计算机系""，则能获得符合要求的结果。

5. 信息保存与下载

在浏览网页过程中，若发现感兴趣的内容时通常要将其保存下来。IE 提供了强大的保存功能，它不仅可以保存整个网页，而且还可以保存其中的部分内容，如文本、图形或链接等。

（1）保存网页图文信息

① 保存网页中的文本。

首先拖动鼠标选中网页中需要保存的文字，再右击选中区域，在弹出的快捷菜单中选择"复制"命令，将复制的信息放入剪贴板；然后用字处理软件新建一个文档，将选中的文本信息粘贴到文档中，并保存。

② 保存网页中的图片。

当需要保存网页中的图片时，只需要在图片上方右击，在弹出的快捷菜单中选择"图片另存为"命令，显示"保存图片"对话框，为要保存的图片指定文件名、文件类型和保存位置，单击"保存"按钮即可。

③ 保存网页。

打开要保存的网页，选择"文件"→"另存为"命令，打开"保存网页"对话框。若保存类型选择为"网页，全部 (*.htm;*.html)"，表示将当前网页保存为 Web 文档；若选择"文本文件 (*.txt)"，则将网页保存为文本类型，仅显示文字信息。

（2）文件下载

互联网下载一般可分为 HTTP 与 FTP 两种方式，这是计算机之间交换数据的基本方式，也是两种常见的下载方式。下载方式就是用户与提供文件的服务器取得联系并将文件保存到自己的计算机中，从而实现下载的功能。

① 使用浏览器下载。

这是许多上网初学者常使用的方式，它操作简单方便，在浏览过程中，只需单击下载链接，浏览器就会自动启动下载；或者在下载链接上右击并选择"目标另存为"命令，在打开的"另存为"对话框中给下载文件设置存放路径，即可进行下载。若要保存图片，只要右击该图片，选择"图片另存为"命令即可。

② 使用专业软件下载。

使用浏览器下载虽然简单，但存在不能限制速度、不支持断点续传等问题，给大文件的下载带来不便。迅雷、电驴、网际快车等专业的下载软件，均使用了文件分切、断点续传等多项技术，把一个文件分成若干份同时进行下载，这样下载软件时就会感觉到比浏览器下载速度快，更重要的是，在下载过程中出现故障中断后，再次下载可以接着上次中断处继续下载。

无论使用浏览器下载还是专业下载软件，都应将计算机安全问题放在首位，因此应选择信誉较好的下载网站下载软件，将下载的软件及程序集中放在非引导分区的某个目录，使用前最好用杀毒软件查杀病毒。有条件的话，可以安装一个实时监控病毒的软件，随时监控网上传递的信息。

（3）收藏网页

IE 浏览器的收藏夹可以帮助用户保存自己常用站点的地址，在需要时，打开收藏夹即可快速连接到所要的网页。收藏夹是一个专用文件夹，网页地址以链接文件的方式保存在其中，如图 4-25 所示。

图 4-25　添加收藏

① 添加到收藏夹。

当用户在因特网上看到某个网页时，若要将它添加到收藏夹中，选择"收藏夹"菜单→"添加到收藏夹…"命令，并在打开的"添加收藏"对话框"名称"栏中，显示该网页的标题，用户也可以自行命名，然后单击"确定"按钮即可。

用户可以根据需要，单击"添加收藏"对话框的"创建位置"下拉列表，选择收藏夹的位置或单击"新建文件夹"按钮，创建一个新收藏夹，从而实现对收藏信息的分类管理。

② 查看收藏夹。

将自己所喜欢的网页添加到收藏夹就是为了在下次浏览时能够迅速地访问到该网页。常用方法有两种：一是单击"收藏夹"菜单，可以看到收藏夹的内容和目录结构，然后找到需要访问的网页，单击，IE 就会自动链接到该网页；二是直接单击"收藏"工具栏按钮★，此时将在IE 浏览器的一侧（左右两侧可以随意设置）显示收藏夹的小窗口，单击存储的收藏网址即可打开相应网页。

6. 电子邮件

电子邮件是 Internet 上使用最广泛的一种服务。计算机网络传送报文的方式与普通邮电系统传递信件的方式类似，采用的是存储转发方式，就如信件从源地到达目的地要经过许多邮局转发一样。电子邮件从源节点发出后，也要经过若干网络节点的接收和转发，最后到达目的节点，目的节点收到电子邮件阅读后，还可以保存为文件，供以后查阅。由于电子邮件是经过计算机网络传送的，速度快，费用低，因而为人们提供了一种通信的良好手段。电子邮件除了包含文字信息外，还可以包含声音、图形和图像等多媒体形式的信息。

（1）电子邮件的地址格式

使用电子邮件系统的用户首先要有一个电子信箱，该信箱在 Internet 上有唯一的地址，以便识别。电子信件地址的一般格式为：

<用户标识符 >@< 主机域名 >

例如，wangyong@163.com 就是一个合法的电子邮件地址。其中，主机域名为"163.com"，表示用户信箱所在的计算机的域名；用户标识符为"wangyong"，表示用户在计算机上使用的登录名或其他标识，用以区分该计算机上的不同用户。

（2）电子邮件的内容格式

一封完整的电子邮件都由信头和信体两个基本部分组成。

① 信头一般有下面几个部分：

● 收信人：即收信人的电子邮件地址。

● 抄送：表示同时可以收到该邮件的其他人的电子邮件地址，可有多个。

● 主题：概括地描述该邮件内容，可以是一个词，也可以是一句话。由发信人自拟。

② 信体：希望收件人看到的邮件内容，有时信体还可以包含附件。附件是含在一封邮件里的一个或多个计算机文件，附件可以从邮件上分离出来，成为独立的计算机文件。

（3）电子邮件的协议

邮件服务器按照为用户提供 E-mail 发送和接收的服务不同，可以分为发送邮件服务器和接收邮件服务器。发送邮件服务器对应使用邮件发送协议，现在常用的是简单邮件传输协议（Simple Mail Transfer Protocol，SMTP）；接收邮件服务器对应使用接收邮件协议，现在常用的是邮局协议（Post Office Protocol，POP）。

SMTP 协议是 Internet 上传输邮件的基本协议，是 TCP/IP 协议簇成员。它主要解决 E-mail 系统如何通过一条链路将邮件从一台服务器传输到另一台服务器上。它既适用于广域网，也适用于局域网。

POP3 是 POP 协议的第三版，是 Internet 上接收邮件的基本协议，规定了怎样将计算机连接到 Internet 的邮件服务器并下载电子邮件。POP3 也是 TCP/IP 协议簇的成员，可以接收来自 SMTP 邮件服务器的 E-mail。

> **提示：**现在绝大多数门户网站都能提供电子信箱申请和电子邮件服务功能。用户完成注册后，可以得到一个"用户名（用户申请时所填写）@域名"的免费电子信箱和相对应的密码。按网页提供的方法登录电子信箱后，可以通过单击相关按钮或超链接的方式，方便、迅速地完成电子邮件的写、发、收、读、存等工作。

4.4 互联网进化——热门领域与技术

4.4.1 移动互联网

移动互联网是指移动通信终端与互联网相结合成为一体，是用户使用手机、平板电脑或其他无线终端设备，通过高速移动网络，随时随地访问 Internet 以获取资讯的网络服务形式。

移动互联网相关技术总体上分成三大部分，分别是移动互联网终端技术、移动互联网通信技术和移动互联网应用技术。移动互联网终端技术包括硬件设备的设计和智能操作系统的开发技术。无论对于智能手机还是平板电脑来说，都需要移动操作系统的支持。在移动互联网时代，用户体验已经逐渐成为终端操作系统发展的至高追求。移动互联网通信技术包括通信标准与各种协议、移动通信网络技术和中段距离无线通信技术。在过去的几年中，全球移动通信发生了巨大的变化，移动通信特别是蜂窝网络技术的迅速发展，使用户彻底摆脱终端设备的束缚、实现完整的个人移动性、可靠的传输手段和接续方式。移动互联网应用技术包括服务器端技术、浏览器技术和移动互联网安全技术。目前，支持不同平台、操作系统的移动互联网应用很多。

移动互联网是在传统互联网基础上发展起来的，因此二者具有很多共性，但由于移动通信技术和移动终端发展不同，它又具备许多传统互联网没有的新特性，主要表现在以下几个方面。

① 交互性。用户可以随身携带和随时使用移动终端，在移动状态下接入和使用移动互联网应用服务。现在，从智能手机到平板电脑，我们随处可见这些终端发挥强大功能的身影。当人们需要沟通交流的时候，随时随地可以用语音、图文或者视频解决，大大提高了用户与移动互联网的交互性。

② 便携性。相对于 PC，由于移动终端小巧轻便、可随身携带两个特点，使得用户可以在任意场合接入网络。

③ 私密性。由于移动性和便携性的特点，移动互联网的信息保护程度较高。通常不需要考虑通信运营商与设备商在技术上如何实现它，高隐私性决定了移动互联网终端应用的特点，数据共享时既要保障认证客户的有效性，也要保证信息的安全性。这不同于传统互联网公开透明开放的特点。传统互联网下，PC 端系统的用户信息是容易被搜集的。而移动互联网用户因为无须共享自己设备上的信息，从而确保了移动互联网的隐私性。

④ 身份统一性。身份统一是指移动互联用户自然身份、社会身份、交易身份、支付身份通过移动互联网平台得以统一。信息本来是分散到各处的，互联网逐渐发展、基础平台逐渐完善之后，各处的身份信息将得到统一。

4.4.2　第五代移动通信技术

5G，即第五代移动通信技术（5th Generation Mobile Networks），是最新一代蜂窝移动通信技术。5G 移动网络与早期的 2G、3G 和 4G 移动网络一样都是数字蜂窝网络，在这种网络中，供应商覆盖的服务区域被划分为许多被称为蜂窝的小地理区域，表示声音和图像的模拟信号在手机中被数字化，由模数转换器转换并进行数字传输。

第一代移动通信系统是模拟蜂窝移动通信，移动性和蜂窝组网的特性就是从第一代移动通信开始的，但是 1G 是模拟通信，仅支持语音、短消息这类基础功能，且抗干扰性能差，极易串号盗号。

第二代移动通信技术加入更多的多址技术，同时 2G 转为数字通信，抗干扰能力大大增强。第二代移动通信技术对接下来的 3G 和 4G 奠定了基础，比如分组域的引入，和对空中接口的兼容性改造，使得手机不再只有语音、短信这样单一的业务，还可以更有效率地连入互联网。但传输速率仍然较低，网络不稳定，维护成本高。

前两代移动通信系统中，并没有一个国际组织针对行业技术规范做出明确的定义。但是到了 3G，ITU（国际电信联盟）提出了 IMT-2000，要求符合 IMT-2000 要求的才能被接纳为 3G 技术。3G 主流的制式主要是 WCDMA、CDMA2000、TD-SCDMA 三个，后来 IEEE 组织的 Wimax 也获准加入 IMT-2000 家族，也成了 3G 标准，即第三代移动通信技术。对于非移动设备，3G 的最大速度估计约为 2 Mbit/s，处于移动状态的车辆的最大接入速度约为 384 kbit/s。

2008 年发布的第四代网络是 4G。它支持像 3G 那样的移动网络访问，可以满足游戏服务、高清移动电视、视频会议、3D 电视以及其他需要高速的功能。设备处于移动状态时，4G 网络的最大速度为 100 Mbit/s。

与前几代移动通信技术相比，5G 技术拥有以下特点：

① 高速度。5G 的上传速度达到 100 Mbit/s，下载速度高达 1 Gbit/s，最快可达 10Gbit/s，下载一部超清电影只需要几秒，甚至 1 秒不到。直播业务不再卡顿，VR 产品完全可期，远程医疗、远程教育等将从概念转向实际应用。

② 泛在网。即广泛存在的网络，只有这样，才能支撑日趋丰富的业务和复杂的场景。泛在网有两个层面：一个是广泛覆盖；一个是纵深覆盖。广泛覆盖，是指人类足迹延伸到的地方，都需要被覆盖到，比如高山、峡谷。纵深覆盖是指人们的生活中已经有网络部署，但需要进入更高品质的深度覆盖。5G 时代，以前网络品质不好的卫生间、没有信号的地下车库等特殊场所，都能够而且需要被高质量的网络覆盖。

③ 低功耗。这些年，可穿戴产品有一定发展，但是遇到很多瓶颈，最大的瓶颈是体验较差。以智能手表为例，每天充电，甚至不到一天就需要充电。5G 时代，通过技术优化可以使设备空闲时处于"睡眠"状态，但仍可以响应网络连接，这样物联网设备能够实现一周充一次电，甚至一个月充一次电，用户体验将大大改变！

④ 超低时延。人与人之间进行信息交流，100 ms 的时延是完全可以接受的，但是如果这个时延用于无人驾驶、工业自动化等实时要求高的领域就无法接受。5G 对于时延的最低要求是 1 ms，甚至更低。

4.4.3 万物互联

物联网即"万物相连的互联网",是互联网基础上的延伸和扩展的网络,将各种信息传感设备与互联网结合起来形成的一个巨大网络,实现在任何时间、任何地点,人、机、物的互联互通。

在 2005 年信息社会世界峰会上,国际电信联盟正式提出"物联网"概念,提出无所不在的"物联网"通信时代即将来临,世界上所有物体,从轮胎到牙刷、从房屋到纸巾都可以通过因特网主动进行信息交换。物联网的技术思想是"按需求连接万物"。具体而言,就是通过各种网络技术及射频识别、红外感应器、全球定位系统、激光扫描器等信息传感设备,按照约定协议将包括人、机、物在内所有能够被独立标识的物端无处不在地按需求连接起来,进行信息传输和协同交互,以实现对物端的智能化信息感知、识别、定位、跟踪、监控和管理,构建所有物端之间具有类人化知识学习、分析处理、自动决策和行为控制能力的智能化服务环境。

物联网可以让人们与周围世界建立更多连接,开展更有意义、更高层次的工作。当某物连接到 Internet 时,这意味着它可以发送信息或接收信息,或者两者兼而有之。这种发送或接收信息的能力使事情变得智能、简单而便捷。

根据功能,物联网技术可以分为三类,即:

① 感知技术:通过多种传感器、RFID、二维码、定位、地理识别系统、多媒体信息等数据采集技术,实现外部世界信息的感知和识别。

② 网络技术:通过广泛的互联功能,实现感知信息高可靠性、高安全性进行传送,包括各种有线和无线传输技术、交换技术、组网技术、网关技术等。

③ 应用技术:通过应用中间件提供跨行业、跨应用、跨系统之间的信息协同及共享和互通的功能,包括数据存储、并行计算、数据挖掘、平台服务、信息呈现、服务体系架构、软件和算法技术等。

物联网用途广泛,遍及智慧交通、环境保护、政府工作、公共安全、平安家居、智能消防、工业监测、环境监测、农林栽培、水系监测、食品溯源等多个领域。例如,在指挥交通应用领域,结合公交车辆的运行特点,建设公交智能调度系统,对线路、车辆进行规划调度,实现智能排班。运用带有 GPS 或 NB-IoT 模块的智能锁,通过 App 相连,实现精准定位、实时掌控车辆状态。在智慧医疗应用领域,实现医疗可穿戴,即通过传感器采集人体及周边环境的参数,经传输网络,传到云端,数据处理后,反馈给用户。在智慧农业领域,运用物联网技术,进行各类数据监测,包括地表温度、农作物灌溉监视情况、土壤酸碱度变化、降水量、空气、风力、氮浓缩量、土壤的酸碱性和土地的湿度等。综合分析所得数据,进行合理的科学决策,为农业活动的减灾、抗灾、科学种植等方面提供很大的帮助。

4.4.4 新媒体

互联网被称为继报纸、广播、电视三大传统媒体之后的"第四媒体"。这一新媒体是利用数字技术,通过互联网渠道,以各类移动通信设备为终端,向用户提供信息和服务的传播形态。基于互联网的新媒体集三大传统媒体的诸多优势为一体,是跨媒体的数字化媒体。网络新媒体资讯传播除具有三大传统媒体新闻传播的"共性"特点之外,还具有鲜明的"个性"特点,主要有:

① 即时性:网络媒体为凸现新闻时效性,对突发事件的报道有时甚至将新闻电头的时间精确到分钟。

② 海量性：网络媒体可实行全天 24 小时发稿，并且所发稿件能以数字形式长期保存在资料存储容量巨大的服务器上。在这种意义上，网络媒体简直就是一个浩瀚的新闻数据库。

③ 去中心化：传统媒体属于"中心化媒介"，这个"中心化"主要就体现在内容的生产、制作、分发，以及流通渠道上。互联网新媒体天然具有去中心化的属性，每个人都可以成为内容的生产者和传播者。

4.5　互联网用户行为规范与礼仪

4.5.1　互联网用户行为规范

互联网用户应遵循以下行为规范：

① 自觉遵守有关保守国家机密的各项法律规定，不泄露党和国家机密，或传送有损国格、人格的信息，禁止在网络上从事违法犯罪活动。

② 自觉遵守国家有关保护知识产权的各项法律规定，不得擅自复制使用网络上未公开和未授权的文件；不得在网络中擅自传播或复制享有版权的软件，或销售免费共享的软件。

③ 不在网络上发布不真实的信息，不传送具有威胁性、不友好、有损他人或地区声誉的信息。

④ 不在网络上制作、查阅、复制和散布反动的、不健康的、有碍社会治安和有伤风化的信息。

⑤ 不得使用软件的或硬件的方法窃取他人口令，盗用他人 IP 地址，非法入侵他人计算机系统，阅读他人文件或电子邮件，滥用网络资源。

⑥ 不得制造和传播计算机病毒；禁止破坏数据、破坏网络资源、私自修改网络配置或其他恶作剧行为。

⑦ 不利用网络窃取别人的研究成果或受法律保护的资源、侵犯他人正当权益。

⑧ 增强自我保护意识，及时反映和举报违反网络行为规范的人和事。

4.5.2　互联网礼仪

在现实世界中，人与人之间的社交活动有不少约定俗成的礼仪，在互联网虚拟世界中，也同样有一套不成文的规定及礼仪，即网络礼仪，供互联网使用者遵守。忽视网络礼仪的后果，可能会对他人造成骚扰，甚至引发不必要的网络冲突事件。为了共同营造和谐的互联网环境，我们应当遵循以下基本礼仪。

（1）推己及人

时刻记得是在与人交流。高科技容易使我们面对着计算机屏幕忘记了我们是在跟其他人打交道，我们的行为也因此容易变得更粗鲁和无礼。

（2）表里如一

如果当着面不会说的话那么请在互联网上也不要说，记得做到"网上网下行为一致"。

（3）传播善知

乐于回答别人的问题，将自己的所见所闻所得与他人分享。

（4）尊重隐私

电子邮件或私聊的记录应该是隐私一部分。若某个人用笔名上网，在论坛未经同意将他的真名公开也不是一种好的行为。如果不小心看到别人打开计算机上的电子邮件或秘密，不应该向外传播。

（5）学会宽容

我们都曾经是新手。当看到别人写错字、用错词、问一个低级问题或者没必要的长篇大论时，请不要在意。如果真的想给他建议，最好用电子邮件私下提议。

（6）勿滥用权力

管理员版主比其他用户有更多权利，请更珍惜使用这些权利。

（7）勿以讹传讹

当收到一封广告邮件或短消息，请不要再转发给别人。

网络是虚拟的，但我们个体却是真实的。现实生活中的我们应该与网络虚拟社会中的人格保持一致，只有这样，我们的网络社会才会越来越和谐，网络这个"第四媒体"的作用才能真正融入我们的生活，为我们的人生增添靓丽的色彩。

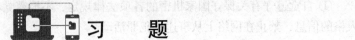

习 题

一、选择题

1. 在计算机网络中，英文缩写 LAN 的中文名是_____。

    A. 局域网   B. 城域网   C. 广域网   D. 无线网

2. 一台微型计算机要与局域网连接，该计算机上必须安装的硬件是_____。

    A. 集线器   B. 网关   C. 网卡   D. 路由器

3. 域名 MH.BIT.EDU.CN 中主机名是_____。

    A.MH   B.EDU   C.CN   D.BIT

4. 正确的 IP 地址是_____。

    A.202.112.111.1   B.202.2.2.2.2   C.202.202.1   D.202.257.14.13

5. 某人的电子邮件到达时，若他的计算机没有开机，则邮件_____。

    A. 退回给发件人   B. 开机时对方重发

    C. 该邮件丢失   D. 存放在服务商的 E-mail 服务器

6. 假设邮件服务器的地址是 email.bjl63.com，则用户正确的电子邮箱地址是_____。

    A. 用户名 #email.bjl63.tom   B. 用户名 @email.bjl63.com

    C. 用户名 &email.bjl63.com   D. 用户名 $email.bjl63.com

7. Internet 中不同网络和不同计算机相互通信的基础是_____。

    A.ATM   B.TCP/IP   C. Novell   D. X.25

8. 根据域名代码规定，表示教育机构网站的域名代码是_____。

    A.net   B. tom   C. edu   D. org

9. 我们常提到的 5G 指的是_____。

    A.5G 网络   B. 第五代移动通信技术

    C.5G 互联网   D.5G 智能手机

10. 5G 可以应用的领域包括_____（多选）。

    A. 物联网   B. 无人驾驶   C. 远程医疗   D.8K 高清视频

11. 下列属于 5G 特点的是_____（多选）。

    A. 增强型移动宽带   B. 海量终端通信

    C. 超可靠   D. 低时延

二、简答题

1. 什么是计算机网络？它有哪些功能？

2. 什么是计算机局域网？它由哪几部分组成？

3. 解释网络协议的含义和 TCP/IP 协议的特点。

4. Internet 的服务方式有哪些？ Internet 接入类型除了局域网接入和 PPPoE 还有哪些？

5. 列举影响网络安全的因素和主要防范措施。

6. 练习使用 IE 浏览器，并将 "http://www.ncist.edu.cn" 设置为默认主页，并练习网页、网页中的部分文字、图片的下载保存。

7. 访问 "http://www.163.com"，申请免费信箱，练习电子邮件的写、发、收、读、存及插入附件等功能。

8. 练习收发电子邮件（在电子邮件中发送和接收附件）。

9. 练习利用百度和其他搜索引擎搜索相关主题的信息。

第5章
信息安全与应急处理

　　计算机的最强大之处在于其对信息快速高效的处理能力，而当用户把所有的信息包括个人相关的敏感信息全部交给计算机处理时，信息安全成为了首要问题。随着计算机和网络技术发展，尤其是移动网络技术的发展，越来越多的地方需要用到信息安全技术，其在我们生活中的地位也越来越高。

　　本章主要从信息安全的基本概念着手，详细讲解了信息安全相关技术与产品、计算机病毒、网络安全、信息安全的应急处置和信息安全的道德与法规等。使读者了解和掌握信息安全的基本知识，为今后的生活与学习提供信息安全指导。

5.1　信息安全概述

　　近年来，信息技术的普及应用给人民生活带来了新的模式和诸多便利。信息技术支撑着政府和社会各行各业的主要业务，然而信息安全问题层出不穷。2013年，美国"棱镜门"事件给全世界信息安全敲响了警钟。这促使世界各国将信息安全保障提升至国家战略高度，也使我们清醒地认识到信息安全保障已成为关乎国家信息化建设、国家安全的重要课题。

5.1.1　信息安全

1. 信息安全的概念

　　信息安全问题是一个十分复杂的问题，至今很难对计算机信息安全下一个确切的定义。有专家对信息系统安全的定位为：确保以电磁信号为主要形式的、在计算机网络化（开放互连）系统中进行自动通信、处理和利用的信息内容，在各个物理位置、逻辑区域、存储和传输介质中，处于动态和静态过程中的机密性、完整性、可用性、可审查性和抗抵赖性，与人、网络、环境有关的技术安全、结构安全和管理安全的总和。这里的人指信息系统的主体，包括各类用户、支持人员，以及技术管理和行政管理人员；网络则指以计算机、网络互联设备、传输介质、信息内容及其操作系统、通信协议和应用程序所构成的物理的与逻辑的完整体系；环境则是系统稳定和可靠运行所需要的保障体系，包括建筑物、机房、动力保障与备份，以及应急与恢复体系。

　　信息安全也可以理解为在给定的安全密级条件下信息系统抵御意外事件或恶意行为的能力，

这些事件和行为将危及所存储、处理、传输的数据以及经由这些系统所提供的服务的非否认性、完整性、机密性、可用性和可控性。具体含义如下：

① 非否认性是指能够保证信息行为人不能否认其信息行为。这一点可以防止参与某次通信交换的一方事后否认本次交换曾经发生过。

② 完整性是指能够保障被传输接收或存储的数据是完整的和未被篡改的。这一点对于保证一些重要数据的精确性尤为重要。

③ 机密性是指保护数据不受非法截获和未经允许授权浏览。这一点对于敏感数据的传输尤为重要，同时也是通信网络中处理用户的私人信息所必需的。

④ 可用性是指尽管存在可能的突发事件，如自然灾害、电源中断事故或攻击等，但用户依然可以得到或使用数据，并且服务也处于正常运转状态。

⑤ 可控性是指保证信息和信息系统的授权认证和监控管理。这点可以确保某个实体（人或系统）身份的真实性，也可以确保执政者对社会的执法管理行为。

2. 威胁信息安全的手段

许多安全问题是由一些恶意的用户希望获得某些利益或者损害他人而故意制造的。根据攻击的目的和方式不同，可以将威胁手段分为被动攻击和主动攻击两种。

（1）被动攻击

被动攻击是指通过偷听和监视来获得存储和传输的信息。例如，通过手机计算机屏幕或电缆辐射的电磁波，用特殊设备进行还原，以窃取商业、军事和政府的机密信息。

（2）主动攻击

主动攻击主要是指修改和生产假信息，一般采用的手段有重现、修改、破坏和伪装。例如，利用网络漏洞破坏网络系统的正常工作和管理。

3. 有关信息安全的法律法规

目前，我国与世界各国都非常重视计算机、网络与信息安全的立法问题，从 1987 年开始，我国政府相继制定和颁布了一系列行政法规。主要包括：

- 《电子计算机系统安全规范》，1987 年 10 月。
- 《计算机软件保护条例》，1991 年 5 月。
- 《计算机软件著作权登记办法》，1992 年 4 月。
- 《中华人民共和国计算机信息与信息安全保护条例》，1994 年 2 月。
- 《计算机信息系统保密管理暂行规定》，1998 年 2 月。
- 《关于维护互联网安全的决定》，2000 年 12 月。
- 《中华人民共和国网络安全法》（2017 年 6 月）等。

国外关于网络与信息安全技术的相关法规的研究起步较早，比较重要的组织有美国国家标准与技术协会（NIST），美国国家安全局（NSA），美国国防部（ARPA），以及很多国家与国际性组织（如 IEEE-CS 安全与政策工作组、故障处理与安全论坛等）。它们的工作重点各有侧重，主要集中在计算机、网络与信息系统的安全政策、标准、安全工具、防火墙、网络防攻击技术研究，以及计算机与网络紧急情况处理与援助等方面。

用于评估计算机、网络与信息系统安全性的标准已有多个，但是最先颁布，并且比较有影响力的是美国国防部的黄皮书可信计算机系统评估准则（TC-SEC-NCSC）。该评估准则于 1983 年公布，1985 年公布了可信网络说明（TN1）。可信计算机系统评估准则将计算机系统的安全等级分为 4 类 7 个等级，即 D，C1，C2，B1，B2、B3，A1。其中，D 级系统的安全要求最低，A1 级系统的安全要求最高。

5.1.2 信息安全技术

信息安全技术是指用来保障网络信息系统安全的方法。信息安全技术主要包括监控、扫描、检测、加密、认证、防攻击、防病毒和审计等。其中，常用的信息安全技术有访问控制技术、加密技术、数字签名、防火墙。

1. 访问控制技术

访问控制技术是保护计算机信息系统免受非授权用户访问的技术，它是信息安全技术中最基本的安全防范措施，该技术通过用户登录和对用户授权方式实现的。

系统用户一般通过用户标识和口令登录系统，因此，系统的安全性取决于口令的秘密性和破译口令的难度。为了加强口令的秘密性，通常采用对系统数据库中存放的口令进行加密的方法；为了增加口令的破译难度，通常采用增加字符串长度及复杂度的方法。另外，为了防止口令被破译后给系统带来的威胁，一般要求在系统中设置用户权限，从而限制登录用户能够进行的系统操作。

2. 加密技术

加密技术是保护数据在网络传输的过程中不被窃听、篡改或伪造的技术，它是信息安全的核心技术，也是关键技术。通过数据加密技术，可以在一定程度上提高数据传输的安全性和完整性。将明文（原始数据）转换成密文（不能直接阅读出原始数据的信息形式）的过程称为加密；将密文转换为明文的过程称为解密。一个密码系统主要由两个部分组成：算法和密钥。算法是加密的规则；密钥是控制明文与密文转换的参数，它通常是一个随机字符串，如图 5-1 所示。

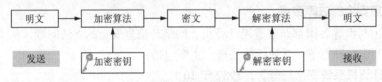

图 5-1　数据加密与解密过程

根据密钥类型的不同，现代加密技术一般采用两种类型，即对称式加密法和非对称式加密法。对称式加密法就是加密和解密使用同一密钥，这种加密技术目前被广泛采用。非对称式加密法加密密钥（公钥）和解密密钥（私钥）是两个不同的密钥，两个密钥必须配对使用才有效，否则不能打开加密的文件。公钥是公开的，向外界公布；而私钥是保密的，只属于合法持有者本人所有。

3. 数字签名

随着信息经济和知识经济的迅猛发展，无纸化办公彻底改变了过去手工操作的各种不便，显得更安全、有效、迅速、简洁、方便。以往对文件大多以个人的笔迹或盖章来证明其真实性。但手写的文件签名非常容易伪造，而且签名者还可以否认签名，宣称它是伪造的。在无纸办公年代，计算机网络中传送的电子公文又如何签名盖章呢？又如何来证明签名的真实性呢，这就需要采用数字签名（Digital Signature）技术。

数字签名是指对网上传输的电子报文进行签名确认的一种方式，它是防止通信双方的欺骗和抵赖行为的一种技术，即数据接收方能够鉴别发送方所宣称的身份，而发送方在数据发送完成后不能否认发送过数据。因此，数字签名必须达到如下效果：在信息通信的过程中，接收方能够对公正的第三方（可以是双方事前统一委托其解决某一问题或某一争执的仲裁者）证明其收到的报文内容是真实的，而且确实是由发送方发过来的，同时签名还必须保证发送方发送后不能根据自己的利益否认他所发送过的报文，而接收方也不能根据自己的利益来伪造报文或签名。由此可见，数字签名的作用就是用来确定用户是否是真实的，同时提供不可否认性的功能。

在金融机构的电子货币交易中，数字签名显得尤其重要。目前，数字签名已经大量应用于网上安全支付系统、电子银行系统、电子证券系统、安全邮件系统、电子订票系统、网上购物系统、网上报税等一系列电子商务应用的签名认证服务。

从原理上来说，数字签名是基于加密技术的。不同于传统的手写签名方式，数字签名是在数据单元上附加数据，或对数据单元进行密码变换，验证过程是利用公之于众的规程和信息，其实质还是密码技术。常用的签名算法是 RSA 和 ECC 算法。

4. 防火墙

作为全球使用范围最大的信息网，Internet 自身协议的开放性极大地方便了各种计算机入网，拓宽了共享资源。通过 Internet，企业可以从异地取回重要数据，同时又要面对 Internet 开放带来的数据安全的新挑战和新危险：即客户、销售商、移动用户、异地员工和内部员工的安全访问，以及保护企业的机密信息不受黑客和工业间谍的入侵。

防火墙是网络中使用最广泛的安全技术之一，是设置在被保护网络和外部网络之间的一道屏障，以防止网络外部的恶意攻击对网络内部造成不良影响而设置的一种安全防护措施。利用防火墙技术可以在某个内部网络和外部网络之间构建网络通信的监控系统，用于监控所有进出网络的数据流和来访者，以达到保障网络安全的目的。

通常，安全技术上所说的防火墙，是指在两个网络之间加强访问控制的一整套装置，通常是软件和硬件的组合体，该组合体负责分析、过滤经过此网关的数据封包，并决定是否将它们转送到目的地，由此达到防止不希望的、未授权的通信进出被保护的网络，在两个网络通信时执行一种访问控制尺度的目的。

对企业来说，防火墙通常安装在单独的计算机上，并与网络的其余部分隔开，使访问者无法直接存取内部网络的资源。而对于普通用户，通常直接安装在用户计算机上。根据防火墙的分类标准不同，防火墙可以分为很多种类型。如按产品形态来划分：软件防火墙、软硬一体化防火墙、硬件防火墙；按适用范围来划分：网络防火墙、主机防火墙；按应用技术划分：包过滤型防火墙、应用代理型防火墙、电路层网关型防火墙；按网络接口划分：千兆防火墙、百兆防火墙、十兆防火墙。

5.1.3　常见的信息安全产品

目前，根据国家认证的信息安全产品范围包括 8 大类 13 种产品，主要有：
- 防火墙，如华为 USG6300E 系列 AI 防火墙 (桌面型)、瑞星个人防火墙等。
- 网络安全隔离卡与线路选择器。
- 安全隔离与信息交换产品。
- 安全路由器。
- 智能卡 COS。
- 数据备份与恢复产品。

- 安全操作系统。
- 安全数据库系统。
- 反垃圾邮件产品。
- 入侵检测系统（IDS）。
- 网络脆弱性扫描产品。
- 安全审计产品。
- 网站恢复产品。

5.2 计算机病毒及其安全防范

当前，人们对计算机病毒已经不再陌生，特别是经历了 CIH、宏病毒、冲击波、熊猫烧香和勒索病毒以后，人们对计算机病毒有了更深一层的认识。随着计算机的普及、病毒技术和网络技术的日趋成熟，病毒也在不断地发展变化，由计算机病毒造成的经济损失也在不断扩大。为了更好地防范计算机病毒，必须对它的发展、结构、特征和工作原理有一个清楚的认识。

5.2.1 计算机病毒

1. 计算机病毒的定义

我国 1994 年 2 月 18 日颁布的《中华人民共和国计算机安全保护条例》对病毒的定义为："计算机病毒，是指编制或者在计算机程序中插入的破坏计算机功能或者毁坏数据、影响计算机使用，并能自我复制的一组计算机指令或者程序代码"。

2. 计算机病毒的发展历史

第一个被称作计算机病毒的程序是在 1983 年 11 月由弗雷德·科恩博士研制出来的。它是一种运行在 VAX11 / 750 计算机系统上，可以复制自身的破坏性程序，这是人们在真实的实验环境中编制出的一段具有历史意义的特殊代码，使得计算机病毒完成了从构思到构造的飞跃。

1988 年 11 月，美国 23 岁的研究生罗伯特·莫里斯编写的"蠕虫病毒"虽然并没有恶意，但这种"蠕虫"却在美国的 Internet 网上到处"爬行"，使 6 000 多台计算机被病毒感染，并被不断复制充满整个系统，使之不能正常运行，造成巨额损失。这是一次非常典型的计算机病毒入侵计算机网络的事件。

概括来讲，计算机病毒的发展可分为以下几个主要阶段：DOS 引导阶段，DOS 可执行阶段，伴随、批次性阶段，幽灵、多形阶段，生成器、变体机阶段，网络、蠕虫阶段，Windows 阶段，宏病毒阶段，互联网阶段，邮件炸弹阶段等。

3. 计算机病毒的危害

随着计算机网络的不断发展，病毒的种类也越来越繁多，如果没有对系统添加安全防范措施，计算机病毒可能会破坏系统的数据甚至导致系统瘫痪。归纳起来，计算机病毒的危害大致有以下几个方面。

① 破坏磁盘文件分配表，使磁盘的信息丢失。这时使用 DIR 命令查看文件，就会发现文件还在，但是文件的主体已经失去联系，文件已经无法再使用。

② 删除磁盘上的可执行文件或数据文件，使文件丢失。

③ 修改或破坏文件中的数据，这时文件的格式是正常的，但是内容已发生了变化。这对于军事或金融系统的破坏是致命的。

④ 产生垃圾文件，占据磁盘空间，使磁盘空间逐渐减少。

⑤ 破坏硬盘的主引导扇区，使计算机无法启动。

⑥ 对整个磁盘或磁盘的特定扇区进行格式化，使磁盘中的全部或部分信息丢失。

⑦ 破坏计算机主板上的 BIOS 内容，使计算机无法正常工作。

⑧ 破坏网络中的资源。

⑨ 占用 CPU 运行时间，使运行效率降低。

⑩ 破坏屏幕正常显示，干扰用户的操作。

⑪ 破坏键盘的输入程序，使用户的正常输入出现错误。

⑫ 破坏系统设置或对系统信息加密，使系统工作紊乱。

4. 计算机病毒的特征

计算机病毒是一种特殊的程序，除与其他正常程序一样可以存储和执行之外，还具有传染性、破坏性、潜伏性、寄生性、隐蔽性、触发性等多种特征。

（1）传染性

计算机病毒的传染性是计算机病毒的再生机制，即病毒具有把自身复制到其他程序中的特性。带有病毒的程序一旦运行，那些病毒代码就成为活动的程序，它会搜寻符合其传染条件的程序或存储介质，确定目标后再将自身代码插入其中，与系统中的程序连接在一起，达到自我繁殖的目的。被感染的程序有可能被运行，再次感染其他程序，特别是系统命令程序。通过被感染的移动硬盘等存储介质被移到其他的计算机中，或者是通过计算机网络扩散，只要有一台计算机感染，若不及时处理，病毒就会迅速扩散。可以说，感染性是病毒的根本属性，也是判断一个程序是否被病毒感染的主要依据。

（2）破坏性

破坏是计算机病毒的最终表现，只要它入侵计算机系统，就会对系统及应用程序产生不同程度的影响。由于病毒是一种计算机程序，程序能够实现对计算机的所有控制，病毒也一样可以做到。其中恶性病毒可以修改系统的配置信息、删除数据、破坏硬盘分区表、引导记录等，甚至格式化磁盘、导致系统崩溃，对数据造成不可挽回的破坏。

（3）潜伏性

计算机病毒的潜伏性是指计算机感染病毒后并非马上发作，而是要潜伏一段时间。从病毒感染某个计算机系统开始到该病毒发作为止的这段时期，称为病毒的潜伏期。病毒之间潜伏性的差异很大。只有在特定条件下，病毒才会发作。

（4）寄生性

计算机病毒一般是一段精心编制的可执行代码，它对特定文件或系统进行一系列非法操作后，依附在程序内或磁盘系统区，使其带有病毒，即为病毒的寄生性。正是由于病毒的寄生性及其上述的潜伏性，使得计算机病毒难于被察觉和监测。

（5）隐蔽性

计算机病毒通常依附在附加到正常程序中或磁盘较隐蔽的地方，目的是不让发现它的存在，在运行被病毒感染的程序时，病毒程序获得计算机系统的监控权，可在很短的时间内传染其他程序，不到发作时机，计算机病毒不露声色，整个计算机系统一切正常。正是由于其隐蔽性，计算机病毒得以在用户没有丝毫察觉的情况下扩散到上百万台计算机中。

（6）触发性

计算机病毒因某个事件的出现，诱发病毒进行感染或进行破坏，称为病毒的触发性。病毒为了隐蔽自己又保持杀伤力，就必须给自己设置合理的触发条件。每个病毒都有自己的触发条件，这些条件可能是时间、日期、文件类型或某些特定的数据。如著名的"黑色星期五"病毒就是在 13 日的星期五时发作，CIH 病毒是 4 月 26 日发作。这些病毒在平时隐藏得很好，只有在发作日才会露出本来的面目。

（7）衍生性

衍生性表现为两个方面：一方面，有些计算机病毒本身在传染过程中会通过一套变换机制，产生出许多与原代码不同的病毒；另一方面，有些恶作剧者或恶意攻击者人为地修改病毒的原代码。这两种方式都有可能产生出不同于原病毒代码的变种病毒，使人们防不胜防。

（8）持久性

持久性是指计算机病毒被发现以后，数据和程序的恢复都非常困难。特别是在网络操作的情况下，由于病毒程序由一个受感染的程序通过网络反复传播，这样就使得病毒的删除非常麻烦。

5. 计算机病毒的分类

在对计算机病毒进行分类时，可以根据病毒的诸多特点从不同的角度进行划分。

（1）按照病毒的传染途径分类

按照计算机病毒的传染途径进行分类，可划分为引导型病毒、文件型病毒和混合型病毒。

① 引导型病毒。

引导型病毒的感染对象是计算机存储介质的引导扇区。病毒将自身的全部或部分程序取代正常的引导记录，而将正常的引导记录隐藏在介质的其他存储空间中。由于引导扇区是计算机系统正常工作的先决条件，所以此类病毒会在计算机操作系统启动之前就获得系统的控制权，因此其传染性较强。

② 文件型病毒。

这类病毒通常感染带有 .COM、.EXE、.DRV、.OVL、.SYS 等扩展名的可执行文件。它们在每次激活时，感染文件把自身复制到其他可执行的文件中，并能在内存中长时间保存，直至病毒被激活。当用户调用感染了病毒的可执行文件时，病毒首先被运行，然后病毒驻留在内存中等待感染其他文件或直接感染其他文件。这种病毒的特点是依附于正常文件中，成为程序文件的一个外壳或部件，如宏病毒等。

③ 混合型病毒。

混合型病毒兼有引导型病毒和文件型病毒的特点，既感染引导区又感染文件，因此扩大了这种病毒的传染途径。这种病毒的破坏力比前两种病毒更大，而且也难以根除。

（2）按照病毒的传播媒介分类

按照计算机病毒的传播媒介进行分类，可划分为单机病毒和网络病毒。

① 单机病毒。

单机病毒就是 Windows 病毒和能在多操作系统下运行的宏病毒。单机病毒常用的传播媒介是硬盘、光盘、U 盘、移动硬盘等存储介质。

② 网络病毒。

网络病毒是通过计算机网络来传播，感染网络中的可执行文件的病毒。此种病毒具有传播速度快、危害性大、难以控制、难以根治、容易产生更多变种病毒等特点。

（3）按照病毒的表现性质分类

① 良性病毒。

良性病毒是指那些仅仅为了表现自己，而不想破坏计算机系统资源的病毒。这些病毒多是出自于一些恶作剧人之手，病毒发作时常常是在屏幕上出现提示信息或者是发出一些声音等。病毒的编写者不是为了对计算机系统进行恶意的攻击，仅仅是为了显示他们在计算机编程方面的技巧和才华。尽管它们不会给系统造成巨大的损失，但是也会占用一定的系统资源，从而干扰计算机系统的正常运行，如小球病毒、巴基斯坦病毒等。因此，这种病毒也有必要引起人们的注意。

② 恶性病毒。

恶性病毒就像是计算机系统的恶性肿瘤，它们的目的就是为了破坏计算机系统的资源。常见的恶性病毒破坏行为是删除计算机中的数据与文件，甚至还会格式化磁盘；有的不是删除文件，而是让磁盘乱作一团，表面上看不出有什么破坏痕迹，其实原来的数据和文件都已经被改变；甚至还有更严重的破坏行为，如 CIH 病毒，它不仅能够破坏计算机系统的资源，甚至能够擦除主板 BIOS，造成主板损坏，还有黑色星期五、磁盘杀手等病毒。这种病毒的破坏力和杀伤力都很大，一定要做好预防工作。

另外，按病毒的破坏能力可以划分为无害型、无危险型、危险型和非常危险型病毒；按病毒的攻击对象分为攻击 Windows 的病毒和攻击网络的病毒等

5.2.2　病毒的防范

由于计算机病毒处理过程中存在对症下药的问题，即发现病毒后，才能找到相应的杀毒方法，因此具有很大的被动性。而防范计算机病毒，应具有主动性，重点应放在病毒的防范上。

1. 防范计算机病毒

由于计算机病毒的传播途径主要有两种：一种是通过存储媒体载入计算机，如 U 盘、移动硬盘、光盘等；另一种是在网络通信过程中，通过计算机与计算机之间的信息交换，造成病毒传播。因此，防范计算机病毒可以从这些方面加以注意。以下列举一些简单有效的病毒防范措施。

① 备好启动盘，并设置写保护。在对计算机进行检查、修复和手工杀毒时，通常要使用无毒的启动盘，使设备在较为干净的环境下操作。

② 尽量不用移动存储设备启动计算机，而用本地硬盘启动。同时尽量避免在无防毒措施的计算机上使用移动存储设备。

③ 定期对重要的资料和系统文件进行备份，数据备份是保证数据安全的重要手段。可以通过比照文件大小、检查文件个数、核对文件名来及时发现病毒，也可以在文件损失后尽快恢复。

④ 重要的系统文件和磁盘可以通过赋予只读功能，避免病毒的寄生和入侵，也可以通过转移文件位置，修改相应的系统配置来保护重要的系统文件。

⑤ 不要随意借入和借出移动存储设备，在使用借入或返还的这些设备时，一定要通过杀毒软件的检查，避免感染病毒。对返还的设备，若有干净的备份，应重新格式化后再使用。

⑥ 重要部门的计算机，尽量专机专用，与外界隔绝。

⑦ 使用新软件时，先用杀毒程序检查，减少中毒机会。

⑧ 安装杀毒软件、防火墙等防病毒工具，并准备一套具有查毒、防毒、解毒及修复系统的工具软件，并定期对软件进行升级、对系统进行查毒。

⑨ 经常升级安全补丁。80% 的网络病毒是通过系统安全漏洞进行传播的，如红色代码、尼

姆达等病毒，所以应定期到相关网站去下载最新的安全补丁。

⑩ 使用复杂的密码。有许多网络病毒就是通过猜测简单密码的方式来攻击系统，因此使用复杂的密码，将会大大提高计算机的安全系数。

此外，不要在 Internet 上随意下载软件，不要轻易打开来历不明的电子邮件的附件。如果一旦发现病毒，应迅速隔离受感染的计算机，避免病毒继续扩散，并使用可靠的查杀毒工具软件处理病毒。若硬盘资料已经遭破坏，应使用灾后重建的杀毒程序和恢复工具加以分析，重建受损状态，而不要急于格式化。所以了解一些病毒知识，可以帮助用户及时发现新病毒并采取相应措施。

2. 计算机病毒发作症状

计算机病毒若只是存在于外部存储介质如硬盘、光盘、U 盘中，是不具有传染力和破坏力的，只有当被加载到内存中处于活动状态，计算机病毒才表现出其传染力和破坏力，受感染的计算机就会表现出一些异常的症状。

① 计算机的响应比平常迟钝，程序载入时间比平时长。有些病毒会在系统刚开始启动或载入一个应用程序时执行它们的动作，因此会花更多时间来载入程序。

② 硬盘的指示灯无缘无故地亮了。当没有存取磁盘，但磁盘驱动器指示灯却亮了，计算机这时就可能已经受到了病毒感染。

③ 系统的存储容量忽然大量减少。有些病毒会消耗系统的存储容量，曾经执行过的程序再次执行时，突然提示没有足够的空间，表示病毒可能存在于用户的计算机中了。

④ 磁盘可利用的空间突然减少。这个现象警告用户病毒可能开始复制了。

⑤ 可执行文件的长度增加。正常情况下，这些程序应该维持固定的大小，但有些病毒会增加程序的长度。

⑥ 坏磁道增加。有些病毒会将某些磁盘区域标注为坏磁道，而将自己隐藏在其中，于是有时候杀毒软件也无法检查到病毒的存在。

⑦ 死机现象增多。

⑧ 文档奇怪地消失，或文档的内容被添加了一些奇怪的资料，文档的名称、扩展名、日期或属性被更改。

根据现有的病毒资料，可以把病毒的破坏目标和攻击部位归纳如下：攻击系统数据区、攻击文件、攻击内存、干扰系统运行、攻击磁盘、扰乱屏幕显示、干扰键盘、喇叭鸣叫、攻击 CMOS、干扰打印机等。

3. 清除计算机病毒

由于计算机病毒不仅干扰计算机的正常工作，更严重的是继续传播病毒、泄密和干扰网络的正常运行。因此，当计算机感染了病毒后，需要立即采取措施予以清除。

① 人工清除。

借助工具软件打开被感染的文件，从中找到并摘除病毒代码，使文件复原。这种方法是专业防病毒研究人员用于清除新病毒时采用的，不适合一般用户。

② 自动清除。

目前的杀毒软件都具有病毒防范和拦截功能，能够以快于病毒传播的速度发现、分析并部署拦截，用户只需要按照杀毒软件的菜单或联机帮助操作即可轻松防毒、杀毒。因此安装杀毒软件是最有效的防范病毒、清除病毒的方法。除了向软件商购买杀毒软件外，随着 Internet 的普及，许多杀病毒软件的发布、版本的更新均可通过 Internet 进行，在 Internet 上可以获得杀毒软件的免费试用版或演示版。

如今，计算机病毒在形式上越来越难以辨别，造成的危害也日益严重，单纯依靠技术手段是不可能十分有效地杜绝和防止其蔓延，只有把技术手段和管理机制紧密结合起来，提高人们的防范意识，才有可能从根本上保护信息系统的安全运行。目前病毒的防治技术，基本处于被动防御的地位，但在管理上应该积极主动。应从硬件设备及软件系统的使用、维护、管理、服务等各个环节制定出严格的规章制度、对信息系统的管理员及用户加强法制教育和职业道德教育，规范工作程序和操作规程，严惩从事非法活动的集体和个人，尽可能采用行之有效的新技术、新手段，建立"防杀结合、以防为主、以杀为辅、软硬互补、标本兼治"的最佳的信息系统安全模式。

5.3　网络攻击及其安全防范

计算机网络，特别是互联网在给人们的生活和工作提供无限便利的同时，网络信息安全问题也日渐突出。由于互联网中采用的是互联能力强、支持多种协议的 TCP/IP 协议，而在设计 TCP/IP 时只考虑到如何实现各种网络功能，没有考虑到安全问题，因此在开放的互联网中存在许多安全隐患，如信息泄露、窃取篡改信息、行为否认、授权侵犯等。网络中协议的不安全性为网络攻击者提供了方便。黑客攻击往往就是利用系统的安全缺陷或安全漏洞进行的。网络黑客通过端口扫描、网络窃听、拒绝服务、TCP/IP 劫持等方法进行攻击。

5.3.1　网络攻击

1. 计算机黑客

黑客（Hacker）的出现是当今信息社会不容忽视的一个独特现象。黑客一度被认为是计算机狂热者的代名词，通常是一些对计算机有狂热爱好的人。但是随着计算机与网络应用的深入，人们对黑客有了更进一步的认识。黑客中的一部分人不伤害别人，但是也做了一些不应该做的糊涂事；而相当大比例的黑客不顾法律与道德的约束，或出于寻求刺激，或被非法组织所收买，或因为对某个企业、组织有强烈的报复心理，而肆意攻击和破坏一些组织与部门的网络系统，危害极大。研究黑客的行为、防止黑客攻击是网络安全研究的一项重要内容。

2. 黑客的主要攻击手段

目前，黑客攻击的方式和手段多种多样，按其破坏程度和手法主要分为以下几种。

（1）饱和攻击

饱和攻击又称拒绝服务攻击，其攻击原理是，通过大量的计算机向同一主机不停地发送 IP 数据包，使该主机穷于应付这些数据包而无暇处理正常的服务请求，最终保护性地终止一切服务。著名的 YAHOO 网站和亚马逊网上书店就曾被攻击而停止服务。但由于这种攻击手段简单，其攻击来源可以很容易地通过路由器来加以识别，因而事后难逃制裁,况且要组织大量的计算机(至少几十万台）也不是一件容易的事，所以除了一些特殊大事外，一般情况下，这种攻击可以不用考虑。

（2）攻击网站

这种攻击主要是通过修改网站的主页和网页链接来达到自己目的的一种攻击手段。它对计算机的损害最小，但影响很大。因为主页是一个网站的形象代表，也是该网站的主要经营和表现途径。虽然事后可以通过备份数据很快加以恢复，但在网页被改的时间内对网站的影响非常致命。要更改一个网站的网页有多种方式，黑客采用方法主要有两种：一种是通过 WWW 方式直接修改；另一种则是通过控制主机进行修改。

（3）陷门（Trap Doors）攻击

陷门是进入程序的秘密入口，它使知道陷门的人可以不经过通常的安全访问过程而获得访问。程序员为了进行调试和测试程序，已经合法使用了很多年陷门技术。开发者可能想要获得专门的特权，或者避免烦琐的安装和鉴别过程，或者想要保证存在另一种激活或控制程序的方法，如通过一个特定的用户 ID、秘密的口令字、隐蔽的事件序列或过程等，这些方法都避开了建立在应用程序内部的鉴别过程。黑客们费尽心机地设计陷门，目的就是为了以特殊的方式进入系统，并使他们在系统中的行为不被系统管理员所察觉。在正常情况下，操作员在系统内的一些关键操作是会被日志记录下来的。系统发生问题时，系统管理员可以通过分析日志来发现问题的起因。而很多陷门程序能够提供一种使其活动不被系统日志记载的功能，使得黑客通过陷门进入系统，却在系统日志中没有留下该黑客进入系统的痕迹。

（4）特洛伊木马攻击

特洛伊木马是指一个有用的，或者表面上有用的程序或命令过程，但其中包含了一段隐藏的、激活时将执行某种有害功能的代码，可以控制用户计算机系统的程序，并可能造成用户系统被破坏甚至瘫痪。黑客常利用特洛伊木马程序进行攻击。特洛伊木马程序可以用来非直接地完成一些非授权用户不能直接完成的功能。

例如，为了获得对共享系统上另一个用户的文件访问权，用户 A 可能创建特洛伊木马程序，在执行时修改请求用户文件的访问权限，使得该文件可以被任何用户读出。然后，通过把木马程序放在公共目录下，并将它像实用程序一样命名，从而诱惑用户运行该程序。在一个用户运行了该程序之后，用户 A 接着就可以访问该用户文件中的信息了。很难检测出来的特洛伊木马的例子是被修改过的编译器，该编译器在对程序（如系统注册程序）进行编译时，将一段额外的代码插入到该程序中。这段代码在注册程序中构造了陷门，使用户 A 可以使用专门的命令来注册系统。这种情况下通过阅读注册程序的源代码，永远不可能发现这个特洛伊木马。特洛伊木马程序是一个独立的应用程序，不具备自我复制能力，但同病毒程序一样有潜伏性，常常有更大的欺骗性和危害性，而且特洛伊木马程序可能包含蠕虫等病毒程序。

（5）信息收集型攻击

网络攻击者经常在正式攻击之前进行试探性的攻击，目标是获取系统有用的信息，包括扫描技术和利用信息服务。端口扫描是利用某种软件自动找到特定的主机并建立连接；反向映射是向主机发送虚假消息；慢速扫描是以特定的速度来扫描以逃过侦测器的监视；体系结构探测是使用具有数据响应类型的数据库的自动工具对目标主机针对坏数据包传送所作出的响应进行检查。DNS 域转换是利用 DNS 协议对转换或信息性的更新不进行身份认证，以便获得有用信息。Finger 服务是使用 Finger 命令来刺探一台 Finger 服务器，以获取该系统的用户信息。LDAP 服务是使用 LDAP 协议窥探网络内部的系统及其用户信息。

（6）假消息攻击

假消息攻击包括 DNS 高速缓存污染和伪造电子邮件等。DNS 高速缓存污染是指 DNS 服务器与其他名称服务器交换信息时不进行身份验证，造成有可能接收到假消息。伪造电子邮件是由于 SMTP 不对邮件发送者的身份进行鉴定，所以有可能被内部客户伪造。

（7）逃避检测攻击

黑客已经进入有组织有计划地进行网络攻击的阶段，黑客组织已经发展出不少逃避检测的技巧。但是，攻击检测系统的研究方向之一就是要对逃避企图加以克服。

5.3.2　网络攻击的安全防范

1. 网络攻击检测技术

攻击检测是帮助系统对付网络攻击的重要手段，扩展了系统管理员的安全管理能力，包括安全审计、监视、进攻识别和响应等，提高了信息安全基础结构的完整性。攻击检测技术从计算机网络系统中的若干关键点收集信息，并分析这些信息，监测网络中是否有违反安全策略的行为和遭到袭击的迹象。攻击检测被认为是防火墙之后的另一道安全闸门，在不影响网络性能的情况下能对网络进行监测，从而提供对内部攻击、外部攻击和误操作的实时保护。具体负责执行以下任务。

① 监视、分析用户及系统活动。

② 系统构造和弱点的审计。

③ 识别反映已知进攻的活动模式并向相关人士报警。

④ 异常行为模式的统计分析。

⑤ 评估重要系统和数据文件的完整性。

⑥ 操作系统的审计跟踪管理，并识别用户违反安全策略的行为。

攻击检测系统不但可使系统管理员时刻了解网络系统的任何变更，还能给网络安全策略的制定提供指南。更为重要的是管理、配置简单，从而使非专业人员能非常容易地掌握并获得网络安全。此外，攻击检测的规模会根据网络威胁、系统构造和安全需求的改变而改变。攻击检测系统在发现攻击后，能及时做出响应，包括切断网络连接、记录事件和报警等。

为了从大量的、审计跟踪数据中提取出对安全功能有用的信息，需要开发基于计算机系统审计跟踪信息的系统安全自动分析检测工具，用来从中筛选出涉及安全的信息。利用基于审计的自动分析检测工具可以进行脱机工作，即分析工具非实时地对审计跟踪文件提供的信息进行处理，从而确定计算机系统是否受到过攻击，并且提供尽可能多的有关攻击者的信息。

对于信息系统安全强度而言，联机或在线的攻击检测比较理想，即分析工具实时地对审计跟踪文件提供的信息进行同步处理，当有可疑的攻击行为发生时，系统提供实时的警报，在攻击发生时就能提供攻击者的有关信息，能够在案发现场及时发现攻击行为，有利于及时采取对抗措施，使损失降低到最低限度，同时也为抓获攻击犯罪分子提供有力的证据。但是，联机或在线攻击检测系统所需要的系统资源随着系统内部活动数量的增长接近几何级数增长。

在安全系统中，应考虑外部攻击、内部攻击和授权滥用三类安全威胁。攻击者来自该计算机系统的外部时称作外部攻击；当攻击者就是那些有权使用计算机，但无权访问某些特定的数据、程序或资源的人，意图越权使用系统资源时视为内部攻击，包括假冒者和秘密使用者；授权滥用者也是计算机系统资源的合法用户，表现为有意或无意地滥用他们的授权。

通过审计试图登录的失败记录，可以发现外部攻击者的攻击企图；通过查看试图连接特定文件、程序和其他资源的失败记录，可以发现内部攻击者的攻击企图；可通过为每个用户单独建立的行为模型和特定行为的比较，来检测发现假冒者，但要通过审计信息来发现那些授权滥用者往往是比较困难的。

基于审计信息的攻击检测对具备较高优先特权的内部人员的攻击特别难以防范；因为这些

攻击者可通过使用某些系统特权或调用比审计本身更低级的操作来逃避审计。对于那些具备系统特权的用户，需要审查所有关闭或暂停审计功能的操作，通过审查被审计的特殊用户或者其他的审计参数来发现。审查更低级的功能，如审查系统服务或核心系统调用通常比较困难，通用的方法很难奏效，需要专用的工具和操作才能实现。总之，为了防范内部攻击，需要在技术手段以外的方法确保管理手段的行之有效，技术上则需要监视系统范围内的某些特定指标，并与平时的历史记录进行比较，以便早期发现。

2.网络安全防范技术

传统的安全策略停留在局部、静态的层面上，不可能仅仅依靠几项安全技术和手段达到整个系统安全的目的。常用的防范技术如下。

（1）防毒软件

防毒解决方案的基本方法有五种：信息服务器端、文件服务器端、客户端防毒软件、防毒网关以及网站上的在线防毒软件。

（2）防火墙

防火墙是硬件和软件的组合，运作在网关服务器上，在内部网与 Internet 之间建立起一个安全网关，保护私有网络资源免遭其他网络使用者的擅用或侵入。防火墙有两类：标准防火墙和双家网关。标准防火墙系统包括一台工作站，其两端各接一个路由器进行缓冲。其中一个路由器连接公用网；另一个连接内部网。标准防火墙使用专门的软件，并要求较高的管理水平，而且在信息传输上有一定的延迟。双家网关则是标准防火墙的扩充，又称堡垒主机或应用层网关，它是一个独立的系统，能同时完成标准防火墙的所有功能。其优点是能运行更复杂的应用，同时防止在互联网和内部系统之间建立任何直接的边界，确保数据包不能直接从外部网络到达内部网络，反之亦然。

（3）密码技术

采用密码技术对信息加密，是最常用的安全保护手段。广泛应用的加密技术主要分为两类。

① 对称算法加密。其主要特点是加解密双方在加解密过程中要使用完全相同的密码。对称算法中最常用的是 DES 算法，是一种常规密码体制的密码算法。对称算法是在发送和接收数据之前，必须完成密钥的分发。因此，密钥的分发成为该加密体系中最薄弱的环节。各种基本手段均很难完成这一过程。同时，这一点也使密码更新的周期加长，给其他人破译密码提供了机会。

② 非对称算法加密与公钥体系。建立在非对称算法基础上的公开密钥密码体制是现代密码学中重要的进展。保护信息传递的机密性，仅仅是当今密码学的主要方面之一。对信息发送人的身份验证与保障数据的完整性是现代密码学的另一重点。公开密钥密码体制对这两方面的问题都给出了解答，并正在继续产生许多新的方案。

在公钥体制中，加密密钥不同于解密密钥，加密密钥是公开的，而解密密钥只有解密人知道，分别称之为公开密钥和私有密钥。在应用加密时，某个用户总是将一个密钥公开，让发信的人员将信息用公共密钥加密后发给该用户，信息一旦加密，只有该用户的私有密钥才能解密。具有数字证书身份人员的公共密钥可在网上查到，亦可在对方发信息时将公共密钥传过来，以确保在 Internet 上传输信息的保密和安全。

（4）虚拟专有网络（VPN）

相对于专属于某公司的私有网络或是租用的专线，VPN 是架设于公众电信网络之上的私有信息网络，其保密方式是使用信道协议及相关的安全程序。VPN 的使用还牵涉加密后送出资料，及在另一端收到后解密还原资料等问题，而更高层次的安全包括加密收发两端。

（5）安全检测

这种方法是采取预先主动的方式，对客户端和网络的各层进行全面有效的自动安全检测，以发现并避免系统遭受攻击伤害。

5.4　网络信息安全事件的应急处理

在移动互联网和云计算时代，政府和企事业单位面临的信息安全风险与日俱增，一旦机密信息遭到泄露，那么对单位的影响是非常严重的，甚至很有可能让单位遭受到重大损失，从而影响之后的发展。因此，需要制定信息安全事件应急处理预案，当发生信息安全事件时，能够有规范的流程进行处理操作，从而避免更大的损失。同时，通过应急预案的编制与演练，能够让更多的工作人员有更强的信息安全意识，知道数据信息泄露的风险，能够在平时的工作中注意对机密信息的保密，并且保证自己所接触到的数据信息能够得到更好的归置，从而最大限度地减低政府和企事业单位的机密信息被泄露的概率。

5.4.1　网络信息安全事件应急处置预案涉及的内容

2017 年 10 月，中央网信办印发了《国家网络安全事件应急预案》，尤其是针对由于人为原因，软硬件缺陷或故障、自然灾害等，对网络和信息系统或者其中的数据造成危害，对社会造成负面影响的事件的一种应急工作机制。其编制内容对各级地方政府和企事业单位具有指导意义。该预案主要从以下几个方面进行了内容的编制。

1. 事件分级、预警分级和应急响应对应关系

事件、预警和响应是构成预案的主要内容，它们都具有各自的分级方式，其主要关系如表 5-1 所示。通过不同等级之间的映射关系，明确在不同事件发生时进行的预案处理方式。

表 5-1　网络信息安全事件分级

事件分级	预警分级	应急响应
特别重大网络安全事件	红色	I 级响应
重大网络安全事件	橙色	II 级响应
较大网络安全事件	黄色	III 级响应
一般网络安全事件	蓝色	IV 级响应

2. 国家网络安全事件应急组织机构与职责

网络安全事件形成上下联动的应急体系，按照国家文件要求，进一步明确各部门职责，尤其是各级各部门应该在各级网信部门协调领导下，做好本部门、本行业网络安全事件的预防、监测、报告和应急处置工作。

3. 网络安全事件处理流程

流程主要分为"监测与预警"、"应急处置"和"调查与评估"三个流程。

① 监测与预警：包括预警监测、预警研判和发布、预警响应、预警解除。

② 应急处置：包括事件报告、应急响应、应急结束。

③ 调查与评估：属于事后事件的分析与处理环节。

4. 预防工作

在工作中，主要从日常管理、演练、宣传、培训、重要活动期间的预防等方面开展预防工作，具体内容见表5-2。

表 5-2　预防工作表

日常管理	各地区、各部门按职责做好网络安全事件日常预防工作，制定完善相关应急预案，做好网络安全检查、隐患排查、风险评估和容灾备份，健全网络安全信息通报机制，及时采取有效措施，减少和避免网络安全事件的发生及危害，提高应对网络安全事件的能力
演练	中央网信办协调有关部门定期组织演练，检验和完善预案，提高实战能力。各部门每年至少组织一次预案演练，并将演练情况报中央网信办
宣传	各地区、各部门应充分利用各种传播媒介及其他有效的宣传形式，加强突发网络安全事件预防和处置的有关法律、法规和政策的宣传，开展网络安全基本知识和技能的宣传活动
培训	各地区、各部门要将网络安全事件的应急知识列为领导干部和有关人员的培训内容，加强网络安全特别是网络安全应急预案的培训，提高防范意识及技能
重要活动期间的预防	在国家重要活动、会议期间，各省（自治区、直辖市）、各部门要加强网络安全事件的防范和应急响应，确保网络安全。 应急办统筹协调网络安全保障工作，根据需要，要求有关省（自治区、直辖市）、部门启动红色预警响应。 有关省（自治区、直辖市）、部门加强网络安全监测和分析研判，及时预警可能造成重大影响的风险和隐患，重点部门、重点岗位保持 24 小时值班，及时发现和处置网络安全事件隐患

5. 保障措施

保障措施包括技术支持队伍、专家队伍、社会资源和责任与惩罚。

5.4.2　企事业单位网络信息安全事件应急处置预案案例

XXX 单位网络与信息安全事件紧急预案

一、网站出现非法言论时的紧急处置措施

1. 网站由本单位信息中心管理员随时密切监视信息内容。

2. 发现网上出现非法信息时，网站管理员应立即向信息安全小组汇报情况；情况紧急的应先及时采取删除等处理措施，再按程序报告。

3. 信息安全小组具体负责的管理人员应在接到通知后一个小时内赶到现场，作好必要的记录，清理非法信息，强化安全防范措施，并将网站重新投入使用。

4. 网站管理员应妥善保存有关记录及日志或审计记录。

5. 网站管理员应立即追查非法信息来源。

6. 工作人员会商后，将有关情况向信息安全小组领导汇报有关情况。

7. 信息安全小组召开信息安全小组会议，如认为情况严重，应及时向有关上级机关和公安部门报警。

二、黑客攻击时的紧急处置措施

1. 当各单位或个人发现有关网页内容被篡改，应立即向网站管理员通报情况。

2. 网站管理员应在一个小时内赶到现场，首先应将被攻击的服务器等设备从网络中隔离出来，保护现场，同时向信息安全小组副组长汇报情况。

3. 网站管理员负责被破坏系统的恢复与重建工作。

4. 网站管理员协同有关部门共同追查非法信息来源。

5. 信息安全小组会商后，如认为情况严重，则立即向公安部门或上级机关报警。

三、病毒安全紧急处置措施

1. 当发现计算机感染有病毒后，应立即将该机从网络上隔离出来。

2. 对该设备的硬盘进行数据备份。

3. 启用反病毒软件对该机进行杀毒处理，同时用反病毒检测软件对其他机器进行病毒扫描和清除工作。

4. 如发现反病毒软件无法清除该病毒，应立即向安全小组负责人报告。

5. 信息安全小组相关负责人员在接到通报后，应在一个小时内赶到现场。

6. 经技术人员确认确实无法查杀该病毒后，应作好相关记录，同时立即向信息安全小组副组长报告，并迅速联系有关产品商研究解决。

7. 信息安全小组经会商后，认为情况极为严重，应立即向公安部门或上级机关报告。

四、软件系统遭受破坏性攻击的紧急处置措施

1. 重要的软件系统平时必须存有备份，与软件系统相对应的数据必须有多日备份，并将它们保存于安全处。

2. 一旦软件遭到破坏性攻击，应立即向网站管理员报告，并将系统停止运行。

3. 网站管理员负责软件系统和数据的恢复。

4. 网站管理员检查日志等资料，确认攻击来源。

5. 信息安全小组认为情况极为严重的，应立即向公安部门或上级机关报告。

五、数据库安全紧急处置措施

1. 各数据库系统要至少准备两个以上数据库备份，平时一份放在机房，另一份放在另一安全的建筑物中。

2. 一旦数据库崩溃，应立即向网站管理员报告。

3. 网站管理员应对主机系统进行维修，如遇无法解决的问题，立即向上级单位或软硬件提供商请求支援。

4. 系统修复启动后，将第一个数据库备份取出，按照要求将其恢复到主机系统中。

5. 如因第一个备份损坏，导致数据库无法恢复，则应取出第二套数据库备份加以恢复。

六、其他设备安全紧急处置措施

1. 由主机托管方提供安全保护及必要应急措施。

2. 及时取得联系。

七、广域网外部线路中断紧急处置措施

1. 广域网主、备用线路中断一条后，有关人员应立即启动备用线路接续工作，同时向网络安全员报告。

2. 网络安全员接到报告后，应迅速判断故障节点，查明故障原因。

3. 如属我方管辖范围，由网络管理员协同网络安全员立即予以恢复。如遇无法恢复情况，立即向有关厂商请求支援。

4. 如属电信部门管辖范围，立即与电信维护部门联系，请求修复。

5. 如果主、备用线路同时中断，网络安全员应在判断故障节点、查明故障原因后，尽快与其他相关领导和工作人员研究恢复措施，并立即向安全领导小组汇报。

6.经安全领导小组同意后，应通告各下属单位相关原因，并暂缓上传上报数据。

八、局域网中断紧急处置措施

1.局域网中断后，网络管理员和网络安全员应立即判断故障节点，查明故障原因，并向网络安全领导小组副组长汇报。

2.如属线路故障，应重新安装线路。

3.如属路由器、交换机等设备故障，应立即与设备提供商联系更换设备并调试畅通。

4.如属路由器、交换机配置文件破坏，应迅速按照要求重新配置，并调试畅通。如遇无法解决的技术问题，立即向上级单位或有关厂商请求支援。

5.如有必要，应向安全领导小组组长汇报。

九、设备安全紧急处置措施

1.小型机、服务器等关键设备损坏后，有关人员应立即向网络管理员和网络安全员汇报。

2.网络管理员和网络安全员应立即查明原因。

3.如果能够自行恢复，应立即用备件替换受损部件。

4.如果不能自行恢复的，立即与设备提供商联系，请求派维修人员前来维修。

5.如果设备一时不能修复，应向安全领导小组领导汇报，并告知各下属单位，暂缓上传上报数据。

十、人员疏散与机房灭火预案

1.一旦机房发生火灾，应遵照下列原则：首先保人员安全；其次保关键设备、数据安全；三是保一般设备安全。

2.人员疏散的程序：机房值班人员立即按响火警警报，并通过119电话向公安消防请求支援，所有人员戴上防毒面具，所有不参与灭火的人员按照预先确定的线路，迅速从机房中撤出。

3.人员灭火的程序：首先切断所有电源，启动自动喷淋系统，灭火值班人员戴好防毒面具，从指定位置取出泡沫灭火器进行灭火。

十一、外电中断后的设备

1.外电中断后，机房值班人员应立即切换到备用电源。

2.机房值班人员应立即查明原因，并向值班领导汇报。

3.如因机关内部线路故障，请机关服务部门迅速恢复。

4.如果是供电局的原因，应立即与供电局联系，请供电局迅速恢复供电。

5.如果供电局告知需长时间停电，应做如下安排：

（1）预计停电4小时以内，由UPS供电；

（2）预计停电4～24小时，关掉非关键设备，确保各主机、路由器、交换机供电；

（3）预计停电超过24～72小时，白天工作时间关键设备运行，晚上所有设备停电；

（4）预计停电超过72小时，应联系小型发电机自行发电。

十二、发生自然灾害后的紧急处置措施

1.上级单位平时储备一套下级单位的关键设备。

2.一旦发生自然灾害，导致设备损坏，由灾害发生单位向上级计算机网络与信息安全领导小组请求支援。

3.上级计算机网络与信息安全领导小组接到下级单位的支援请求后，应在24小时内派遣人员携带有关设备赶到现场。

4. 到达现场后，寻找安全可靠地点，重新构建新系统和网络，并将相关数据予以恢复。

5. 经测试符合要求后，支援小组才能撤离。

十三、关键人员不在岗的紧急处置措施

1. 对于关键岗位平时应做好人员储备，确保一项工作有两人能操作。

2. 一旦发生关键人员不在岗的情况，首先应向值班领导汇报情况。

3. 经值班领导批准后，由备用人员上岗操作。

4. 如果备用人员无法上岗，请求上级单位支援。

5. 上级单位在接到请求后，应立即派遣人员进行支援。

5.5　信息安全的道德与法规

随着计算机网络应用的日益普及，网络安全引发的问题也日趋增多。其主要表现是侵犯计算机信息网络中的各种资源，包括硬件、软件以及网络中存储和传输的数据，从而达到窃取钱财、信息、情报，以及破坏或恶作剧的目的。因此网络安全越来越受到人们的重视，许多国家都在研究有关计算机网络方面的法律问题，并制定了一系列法律规定，以规范计算机及其使用者在社会和经济活动中的行为。

5.5.1　信息安全法律法规

为促进和规范信息化建设的管理，保护信息化建设健康有序发展，我国政府结合信息化建设的实际情况，制定了一系列法律和法规。

1994 年 2 月，国务院颁布了《中华人民共和国计算机信息系统安全保护条例》，主要内容包括计算机信息系统的概念、安全保护的内容、信息系统安全主管部门及安全保护制度等。

1996 年 2 月，国务院颁布了《中华人民共和国计算机信息网络管理暂行规定》，体现了国家对国际联网实行统筹规划、统一标准、分级管理、促进发展的原则。

1997 年 3 月，中华人民共和国第八届全国人民代表大会第五次会议对《中华人民共和国刑法》进行了修订。明确规定了非法侵入计算机信息系统罪和破坏计算机信息系统罪的具体体现。

1997 年 12 月，国务院颁布了《中华人民共和国计算机信息网络国际联网安全保护管理办法》，加强了国际联网的安全保护。

2009 年 6 月，国务院颁布了《中华人民共和国计算机软件保护条例》，加强了软件著作权的保护。

2017 年 6 月，国务院颁布了《中华人民共和国网络安全法》，它是我国第一部全面规范网络空间安全管理方面问题的基础性法律。

5.5.2　网络道德规范

计算机网络是一把"双刃剑"，它给我们工作、学习和生活带来了极大便利，人们可以从中得到很多的知识和财富。但如果不正确使用，也会对青少年带来危害，主要体现在网络谣言、网络诈骗、网络犯罪等。

那么，上网时到底什么该做？什么不该做呢？请看以下事例：

案例 1：2015 年 4 月，山西一网民散布地震谣言，在社交媒体上大量传播，被行政拘留 5 日。

案例 2：2007 年 2 月，武汉李某编写"熊猫烧香"病毒并在网上传播，李某犯"破坏计算机信息系统罪"，判处有期徒刑 4 年。

生活中充斥着垃圾短信、骚扰电话、诈骗惨剧。在信息泛滥的时代，我们的个人信息能得到保护吗？

针对购买他人个人信息和出售他们个人信息的行为，《中华人民共和国网络安全法》第 44 条规定：任何个人和组织不得窃取或者以其他非法方式获取个人信息，不得非法出售或者非法向他人提供个人信息。违反此条规定尚不构成犯罪的，由公安机关没收违法所得，并处违法所得一倍以上十倍以下罚款，没有违法所得的，处 100 万元以下罚款。

案例 3：有人就是为了好玩，开发病毒程序、在网络上传播病毒程序，要受到惩罚吗？

针对发送电子信息设置恶意程序的行为，《中华人民共和国网络安全法》第 48 条规定：任何个人和组织发送的电子信息、提供的应用软件，不得设置恶意程序，不得含有法律、行政法规禁止发布或者传输的信息。违反此条第一款规定的，由有关主管部门责令改正，给予警告；拒不改正或者导致危害网络安全等后果的，处 5 万元以上 50 万元以下罚款，对直接负责的主管人员处 1 万元以上 10 万元以下罚款。

根据《全国青少年网络文明公约》和《中华人民共和国网络安全法》，明确规定了具体上网行为和网络道德规范。

1. 这些能做

① 对危害网络安全的行为向网信、电信、公安等部门举报。

② 发现网络运营者违反法律、行政法规的规定或者双方的约定收集、使用其个人信息的，有权要求网络运营者删除其个人信息；发现网络运营者收集、存储的其个人信息有错误的，有权要求网络运营者予以更正。

2. 这些不能做

① 不得危害网络安全，不得利用网络从事危害国家安全、荣誉和利益，煽动颠覆国家政权、推翻社会主义制度，煽动分裂国家、破坏国家统一，宣扬恐怖主义、极端主义，宣扬民族仇恨、民族歧视，传播暴力、淫秽色情信息，编造、传播虚假信息扰乱经济秩序和社会秩序，以及侵害他人名誉、隐私、知识产权其他合法权益等活动。

② 不得窃取或者以其他非法方式获取个人信息，不得非法出售或者非法向他人提供个人信息。

③ 不得设立用于实施诈骗，传授犯罪方法，制作或者销售违禁物品、管制物品等违法犯罪活动的网站、通信群组，不得利用网络发布涉及实施诈骗，制作或者销售违禁物品、管制物品以及其他违法犯罪活动的信息。

④ 不得从事非法侵入他人网络、干扰他人网络正常功能、窃取网络数据等危害网络安全的活动；不得提供专门用于从事侵入网络、干扰网络正常功能及防护措施、窃取网络数据等危害网络安全活动的程序、工具；明知他人从事危害网络安全活动的，不得为其提供技术支持、广告推广、支付结算等帮助。

⑤ 发送的电子信息、提供的应用软件，不得设置恶意程序，不得含有法律、行政法规禁止发布或者传输的信息。

作为当代大学生，应加强网络道德和素养，自觉遵守网络道德规范，为营造健康、有序的网络公共空间尽一份力。

习　　题

一、选择题

1. 信息系统安全性问题的根源在于_____。
　　A. 黑客攻击　　　　　　　　　　B. 水灾、地震等自然灾害的威胁
　　C. 系统自身缺陷　　　　　　　　D. 员工恶意破坏

2. 以下不是有效的信息安全措施的是_____。
　　A. 安全立法　　　　　　　　　　B. 加强安全管理和教育
　　C. 主动攻击已知的黑客站点　　　D. 使用适当的安全技术

3. 基本的安全技术包括_____。
　　A. 选用新的软件和硬件产品、安装性能最强的路由器
　　B. 定时重装操作系统、远程备份数据
　　C. 在各个角落安装视频监控、增加安保人员和巡逻次数
　　D. 数据加密、身份认征和控制、数字签名、防火墙、查杀木马和病毒等

4. 下列不能对信息系统构成威胁的是_____。
　　A. 水、火、盗　B. 密码被破译　　C. 木马、病毒　　　D. 远程备份

5. 计算机病毒感染的原因是_____。
　　A. 与外界交换信息时感染　　　　B. 因硬件损坏而被感染
　　C. 在增添硬件设备时感染　　　　D. 因操作不当感染

6. 计算机病毒是指_____。
　　A. 带细菌的磁盘　　　　　　　　B. 已损坏的磁盘
　　C. 具有破坏性的特制程序　　　　D. 被破坏了的程序

7. 下列_____不是计算机病毒的特点。
　　A. 传染性　　　B. 潜伏性　　　C. 破坏性　　　　D. 偶然性

8. Internet 病毒主要通过_____途径传播。
　　A. U 盘　　　B. 网络　　　　C. 光盘　　　　D. Word 文档

9. 防火墙能够_____。
　　A. 防范通过它的恶意连接　　　　B. 防备新的网络安全问题
　　C. 防范恶意的知情者　　　　　　D. 完全防止传送已被病毒感染的软件和文件

10. 反病毒软件_____。
　　A. 可以清除任何病毒　　　　　　B. 可以清除未知病毒
　　C. 只能清除已知病毒　　　　　　D. 可以防止和清除任何病毒

二、简答题

1. 信息安全的概念是什么？
2. 什么是计算机病毒，计算机病毒的特点有哪些，如何防范？
3. 网络攻击分为几种，具体含义是什么？
4. 网络信息安全事件分为几级，及其基本含义是什么？
5. 哪些网络行为是网络安全要求不能做的？

第6章
计算机新技术

近年来，计算机新兴技术不断涌现，并逐渐被应用到工业、商业、金融、教育等领域，这些计算机新技术将给人类生活带来持续和深远的影响。

本章主要介绍云计算、大数据、人工智能、虚拟现实、增强现实、区块链技术的概念与应用。

6.1 云计算技术

云计算是基于互联网的计算服务模型，通过这种方式，共享的软硬件资源和信息可以按需提供给计算机和其他设备。典型的云计算提供商往往提供通用的网络业务应用，可以通过浏览器等软件或者其他 Web 服务来访问，而软件和数据都存储在服务器上。

6.1.1 云计算的产生

自计算机诞生以来所经历过的五次计算模式的变更，如图 6-1 所示。

图 6-1　自计算机诞生以来五次计算模式的变更

　　1950 年左右，计算机刚刚诞生，只有科研院所、军队等机构才有财力和人力使用计算机，计算机只应用于科学计算领域。

　　1960 年左右，随着计算机软硬件技术的发展，IBM 公司开始提供更快、更小、更便宜的小型机，银行、航空公司等大型商业机构开始将计算机应用于商业计算。

　　1980 年左右，微软公司和英特尔公司结成 WinTel 联盟，开始向家庭用户提供微型计算机，即俗称的 PC，这时计算机已经广泛应用于个人计算领域，如办公、游戏娱乐等。

　　2000 年左右，百度公司、谷歌公司、亚马逊公司搭上因特网蓬勃发展的顺风车，通过建设服务器中心的方式向终端用户提供搜索、电子商务等互联网计算。

　　到了 2010 年左右，云计算的计算模式应运而生，它对计算资源、网络资源、存储资源进行统一管理、按需分配，为用户提供随时随地可以访问的弹性资源。

6.1.2　云计算的构成

　　云计算是一种基于互联网的计算服务模型，它由三部分组成，如图 6-2 所示。

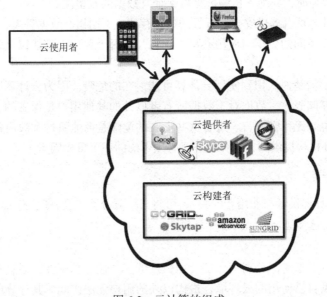

图 6-2　云计算的组成

1. 云构建者

提供云计算的基础硬件设施、构建服务平台、整合计算资源，所关注的是如何搭建更经济、更高效的硬件平台，如何为云应用开发者提供更安全、更稳定的服务，云构建者并不知道也不关注何种应用运行于其上。

2. 云提供者

为用户提供高效可靠的服务，所关注的是如何开发出更能满足用户需求的应用，而不用关注应用运行于何处，一切皆由云构建者提供保障。

3. 云使用者

云使用者即用户本身，通过智能手机、PC 等终端硬件访问云应用提供者所提供的云服务，自由地使用资源和获取信息。

6.1.3 云计算的特征

云计算的特征可以归纳为以下几点。

1. 方便管理

云应用提供者无须购置专门的服务器，无须雇佣专人进行基础设施维护。

2. 节省成本

云应用提供者无前期大量的投入，可以按照实际需求购买自己所需的云服务。

3. 架构灵活

云构建者通过按需伸缩的方式来实时调配硬件资源，云资源的分配与地域无关。

4. 充分利用

云构建者通过负载平衡的方式来实时调配硬件资源，可以实现最优的硬件利用率。

5. 存储可靠

对于使用云服务的终端用户来说，其数据是同时存储于多地的多个云服务器上的，当一处云服务器出现硬件故障时，异地备份的数据可保证其数据的完整性。

由此可见，云计算可以提供安全、可靠的数据存储，不用担心数据丢失、病毒入侵等问题；可以轻松实现不同设备间的数据与应用共享。"云"让每个普通人都能以极低的成本接触到顶尖的 IT 技术。

但是，我们也要清楚地认识到使用云计算可能潜在的危险。因为云计算服务除提供计算服务外，还必然提供存储服务，数据对于数据所有者以外的其他用户是保密的，但是对于提供云计算的商业机构来说毫无秘密可言。所有这些潜在的危险是商业机构和政府机构选择云计算服务，特别是使用国外机构提供的云计算服务时必须考虑的一个重要因素。

6.1.4 云计算的分类

目前，根据云计算提供者与使用者的关系，可将云计算分为三类，即公有云、私有云和混合云。用户可以根据需求，选择适合自己的云计算模式。

1. 私有云

私有云是指一些大型跨国公司为保证公司数据的安全性、私密性，通过自己建设或找专业公司定制构建的专供自己使用的云环境，机构以外的用户无法访问。其计算能力、存储能力为公司内部共享。

2. 公有云

公有云是由一个独立的第三方云基础设施提供商面向广大的公司、个人所提供的面向公众的云计算平台，它所服务的对象没有特定的限制。知名的阿里云、华为云、亚马逊云、微软云就是公有云的代表，任何公司、个人都可以购买和使用这些公有云上的计算资源、存储资源。

3. 混合云

混合云是指公有云与私有云的混合。一般情况下，中小型企业和创业公司多选择公有云，而金融机构、政府机关和大型企业则更倾向于选择私有云或混合云。如果选择混合云，可将一些对安全性和可靠性需求较低的应用部署在公有云，从而减轻对自身 IT 基础设施的负担。

6.1.5 鲲鹏云服务

计算产业先后经历了大型计算机、小型机、x86 服务器阶段，下一个阶段将进入多元算力阶段。2019 年 1 月份，华为公司正式发布了鲲鹏 920 数据中心高性能处理器，该处理器兼容 ARM 架构，采用 7 nm 制造，最高支持 64 核，主频达到 2.6 GHz，使华为具备了从芯片到服务器再到云平台的全栈自主创新能力。

2019 年 7 月份，华为基于鲲鹏处理器推出鲲鹏云服务和解决方案，开启云上的多元新架构，未来华为云的全部基础服务和主要服务都会基于鲲鹏来构建，开启云 2.0 时代，即"云+AI+5G"时代。

6.2　大数据技术

大数据是一种规模大到在获取、存储、管理、分析方面大大超出了传统数据库软件工具能力范围的数据集合，具有海量的数据规模、快速的数据流转、多样的数据类型和价值密度低四大特征。

6.2.1　什么是大数据

大数据到底有多大，首先应回顾数据的存储单位。

大数据的数据量一般是以 EB 衡量的，EB 是一个什么样的存储单元？我们都知道 1 KB 是 1 024 B，1MB 是 1 024 KB，而现在最常用的存储单位应该是 GB，1 GB=1 024 MB，再往上是 TB 和 PB，而 1 EB=1 024 PB ≈ 10 亿 GB。以一台硬盘为 500 GB 的计算机为例，1 EB 的数据需要 215 万台这样的计算机才能装下，再往上还有 ZB，1 ZB=1 024 EB ≈ 1 万亿 GB，1 ZB 的数据需要 22 亿台同样的计算机才能装下。

从人类文明开始到 2003 年，地球共产生了 5 EB 数据；2012 年全年，全球产生数据 2.7 ZB，是 2003 年以前的 500 倍；2015 年，全球产生数据 8 ZB，等于 1 800 万个美国国会图书馆。大数据不但数据量大，流转速度也很快，淘宝网每天大概有 6 000 万用户登录，每天会访问 20 亿次页面，平均每月增加 1.5 PB 数据。Twitter 每天更新 4 亿条数据，Youtube 每天上传的视频累计时长超过 12 年，Facebook 用户每天分享 25 亿条信息。这样大量的数据只有使用一定的方法进行处理后才有价值。

6.2.2　大数据的特征

大数据具备 Volume、Velocity、Variety 和 Value 四个特征，简称"4V"，即规模性、高速性、多样性和价值性。

1. 规模性

规模性（Volume）主要指大数据的数据体量巨大。随着信息化技术的高速发展，数据开始爆发性增长。数据集合的规模不断扩大，大数据的相关数据单位已经从 GB 级增加到 TB 级，再增加到 PB 级，近年来，数据量开始以 EB 和 ZB 来进行计数。

2. 高速性

高速性（Velocity）主要指大数据的数据流转速度快。大数据的创建具有实时性，可从各种类型的数据中快速获得高价值的信息，这也是与传统数据挖掘技术的本质区别。我们每天在使用计算机和互联网的过程中都会产生大量的数据资源，再加上物联网的应用，因此大数据的产生非常迅速，且这些数据中潜在许多有价值的信息。但存储这些数据代价很大，因此需要对这些数据进行及时清理。基于这种情况，对处理数据的响应速度有更严格的要求，各平台的服务器都需要对数据做到实时分析。

3. 多样性

多样性（Variety）主要指大数据的数据类型多样。广泛的数据来源，决定了大数据形式的多样性。随着在线广告、社交网络、物联网、移动计算等新的渠道和技术不断涌现，大数据要处理的数据类型越来越多，所处理的数据类型也不只是如财务系统、信息管理系统、医疗系统等产生的结构化数据，更多的是如视频、图片、音频等半结构化数据，或者如 HTML 文档、邮件、网页等非结构化数据。

4. 价值性

价值性（Value）主要指大数据的数据价值密度低。虽然大数据背后潜藏的价值巨大，但是大数据中有价值的数据所占比例很小，同时随着大数据体量不断加大，单位数据的价值密度在不断降低，然而通过机器学习、人工智能或深度分析等方法对数据进行处理分析，数据的整体价值却在提高。以监控视频为例，在一小时的视频中，有用的数据可能仅仅只有一两秒，却非常重要。现在许多专家已经将大数据等同于黄金和石油，这表示大数据当中蕴含了无限的价值。

大数据不但要"能存"，更需要"会用"，只有使用一定的方法进行处理后才能显现其价值。

6.2.3　大数据的应用

大数据无处不在，包括金融、汽车、餐饮、电信、能源和娱乐等行业都已经融入了大数据的印迹。比如，淘宝、亚马逊不仅从每个用户的购买行为中获得信息，还将每个用户在其网站上的所有行为都记录下来，通过这些数据的有效分析使得电商平台对客户的购买行为和喜好有了全方位了解，对于其货品种类、库存、仓储、物流及广告业务都有着极大的效益回馈。比如它们会根据用户喜好动态地为每个用户生成其定制的主页，有针对性地推送有潜在购买可能性的商品，如图 6-3 所示。

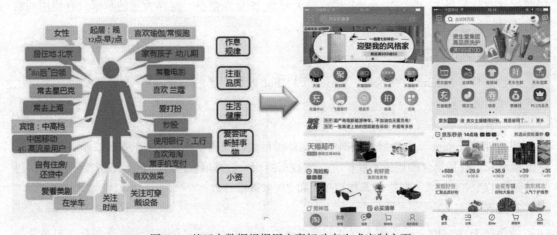

图 6-3　基于大数据根据用户喜好动态生成定制主页

2009 年，在 H1N1 流感爆发几周前，谷歌公司的工程师在 Nature 上发表了一篇论文，成功预测了 H1N1 流感在全美范围的传播趋势，甚至具体到特定的地区和州，而且判断非常及时，令公共卫生官员们和计算机科学家们倍感震惊。谷歌公司发现能够通过人们在网上检索的词条辨别出其是否感染了流感，并对 5 000 万条美国人检索的词条进行了大数据分析，从而成功预测了 H1N1 流感的传播趋势，他们的预测与官方数据的相关性高达 97%，如图 6-4 所示。有关大数据开启公共卫生变革的观点接踵而来。

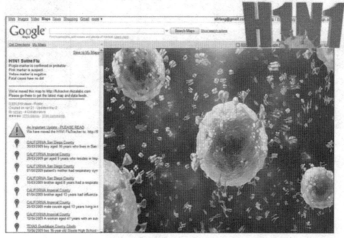

图 6-4　谷歌公司应用大数据预测流感传播趋势

大数据的主要应用场景有如下几方面。

1. 城市规划

通过对城市地理、气象等自然信息和经济、社会、文化、人口等人文社会信息的挖掘，为城市规划提供决策，强化城市管理服务的科学性和前瞻性，如图 6-5 所示。

图 6-5　大数据用于城市规划

2. 交通管理

通过对道路交通信息的实时挖掘，及时发现警情，并快速响应突发状况，有效缓解交通拥堵，为城市交通的良性运转提供科学的决策依据，如图 6-6 所示。

3. 舆情监控

通过网络关键词搜索及语义智能分析，提高舆情分析的及时性、全面性，及时掌握社情民意，提高公共服务能力，有效应对突发事件和打击违法犯罪等，如图 6-7 所示。

图 6-6 大数据用于交通管理

图 6-7 大数据用于舆情监控

4. 安防与防灾

通过对安防监控大数据的挖掘，可以及时发现地震、海啸等自然灾害，恐怖袭击、病毒扩散等恐怖事件，提高应急处理能力和安全防范能力，如图 6-8 所示。

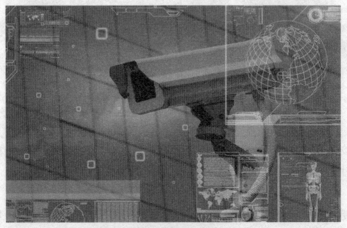

图 6-8 大数据用于安防与防灾

6.3　人工智能技术

人工智能（Artificial Intelligence，AI）是计算机科学的一个分支，它是研究、开发用于模拟、延伸和扩展人类智能的理论、方法、技术及应用系统的一门新的技术科学，人工智能技术就是赋予计算机从数据中学习、协助人类做出预测和决定能力的新技术。

6.3.1　人工智能的概念

在计算机出现之前人们就幻想着有一种机器可以实现人类的思维，能帮助人们解决问题，甚至比人类有更高的智力。随着 20 世纪 40 年代计算机的发明，计算机的应用已经从最初的科学计算发展到现在影响着人类生产生活的各个领域，诸如多媒体应用、计算机辅助设计、数据通信、自动控制等，而人工智能是计算机科学的一个新的研究分支，是计算机科学多年来研究发展的结晶。

人工智能是一门基于计算机科学、生物学、心理学、神经科学、数学和哲学等学科的科学和技术。人工智能之父约翰·麦卡锡（John McCarthy）说："人工智能就是制造智能的机器，更特指制作人工智能的程序"。人工智能通过模仿人类的思考方式使计算机能智能地思考问题，帮助人类甚至替代人类完成诸如诊断病情、驾驶汽车等任务。

6.3.2　人工智能的研究方向

现阶段，人工智能的研究主要集中在深度学习、自然语言处理、计算机视觉、智能机器人四个大方向上，并出现了一些里程碑式的应用成果。

1. 深度学习

近年来，人工智能领域被提及最多的就是深度学习，深度学习是指基于现有的数据进行学习操作，旨在建立、模拟人脑进行分析学习的神经网络，它模仿人脑的机制来解释数据，例如，图像、声音和文本，如图 6-9 所示。

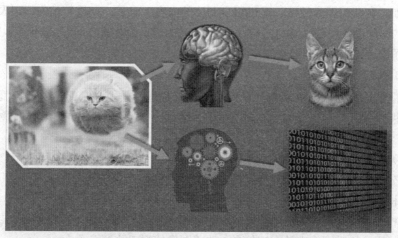

图 6-9　应用深度学习识别图像中的猫

由谷歌公司开发的 AlphaGo，是第一个击败人类职业围棋选手、第一个战胜围棋世界冠军的人工智能机器人，其主要工作原理就是"深度学习"，如图 6-10 所示。

图 6-10　AlphaGo 战胜人类职业围棋选手

2. 自然语言处理

自然语言处理是用自然语言同计算机进行通信的一种技术，它是人工智能的分支学科，研究用电子计算机模拟人的语言交际过程，使计算机能理解和运用人类社会的自然语言如汉语、英语等，实现人机之间的自然语言通信，以代替人的部分脑力劳动。

自然语言处理用到的主要技术有如下几点。

① 语音分析：根据音位规则，从语音流中区分出一个个独立的音素，再根据音位形态规则找出音节及其对应的词素或词。

② 句法分析：对句子和短语的结构进行分析，目的是要找出词、短语等之间的相互关系以及各自在句中的作用。

③ 语义分析：运用各种机器学习方法，学习和理解一段文本所表示的语义内容。

④ 语用分析：研究语言所存在的外界环境对语言使用者所产生的影响。

自然语言处理可应用于机器翻译、信息检索、文字识别、语音识别、文档分类、自动文摘等方面。例如，在新闻服务领域，通过用户阅读的内容、时长、评论等偏好，以及社交网络甚至是所使用的移动设备型号等，综合分析用户所关注的信息源及核心词汇，进行专业的细化分析，从而进行新闻推送，实现新闻的个人定制服务，最终提升用户黏性。

3. 计算机视觉

计算机视觉是使用计算机及相关设备对生物视觉进行模拟。它的主要任务就是通过对采集的图片或视频进行处理以获得相应场景的三维信息，就像人类和许多其他生物每天所做的那样。

计算机视觉主要研究的技术包括如下几点。

① 图像分类：将不同的图像划分到不同的类别，实现最小的分类误差。

② 图像检索：根据图像的颜色、纹理、布局等进行分析和检索。

③ 目标检测：检测出并关注图片中特定的目标。

④ 图像增强：增强图像中的有用信息，改善图像的视觉效果。

⑤ 图像分割：把图像分割成具有相似的颜色或纹理特性的若干子区域，并使它们对应不同的物体或物体的不同部分。

⑥ 风格化，将任意的图像转换为不同的画作风格。

⑦ 目标跟踪，在视频中跟踪运动的目标。

⑧ 三维重建，从图片信息中建立真实世界的三维模型。

计算机视觉被广泛应用于人脸识别、自动驾驶、智能诊断等领域，如图 6-11 和图 6-12 所示。

图 6-11 计算机视觉典型应用—人脸识别

图 6-12 计算机视觉典型应用—自动驾驶

4. 智能机器人

智能机器人也是人工智能的一个重要研究分支，智能机器人具有高度自主能力，拥有发达的"大脑"，可以在其环境内按照相关指令智能执行任务，在一定程度上取代人力，提升体验，如图 6-13 所示。

智能机器人需要具备三个要素。

① 感觉要素：利用诸如摄像机、图像传感器、超声波传成器、激光器、导电橡胶、压电元件来认识周围环境状态。

② 运动要素：借助轮子、履带、支脚、吸盘、气垫等移动机构来适应诸如平地、台阶、墙壁、楼梯、坡道等不同的地理环境，并对外界做出反应性动作。

③ 思考要素：根据感觉要素所得到的信息，借助智能处理单元思考采用什么样的动作。

图 6-13 智能机器人

6.3.3 人工智能时代的思考

人工智能给人类的生活和工作带来巨大的改变，因此大部分观点认为，在人工智能时代机器人将承担 100% 的人类体力工作，90% 的人类智力工作，人类将进入到可以不用工作的时代。但另外一些观点没有这么乐观，著名物理学家斯蒂芬·霍金（Stephen William Hawking）认为，"未来 100 年内，电脑将凭借人工智能把人类取而代之。当这一局面发生时，我们需要确保电脑拥有与我们一致的目标。科技力量在不断壮大，我们在运用科技的同时应该善用自己的智慧。我们的未来就是这种科技力量和人类智慧之间的较量。"

同时，人类还会担心这一问题，即"人工智能会拥有情感，会奴役人类吗？"。

关于这一问题主要有正反两种观点：

Facebook 创始人马克·扎克伯格（Mark Elliot Zuckerberg）认为，"人类制造机器就是为了让机器在某些方面强于人类，但是机器在某些方面超越人类不意味着机器有能力学习其他方面的能力，或者将不同的信息联系起来而做超越人类的事情，而这一点非常重要。"，因此人类不会为人工智能所奴役；

SpaceX 创始人埃隆·马斯克（Elon Musk）则认为，"只要你认可 AI 技术会不断发展，我们会在智力上远远落后于 AI，以至于最终成为 AI 的宠物。"

6.3.4 我国人工智能的发展及现阶段的水平

我国人工智能的发展与发达国家基本上处于同一起跑线上。早在 20 世纪 70 年代后期，著名数学家吴文俊就凭借几何定理的机器证明成果，成为国际自动推理界的领军人物，他所开创的数学机械化也在国际上被称为"吴方法"。在人机对弈方面，我国第一台关键应用主机浪潮天梭在 2006 年 8 月以 3 胜 5 平 2 负击败柳大华等 5 位中国象棋大师组成的联盟。

近些年来，我国人工智能领域取得了飞速发展。科大讯飞语音识别技术已经处于国际领先地位，其语音识别和理解的准确率均达到了世界第一。百度推出了度秘和自动驾驶汽车。阿里巴巴推出了人工智能平台 DTPAI 和机器人客服平台。中科院自动化所研发成功了"寒武纪"芯片并建成了类脑智能研究平台。正如我国工业和信息化部部长苗圩所说："从技术上来说，我们跟像美国这样的西方发达国家相比，还有差距。但是在有些技术，比如像语音识别、图像识别、刷脸这些方面，我们在局部上可能走到了世界的前列。"

6.4 虚拟现实、增强现实和混合现实技术

虚拟现实（Virtual Reality，VR）、增强现实（Augmented Reality，AR）和混合现实（Mixed Reality，MR）这三种技术经常被提起，但它们究竟是什么意义？它们之间的异同点是什么？它们之间的关系是怎样的？本节将介绍这三种技术及其应用。

6.4.1 虚拟现实技术

虚拟现实技术透过封闭的影像空间，创造出一个完全虚拟的世界，让用户置身在这个虚拟世界中。同时通过追踪用户的肢体动作，让用户与虚拟世界进行交互，产生一种仿佛置身该世界中的沉浸感，来享受在虚拟世界中的种种乐趣，如图 6-14 所示。

虚拟现实最重要的就是让用户从真实世界中脱离，从视觉、听觉上进入一个完全不同的虚拟世界（部分装置还能提供触觉、嗅觉上的虚拟现实体验）。由于人类视觉体验占据所有感观体验的 90% 以上，因此虚拟现实最重要的设备是虚拟现实头盔。虚拟现实头盔比较重要的指标有延迟时间、分辨率、视野等，其中最为关键的指标为延迟时间，所谓延迟时间是指当用户头部转动或移动时，头盔中所显示的画面发生对应变化的时间差，当这个时间差大于 20 ms 时，大部分人会感到头晕、恶心，从而影响交互体验。

虚拟现实设备的供应商，主要有 Facebook 旗下的 Oculus，以及三星、HTC、Google 等公司，它们分别都推出了延迟低于 20 ms 的虚拟现实头盔。从虚拟现实头盔的计算能力分类，可以分为主机式、一体机式、手机式，主机式虚拟现实头盔以 Oculus CV1、HTC Vive 为代表，一体机式以 Oculus Quest 为代表，手机式以三星 Gear VR、Google DayDream 为代表；从头盔的跟踪方式分类，可以分为外向内跟踪和内向外跟踪两种方式，外向内跟踪是通过外部光学定位或激光

定位来对用户头部或手部进行跟踪，内向外跟踪是通过体感摄像头等固定于头盔上的设备主动识别周围空间信息，从而实现对用户头部运动和手部运动的跟踪，如图 6-15 所示。

图 6-14　虚拟现实技术使用现场　　　　　　图 6-15　虚拟现实头盔

　　虚拟现实技术希望创造一个与用户当前环境无关的世界，但与此同时用户无法感知真实世界，因此虚拟现实技术应用时需要独立、安全的现实空间，用户的活动也将限定在一定的空间内。这也是虚拟现实技术与增强现实技术、混合现实技术最主要的区别。

6.4.2　增强现实技术

　　增强现实是在真实场景上增添各种虚拟信息的技术，比如增强现实游戏 *Pokémon Go* 透过智能手机的相机拍摄下真实世界的景象，接着由增强现实应用将虚拟精灵影像放置在手机屏幕上，让用户感受到仿佛虚拟精灵在身边互动一样，如图 6-16 所示。

　　良好的增强现实体验会尽可能与真实世界的物体结合，避免真实和虚拟间因为空间感上的落差而产生不自然感。像在 *Pokémon Go* 游戏中，虚拟精灵的影像会自动适应路面，确保用户看起来就像虚拟精灵站在眼前一样。

　　增强现实应用最主要任务是在真实世界上增添额外信息，比如借助 Google Glasses 增强现实眼镜，在让用户看到眼前影像之余，额外再获得导航、游戏对象、产品信息等附加信息。与虚拟现实技术相比，增强现实技术的应用领域更为广阔，因为用户可以感知到现实世界，而不必担心看不见障碍受到意外伤害。但是现有的增强现实眼镜还存在着价格昂贵、佩戴不方便、续航时间短的问题，一旦这些问题得到解决，增强现实眼镜有可能取代智能手机成为下一代革命性的消费设备，如图 6-17 所示。

图 6-16　增强现实技术使用现场　　　　　　图 6-17　增强现实眼镜

6.4.3 混合现实技术

混合现实技术通过在现实环境中引入虚拟场景信息，在现实世界、虚拟世界和用户之间搭起一个交互反馈的信息回路，以增强用户体验的真实感，具有真实性、实时互动性以及构想性等特点。

微软公司最早针对 HoloLens 头盔提出了混合现实的概念，即在用户佩戴 HoloLens 头盔之后，可以在视野内增添各种虚拟对象，比如应用程序窗口、3D 积木、漂浮空中的触控列表等，如图 6-18 所示。

用户还可以通过手指操纵虚拟对象，实现虚实结合的人机交互。比如用手指拖动虚拟机械臂运动，同时将虚拟机械臂的运动传送给真实机械臂，从而实现用手指隔空操作真实机械臂运动这样神奇的效果，如图 6-19 所示。

图 6-18　混合现实技术使用现场　　　　图 6-19　基于混合现实技术实现虚实结合的人机交互

混合现实还可以将聊天对象直接拉到眼前、以虚拟人物的方式呈现，或者是在真实世界中创造虚拟助理。混合现实可以带来比虚拟现实和增强现实更高的应用层次，透过在虚拟和真实之间的随意切换，用户可以获得更丰富的内容与操作体验，如图 6-20 所示。

图 6-20　混合现实技术可以实现更丰富的内容与操作体验

6.5 区块链技术

区块链（Blockchain）是指一个分布式可共享的、通过共识机制可信的、每个参与者都可以检查的公开账本，但是没有一个中心化的单一用户可以对它进行控制，它只能够按照严格的规则和公开的协议进行修订。

6.5.1 区块链的概念

区块链是分布式数据存储、点对点传输、共识机制、加密算法等计算机技术的新型应用模式。所谓共识机制是区块链系统中实现不同节点之间建立信任、获取权益的数学算法。区块链是比特币的底层技术，像一个数据库账本，记录所有的交易记录。这项技术也因其安全、便捷的特性逐渐得到了银行与金融业的关注。

从数据的角度来看，区块链是一种几乎不可能被更改的分布式数据库。这里的"分布式"不仅体现为数据的分布式存储，也体现为数据的分布式登记。从技术的角度来看，区块链并不是一种单一的技术，而是多种技术整合的结果。这些技术以新的结构组合在一起，形成了一种新的数据记录、存储和表达的方式。要理解区块链，需要首先理解中心化与去中心化，如图 6-21、图 6-22 所示。

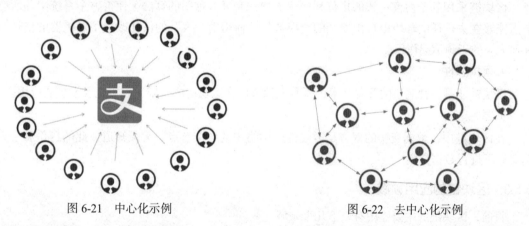

图 6-21 中心化示例　　　　　　　　图 6-22 去中心化示例

中心化是指所有的数据都保存在中心节点，所有有关记录的存取都必须经由中心节点，这也是当前的银行体系与在线支付体系的核心，比如用户在支付宝或微信上发起的交易，都是需要向支付宝或微信的中心节点提交并认证。

与中心化相反，去中心化是把数据分布到多个网络节点。其做法是让网络里的节点都参与记账，每进出一笔，大家一起记录，有错误的，按照少数服从多数原则确认。

区块链区别于传统数据库系统运作，任何有能力架设服务器的人都可以部署自己的服务器，并连接到区块链网络中，就可以成为这个分布式数据库存储系统中的一个节点；一旦加入，该节点享有同其他所有节点完全一样的权利与义务。同时，对于在区块链中参与价值转移的人，可以往这个系统中的任意节点进行读写操作，最后全世界所有节点会根据一种共识机制完成一次又一次的同步，从而实现在区块链网络中所有节点的数据完全一致。

区块链解决的核心和本质问题是：在无可信中心机构时，如何在信息不对称、不确定的环境下，建立满足活动赖以发生、发展的"信任"生态体系。区块链能有效解决中心化所带来的负面问题，如隐私问题，安全问题，数据的滥用问题，信息封闭问题。同时，区块链也有望使人类进入到机器信任的时代。

6.5.2 区块链的特征

区块链的主要特征有以下几点。

1. 去中心化

区块链没有固定的中心机构存在，所有的数据主体都将通过预先设定的程序自动运行。任何一个节点都可能成为阶段性的中心，但却不具备强制性的中心控制功能。节点与节点之间的影响，会通过网络，形成因果关系。

2. 不可篡改

即使区块链遭受了严重的黑客攻击，只要黑客控制的节点数不超过全球节点总数的一半，系统就依然能正常运行，数据也不会被篡改。因为所有节点的权利和义务都是均等的，而且活动会受到全网的监督。同时，这些节点都各自有能力去用计算能力投票，这就保证得到承认的结果是过半数节点公认的结果。

3. 自治性

区块链采用基于协商一致的规范和协议（如一套公开透明的算法）使得整个系统中的所有节点能够在去信任的环境中自由安全的交换数据，使得对"人"的信任改成了对机器的信任，任何人为的干预不起作用。

4. 可扩展性

区块链还是一种底层的开源技术，所有人都可以在区块链的基础上，实现各类扩展应用。

5. 匿名

在区块链中，数据交换的双方是匿名的，网络中的各个节点，无须知道彼此的身份和个人信息即可进行数据交换。

6.5.3 区块链的应用领域

目前，区块链的主要应用有以下几个领域。

1. 金融领域

区块链能够提供信任机制，具备改变金融基础架构的潜力，各类金融资产如股权、债券、票据、基金份额等都可以被整合到区块链技术体系中，成为链上的数字资产，在区块链上进行存储、转移和交易。

2. 公共服务领域

区块链不可篡改的特性使链上的数字化证明可信度极高，在产权、公证及公益等领域都可以以此建立全新的认证机制，改善公共服务领域的管理水平。

3. 信息安全领域

利用区块链可追溯、不可篡改的特性，可以确保数据来源的真实性，同时保证数据的不可伪造性，区块链技术将从根本上改变信息传播路径的安全问题。

4. 物联网领域

区块链＋物联网，可以让物联网上的每个设备独立运行，整个网络产生的信息可以通过区块链的智能合约进行保障。

5. 供应链领域

供应链由众多参与主体构成，存在大量交互协作，信息被离散地保存在各自的系统中，缺乏透明度。信息的不流畅导致各参与主体难以准确地了解相关事项的实时状况及存在问题，影响供应链的协同效率。当各主体间出现纠纷时，举证和追责费时费力。区块链可以使数据在各主体之间公开透明，从而在整个供应链条上形成完整、流畅、不可篡改的信息流。这可以确保各主体及时发现供应链系统运行过程中产生的问题，并有针对性地找到解决方案，进而提升供应链管理的整体效率。

由此可见，区块链不但可以应用于数字货币领域，在国民经济的其他领域也将扮演重要的角色。

习　　题

一、选择题

1. 在云计算架构中，云构建者的主要任务是_____。

　A. 为用户提供高效可靠的服务

　B. 提供云计算的基础硬件设施、构建服务平台、整合计算资源

　C. 通过智能手机、PC 等终端硬件访问云服务，自由地使用资源和获取信息

　D. 对云服务的安全进行监管

2. 公有云是指云基础设施服务商面向_____所提供的面向公众的云计算平台。

　A. 政府　　　　　B. 科研机构　　　　　C. 高校　　　　　D. 广大的公司、个人

3. 大数据的数据量一般是以 EB 衡量的，1 EB 等于_____GB。

　A. 100 亿　　　　B. 10 亿　　　　　C. 1 亿　　　　　D. 1 024

4. 2009 年，H1N1 流感在全美范围的传播趋势预测使用了_____技术。

　A. 人工智能　　　B. 大数据　　　　　C. 区块链　　　　D. 混合现实

5. _____是指基于现有的数据进行学习操作，旨在于建立、模拟人脑进行分析学习的神经网络，它模仿人脑的机制来解释数据，如图像，声音和文本。

　A. 蚁群算法　　　B. 遗传算法　　　　C. 模拟退火算法　　D. 深度学习

6. 计算机视觉的主要任务就是通过对采集的图片或视频进行处理以获得相应场景的_____。

　A. 三维信息　　　B. 二维信息　　　　C. 纹理信息　　　　D. 运行信息

7. _____应用时需要独立、安全的现实空间，因此用户的活动也限定在一定的空间内。

　A. 增强现实　　　B. 混合现实　　　　C. 叠加现实　　　　D. 虚拟现实

8. 最典型的混合现实设备是_____。

　A. 微软 Hololens　　　　　　　　　B. Oculus Quest

C. HTC Vive D. 三星 GearVR

9. 区块链系统中的共识机制是指_____。

    A. 不同节点间的契约

    B. 实现不同节点之间建立信任、获取权益的数学算法

    C. 不同节点间的连接

    D. 不同节点间的顺序

10. 以下选项中不属于区块链的特征的是_____。

    A. 去中心化   B. 容易修改

    C. 自治性   D. 可扩展性

二、简答题

1. 简述什么是"新基建"。

2. 人工智能崛起引发担忧，我们应该如何应对？

第2篇

应用篇

第7章
文字处理软件 Word 2016

文字处理软件的出现彻底改变了传统的文字处理方法，将文字的录入、编辑、排版、存储和打印融为一体，极大地提高了工作效率。

本章主要从 Word 2016 的用户界面着手，详细讲解 Word 2016 的基本应用、文档输入与编辑管理、格式化排版和表格制作等，使读者在以后的工作和学习中，能快速有效地制作出所需要的文档。

7.1　文档基本操作

由于文字处理软件的出现，文字处理技术经历了一场革命性的变革。目前适用于中文字处理的软件种类繁多，有 Windows 操作系统中自带的记事本、写字板等小型文字处理软件，有 Microsoft 公司的 Word、金山公司的 WPS 等中型文字处理软件，还有 Adobe 公司的 PageMaker、北大方正的激光照排系统等大型的专业级综合排版系统。本章重点学习 Word 2016 软件的使用。

Word 2016 是 Microsoft 公司开发的 Office 2016 办公组件之一，是一个功能强大的文字处理软件。它不仅能实现文字的录入、编辑、排版和灵活的图文混排，还可以绘制各种表格、插入图形和其他对象，编排出图文并茂的文档。它的最大特点是"所见即所得"，即在屏幕上看到的效果和打印出来的效果一样。Word 2016 继续保持向下兼容的特性，使低版本的 Word 文档可在高版本的 Word 中进行处理，方便用户的使用。

7.1.1　Word 2016 的工作界面

启动 Word 2016 后，屏幕显示 Word 2016 应用程序窗口，如图 7-1 所示。

7.1.2　视图方式

所谓视图，简单的理解就是查看文档的方式。同一文档可以在不同的视图下查看，虽然文档的显示方式不同，但是文档的内容是不变的。

各种视图模式间的切换，可以在"视图"选项卡的"视图"组中，单击需要的视图按钮，也可以在 Word 窗口的"视图切换区"单击相应的视图按钮。

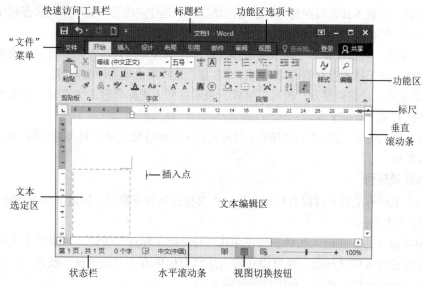

图 7-1　Word 2016 窗口组成

1. 页面视图

页面视图按照文档的打印效果显示文档，主要用于文档编辑和版面设计。在页面视图可以直接看到文档的外观、文字、图形、表格、页眉、页脚、页码等信息，具有"所见即所得"的显示效果。Word 所有图文编辑和处理功能，在页面视图下都能完成。

2. 阅读视图

阅读视图分左右两个窗口显示，增强了文档的可读性，适合于长篇文档的阅读。如果想停止阅读文档，单击"页面视图"按钮或按【Esc】键，从阅读视图切换回来。

3. Web 版式视图

Web 版式视图是以网页的形式显示文档中的内容。用户无须离开 Word 即可查看该文档在 Web 浏览器中的效果，主要适用于发送电子邮件和创建网页。

4. 大纲视图

大纲视图适合于显示文档的框架，以便能审阅和修改文档的结构。在大纲视图中，可以折叠文档，来查看某一级的标题或子标题，也可以展开文档查看某一标题下的内容或整个文档的内容。在该视图下，用户还可以通过拖动标题来移动、复制或重新组织正文，方便用户对文档结构的修改。

5. 草稿视图

草稿视图取消了页面边距、分栏、页眉／页脚和图片等元素，仅显示标题和正文，是最节省计算机系统硬件资源的视图方式。它可以用于快速输入文本及表格，并进行简单的排列，当文档的内容超过一页时，系统自动加虚线表示分页符。

7.1.3　文本的录入

1. 输入字符

在英文输入状态下，默认输入的均为小写字母；按【Caps Lock】键后，可输入大写字母，进行大小写的切换。

文本的输入有插入和改写两种方式。右击状态栏，选中"改写"命令，则状态栏中显示"插入"或"改写"状态。

① 插入方式。状态栏显示"插入"字样，表示在插入光标处输入文本时，新插入的文本出现在插入点处，位于插入点右侧的原文本自动右移，这样不会覆盖原有内容。

② 改写方式。状态栏显示"改写"字样，表示在插入光标处输入文本时，新输入的文本将覆盖插入光标右侧已有的文本。

"插入"和"改写"方式之间的切换，可通过按【Insert】键或单击状态栏中的"插入"或"改写"按钮来实现。

2. 输入各类符号

除了键盘上已有的符号可以直接输入外，中文标点和特殊符号可通过下列方法输入。

（1）输入中文标点

启动中文输入法，在输入法状态框中单击"中/英文标点"按钮，切换到中文标点状态，利用键盘可直接输入中文标点。也可以在输入法状态框中右击"软键盘"按钮，在弹出的快捷菜单中选择"标点符号"命令，利用软键盘输入。

（2）输入符号

在文本输入过程中，有些特殊符号无法从键盘上直接输入，可通过插入符号的方式实现，具体操作步骤如下：

① 将光标定位到插入点。

② 单击"插入"选项卡→"符号"组→"符号"按钮→"其他符号"命令，打开"符号"对话框，如图 7-2 所示。

图 7-2 "符号"对话框

③ 在"符号"对话框中，选择要插入的符号，然后单击"插入"按钮，即可将其插入到指定位置。如果当前符号列表中没有所需的符号，可以从"字体"下拉列表框中选择其他字体进行查找。

> **提示：** 如果在文档中经常用到某个符号，可以为该符号定义快捷键。在"符号"对话框中选定一个符号，单击"快捷键"按钮，在打开的对话框中为其定义快捷键，以后只要按所定义的快捷键即可输入该符号。

3. 输入日期和时间

若要在文档中输入某种格式的日期或时间，可以单击"插入"选项卡→"文本"组→"日期和时间"按钮；打开"日期和时间"对话框；在"语言（国家 / 地区）"下拉列表框中选择"中文（中国）"选项，在"可用格式"列表框中选择所需的格式，单击"确定"按钮即可。若在对话框中选择"自动更新"复选框，则在以后打开或打印文档时日期和时间会自动更新，否则保持插入时的日期和时间。

7.1.4 保存与保护文档

1. 保存文档

文档编辑完成后，若想永久保留其内容，需要进行存盘操作。

（1）文档的常规保存

文档的保存常用以下几种方法：

① 单击快速访问工具栏中的"保存"按钮。

② 选择"文件"菜单→"保存"命令。

③ 按【Ctrl+S】组合键。

如果需要将编辑后的文档另外保存，而原文档不受影响，应选择"文件"菜单→"另存为"命令。

在 Word 2016 中创建的文档，其默认扩展名为 .docx，此外还可以将文档保存为网页（.html）、PDF（.pdf）、纯文本（.txt）、RTF 格式（.rtf）的文件等。

> **提示：** 输入或编辑文档时，最好随时保存文档，以免意外故障导致文档内容丢失。

（2）自动保存的设置

为了避免由于断电或死机等意外情况造成信息的丢失，Word 提供了按指定时间间隔为用户自动保存文档的功能。选择"文件"菜单→"选项"命令，打开"Word 选项"对话框；在左侧列表中选择"保存"选项，在右侧窗口找到"保存自动恢复信息时间间隔"项进行设置即可。

2. 保护文档

为了确保文档的安全性，避免无关人员查看或修改文档，可为 Word 文档设置"打开权限密码"或"修改权限密码"。具体操作步骤如下：

选择"文件"菜单→"另存为"命令，打开"另存为"对话框；在该对话框底部选择"工具"按钮→"常规选项"命令；在打开的"常规选项"对话框中，根据提示输入相应的密码设置即可。再次打开或修改文件时，会弹出密码提示框，输入正确密码后才能打开或修改文件，如图 7-3 所示。

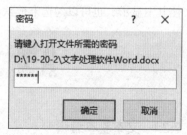

图 7-3 密码提示框

7.1.5 自定义功能区设置

用户可根据需要，通过选择"文件"菜单→"选项"命令，在打开的"Word 选项"对话框中选择"自定义功能区"选项定义自己的功能区。设置自定义功能区的具体操作步骤如下：

① 在"从下列位置选择命令"下拉列表框中选择"不在功能区中的命令",从展开的列表中选择要添加的命令,如"按 200% 的比例查看",如图 7-4 所示。

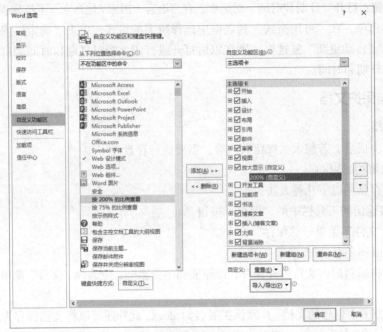

图 7-4　自定义功能区

② 单击"新建选项卡"按钮,新建一个选项卡,并可对新建的选项卡进行"重命名",如"放大显示"。

③ 单击"新建组"按钮,新建一个组,并对新建的组进行"重命名",比如"200%"。通过单击"上移"或"下移"按钮,调整选项卡或组在各选项卡中的位置。

④ 单击"添加"按钮,将"按 200% 的比例查看"命令添加到"放大显示"选项卡→"200%"组。

也可以为已有的选项卡新建组,并将命令添加到新建的组中。要删除新建选项卡或组,只要选中删除项,单击"删除"按钮即可。主选项卡中默认勾选了常用的选项卡,可以取消勾选,使其不显示,也可以勾选未被默认勾选的选项卡,使其显示。

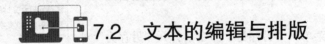 7.2　文本的编辑与排版

7.2.1　文本基本编辑

1. 选定文本

Windows 环境下的操作都遵循"先选定,后操作"的规律。文本基本编辑包括文本的复制、剪切、粘贴、删除等。

除了使用鼠标直接选定文本外,Word 还提供了多种选定方法。在选择区单击可选定对应的一行,双击可选定对应的一段,三击可选定文档的全部内容;按住鼠标左键,沿垂直方向拖动

可选定多行。利用【Shift】键选定大段连续文本，利用【Ctrl】键选定不连续的文本。

2. 复制与移动

复制的基本操作步骤：选定要复制的文本；单击"开始"选项卡→"剪贴板"组→"复制"按钮，或按【Ctrl+C】组合键，将选定文本放入剪贴板，原选定文本仍然保留；将光标插入点定位到目标位置；单击"开始"选项卡→"剪贴板"组→"粘贴"按钮，或按【Ctrl+V】组合键，将剪贴板内容复制到目标位置。放入剪贴板中的文本可进行多次粘贴。

若要移动文本，则单击"开始"选项卡→"剪贴板"组→"剪切"按钮，或按【Ctrl+X】组合键将选定文本放入剪贴板，粘贴操作与复制相同。

3. 查找与替换

在编辑文档的过程中，如果需要对特定的内容进行大量检查或修改时，可以使用"查找/替换"功能，以节省时间提高可靠性。

（1）查找文本

例如，在下面给出的文档中，查找"信息"一词。

随着超大规模集成电路的出现和计算机网络技术的迅速发展，微型计算机不断普及，信息资源日益丰富，使得计算机的应用渗透到社会的各个领域，如科学技术、国民经济、国防建设、家庭生活等。下面将computer的应用领域归纳为6个方面：科学计算（数值计算）、信息处理（数据处理）、过程控制、computer辅助工程、人工智能、网络应用等。

具体操作步骤如下：

① 单击"开始"选项卡→"编辑"组→"查找"下拉按钮，在展开的菜单中选择"高级查找"命令，打开"查找和替换"对话框的"查找"选项卡，如图 7-5 所示。

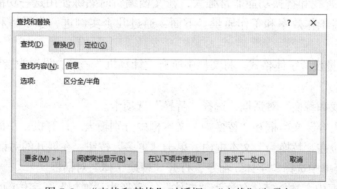

图 7-5　"查找和替换"对话框 – "查找"选项卡

② 在"查找内容"文本框中输入"信息"，然后单击"查找下一处"按钮，从光标的当前位置开始查找。

若文档中存在要查找的文本，则 Word 将第一处查找到的内容突出显示；每单击一次"查找下一处"按钮，就会在文档中继续查找下一处出现的该内容，直到搜索完毕。

（2）文本的替换

例如，将上述文档中所有的"computer"字符串替换成"计算机"三个字。具体操作步骤如下：

① 单击"开始"选项卡→"编辑"组→"替换"按钮，打开"查找和替换"对话框的"替换"选项卡，如图 7-6 所示。

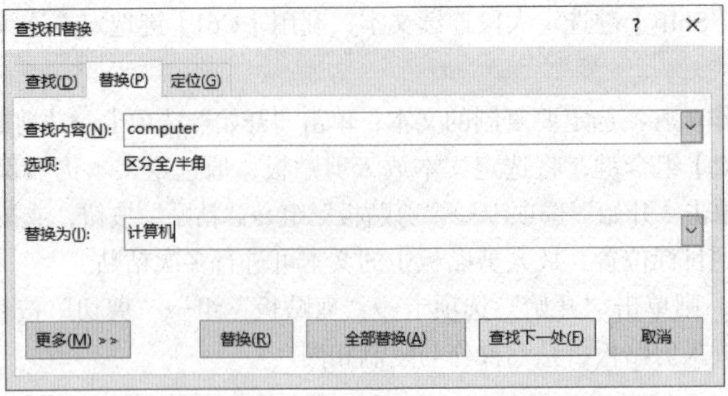

图 7-6 "查找和替换"对话框 – "替换"选项卡

② 在"查找内容"文本框中输入要查找的文本,如"computer",在"替换为"文本框中输入替换后的文本,如"计算机"。

③ 若单击"全部替换"按钮,将查找范围内的所有匹配文本进行替换;若单击"查找下一处"按钮,则从光标的位置开始查找,并将查找到的内容突出显示,此时再单击"替换"按钮,只将查找到的当前匹配文本进行替换;再单击"查找下一处"按钮继续查找,依次反复执行,可以实现有选择的替换。

（3）高级查找与替换

Word 2016 支持的查找或替换对象不仅是简单字符,还可以是字符格式、段落标记、分页符等,查找内容还可以包括通配符。在"查找和替换"对话框中,单击"更多"按钮,显示"查找和替换"的高级设置选项,在该对话框中可以指定在查找和替换时的匹配方式和匹配格式。

在 Word 中,查找和替换功能非常强大,在文档编辑时熟练使用这一功能可以解决许多实际问题,大大提高工作效率和工作质量。下面,通过几个实例进一步了解和掌握这一功能的使用。

【例 7.1】批量设置字体格式。将文档中所有"计算机"一词,设置为楷体、红色、加粗,且带细下划线的格式。

① 打开"查找和替换"对话框,选择"替换"选项卡。

② 在"查找内容"文本框和"替换为"文本框中分别输入"计算机"一词。

③ 将光标定位在"替换为"文本框内,单击"更多"按钮,在展开的对话框中单击"格式"按钮,在展开的菜单中选择"字体"命令,打开"替换字体"对话框。

④ 在该对话框中,选择字体名称为"楷体"、字形为"加粗"、字体颜色为"红色"、下画线类型为细实线等属性,单击"确定"按钮,返回"查找和替换"对话框,如图 7-7 所示。

⑤ 检查"替换为"文本框下方的格式提示是否与设置要求一致。如果不一致,先单击"不限定格式"按钮,取消已设置的格式,然后再重新设置。

⑥ 确定无误后,单击"全部替换"按钮进行替换。

【例 7.2】批量转换大小写。在文档输入时,为了避免在大小写和中文输入法之间来回切换,把文档中所有的 Word 一词全部输入成 WORD,然后把 WORD 全部改为 Word。

① 打开"查找和替换"对话框,选择"替换"选项卡。

② 在"查找内容"文本框中输入"WORD"一词,在"替换为"文本框中输入"Word"一词。

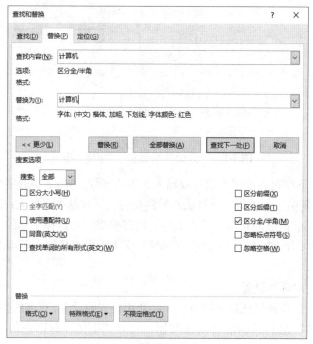

图 7-7　替换带格式的文本

③ 单击"更多"按钮，在展开的对话框中选中"区分大小写"复选框。

④ 单击"全部替换"按钮，即可完成全文替换。

【例7.3】若在文档中，错将多本图书的书名号输成了中文的括号"（）"，现将其改换为"《 》"。

① 打开"查找和替换"对话框，选择"替换"选项卡。

② 在"查找"文本框中输入"（（*））"，在"替换为"文本框中输入"《\1》"。

③ 单击"更多"按钮，在展开的对话框中选择"使用通配符"复选框。

④ 单击"全部替换"按钮，完成全文替换。

> **提示：**在查找和替换操作中，可以使用通配符"*"和"?"，"*"表示任意字符串，"?"表示任意单个字符。

7.2.2　文本格式化

为了使文档清晰美观，便于阅读，在完成文档编辑后，还需要对文档进行必要的格式化设置。文本的格式化主要包括字符格式、段落格式、制表位以及页面格式等。

字符格式是文档格式化的重要内容之一，主要包括字体的名称、字形、字号、颜色、字符间距以及特殊效果等设置。可以先设置格式再录入文本，录入的文本便按照设置好的格式显示；也可以先录入文本再设置格式，但在设置前应先选定需设置格式的文本。

1. 字符格式化

（1）设置字体

① 使用"字体"组按钮设置。

在"开始"选项卡的"字体"组，单击相应的按钮，可以方便、快捷地设置字体、字号、字形、字符缩放、字体颜色以及字符底纹等，如图 7-8 所示。

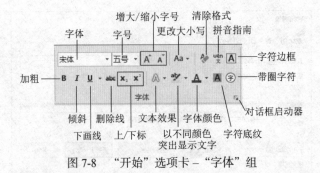

图 7-8 "开始"选项卡 – "字体"组

其中，"字号"下拉列表框用于选择或输入文本的字号。Word 中的字号有两种表示方式，分别以"字号"和"磅值"为单位。字号从八号到初号，字号越小字越大；磅值从 5 磅到 72 磅，磅值越大字越大。Word 提供的默认字号为五号，可以根据需要选择字号的大小。如果下拉列表没有用户需要的字号（如 27 磅），可以在"字号"文本框中直接输入所需的磅值，按【Enter】键即可。

② 利用"字体"对话框设置。

利用"字体"组中的按钮仅能对字符进行一些常用格式的设置，更多的格式设置还需单击"开始"选项卡→"字体"组的对话框启动器按钮，打开"字体"对话框的"字体"选项卡，如图 7-9 所示。

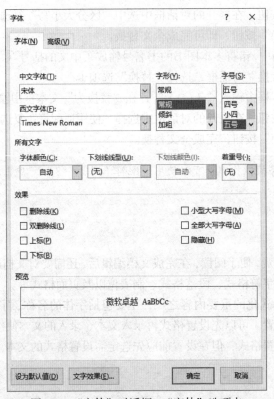

图 7-9 "字体"对话框 – "字体"选项卡

在"字体"对话框中可以设置更多的字体格式。在对话框下方的"效果"选项区域，可为字符添加删除线，设置上标、下标等，所有设置均可在"预览"区域显示设置效果。

提示：
　①如果要对选定区域中的中、英文设置不同的字体，为了避免英文字符按中文字体来设置，在"字体"选项卡中应先设置中文字体，再设置英文字体。
　②如果选定的文本区域包括多种字体或字号，字体和字号格式中将显示为空白。

（2）设置字符间距

由于排版的原因，有时需要改变字符间距、字符宽度和水平位置，也可以为文字添加特殊效果。Word 提供了三种字符间距，即标准间距、加宽间距和紧缩间距，系统默认为标准间距，设置不同的字符间距效果如图 7-10 所示。

如果想改变字符间距，具体操作步骤如下：

①先选定文本，在"字体"对话框中选择"高级"选项卡，如图 7-11 所示。

字符间距标准时的状态↵
字 符 间 距 加 宽 2 磅 时 的 状 态 ↵
字符间距紧缩1磅时的状态↵

图 7-10　不同字符间距的效果　　　　图 7-11　"字体"对话框－"高级"选项卡

②在"缩放"下拉列表框中，根据设置需要可以横向扩展或压缩文字的宽度；在"间距"下拉列表框中，可扩展或压缩字符间距；在"位置"下拉列表框中，可提升或降低字符位置。

（3）设置文字效果

为了增强文字的显示效果，Word 还提供了文字效果的设置。首先选定要设置的文本，单击"字体"对话框下方的"文字效果"按钮，在打开的"设置文本效果格式"对话框中选择一种合适的效果，单击"确定"按钮，则该效果应用于选定的文本。

2. 段落格式化

段落是一个文档的基本组成单位，是指两个回车符之间的内容。段落既可以由文字、图形和其他内容构成,也可以是按【Enter】键后产生的空行。用户可以将整个段落作为一个整体进行格式设置。

(1)设置对齐方式

通过设置段落文本的对齐方式,可以使文档看起来更加整齐、规范。Word 提供了五种文本对齐方式,即左对齐、居中对齐、右对齐、两端对齐和分散对齐。

其中,两端对齐:使选定段落中的每行(不满一行的除外)按照左右两端对齐,不满一行按照左对齐方式,一般用于设置文档正文。分散对齐:调整选定段落中每行(包括最后一行)字符的间距,使字符均匀地填满整行。

设置段落的对齐方式,可以单击"开始"选项卡→"段落"组中的相应按钮进行设置,也可以利用"段落"对话框设置。打开"段落"对话框,在"缩进和间距"选项卡的"常规"区域中"对齐方式"下拉列表中进行选择,如图 7-12 所示。

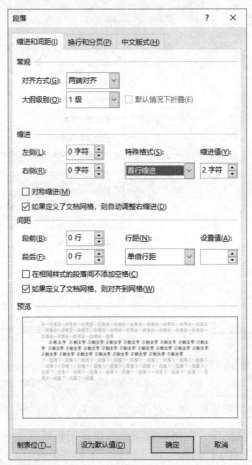

图 7-12　"段落"对话框 – "缩进和间距"选项卡

(2)设置缩进

段落缩进是指改变段落的首行或其他行边界的起始位置。Word 提供了四种段落缩进方式:

① 首行缩进:指段落首行的左边界向右缩进一定的距离,其余行的左边界不变。中文文档一般采用首行缩进两个汉字。

② 悬挂缩进:指除段落首行的左边界不变,其余各行的左边界向右缩进一定距离。

③ 左缩进：指整个段落的左边界向右缩进一定的距离。

④ 右缩进：指整个段落的右边界向左缩进一定的距离。

这四种缩进设置不仅可以单独使用，也可以组合使用。四种缩进设置的效果如图 7-13 所示。

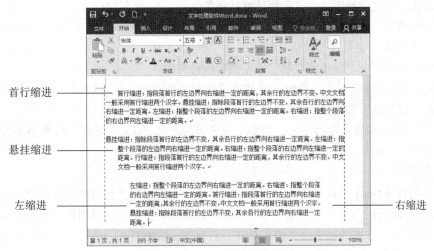

图 7-13　段落缩进的效果

设置段落的缩进常用以下两种方法：

① 利用标尺设置。

如果 Word 窗口中没有标尺显示，首先需要选中"视图"选项卡→"显示"组→"标尺"复选框来显示标尺。

在水平标尺上有设置段落缩进的游标，每个游标的具体作用如图7-14所示。设置段落的缩进，首先要选中段落或将插入光标定位于要设置的段落内，将鼠标指针移到对应的游标上，按住鼠标左键在标尺上左右拖动到合适的位置即可。

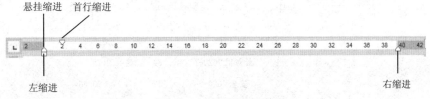

图 7-14　标尺的游标说明

② 利用"段落"对话框设置。

虽然使用标尺可以快速地设置段落缩进，但是不便于精确设置。利用"段落"对话框可以精确设置缩进距离，在"段落"对话框中选择"缩进和间距"选项卡，在"特殊格式"下拉列表框中选择"首行缩进"或"悬挂缩进"选项，在右侧的"缩进值"数字框中输入或选择相应的缩进量；在"左侧"、"右侧"数字框中输入或选择相应数值，可以设置左、右缩进量。

> **提示：** "段落"对话框中的所有度量单位可以是行、磅、字符、英寸、厘米。设置时，如果行缩进的默认单位是"字符"，而设置值的单位为厘米，可以在输入设置值的同时输入单位即可。如果要改变默认的度量单位，可选择"文件"菜单→"选项"命令，在打开的"Word选项"对话框中单击"高级"选项，在"显示"选项区域中选择"度量单位"设置即可。

（3）设置段间距和行间距

段间距用于调整上、下两个段落之间的距离，包括"段前"和"段后"两种间距。"段前"间距是指当前段的第一行与上一段的最后一行之间的距离，"段后"间距是指当前段的最后一行与下一段的第一行之间的距离，段间距的默认值为0。

行间距用于调整一个段落内的行与行之间的距离，行间距的默认值为1，即"单倍行距"。

段间距和行间距，也是在"段落"对话框的"缩进和间距"选项卡中设置。注意，在行间距设置中，需要正确区分"最小值"和"固定值"两种类型。

① 最小值：表示设置一个行距值，当文字或图形高度超过设定行距时，Word 会自动调整当前行的行距，以保证完整地显示当前行中超高的文字或图形。

② 固定值：表示设置一个行距值，当文字或图形高度超过设定行距时，行距值不变，超过行距的那部分内容不显示，因此超高的文本或图形则不能完整显示。

3. 设置制表位

制表位是指按【Tab】键后，插入点移动到的位置。有的用户是利用插入空格的方法来达到各行文本之间的列对齐。显然，这不是一个好方法。通过制表位很容易做到各行文本的列对齐。Word 提供了五种对齐方式的制表位，即左对齐、右对齐、居中对齐、小数点对齐和竖线对齐，根据需要选择并设置制表位间的距离。

（1）利用标尺设置

在水平标尺的左端有一个"制表位"按钮，单击该按钮可以在五种制表位和两种缩进符之间进行切换。利用水平标尺设置图 7-15 所示的制表位，具体操作步骤如下：

① 将插入点置于要设置制表位的段落。

② 单击水平标尺左端的"制表位"按钮，选取一种制表位类型，如左对齐式制表符。

③ 在水平标尺上放置制表位处单击，此时在该位置上出现选定的制表位图标。

④ 重复②、③步骤，依次设置其他的制表位。

图 7-15　利用标尺设置制表位

设置好制表位后，当输入文本并按【Tab】键时，插入点将依次移到所设置的下一制表位。如果需调整制表位的位置，将鼠标移到标尺的制表位上，按住鼠标左键左右拖动即可；如果要删除制表位，只需将制表位拖出标尺。删除制表位后，原来按照此制表位对齐的文本将移至下一制表位处对齐。

（2）利用"制表位"对话框

利用标尺创建制表位虽然方便快捷，但如果要精确设置制表位的位置或添加前导符等操作，还需要使用"制表位"对话框来实现，具体操作步骤如下：

① 将插入点置于要设置制表位的段落。

② 单击"开始"选项卡→"段落"组的对话框启动器按钮，打开"段落"对话框。

③ 在"段落"对话框的底部，单击"制表位"按钮，打开"制表位"对话框，如图 7-16 所示。

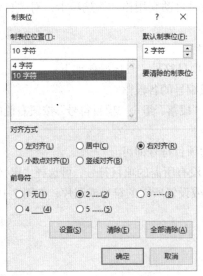

图 7-16　"制表位"对话框

④ 在"制表位位置"文本框中输入设置制表位的位置值，在输入值的同时可以输入单位。

⑤ 在"对齐方式"选项区域中选择该制表位的对齐方式。

⑥ 如果要填充当前制表位与其左侧制表位之间的空白，可在"前导符"选项区域中选择一种合适的前导符。

⑦ 单击"设置"按钮，则新添加的制表位显示在"制表位位置"列表框中。

⑧ 重复④～⑦步骤，可以设置其他制表位。

若想清除某个制表位，可以在"制表位位置"列表框中选中要删除的制表位，单击"清除"按钮即可，若单击"全部清除"按钮，则清除选定段落的全部制表位。

4. 项目符号与编号

为提高文档的可读性，在编辑文档时通常会在某些段落的前面加上编号或特定的符号。手工输入段落编号或项目符号不仅效率低，而且在添加、删除某些段落时易出错。在 Word 中，可以在输入文本时自动为段落创建编号或项目符号，也可为已输入的各段文本添加编号或项目符号。

（1）输入文本时自动创建项目符号和编号

① 自动创建项目符号。

输入文本时，在段首输入一个星号"*"后跟一个空格，然后输入文本。当输完一段内容按【Enter】键后，星号会自动变成圆点的项目符号，并在新一段的开始处自动添加同样的项目符号。这样，逐段输入，每一段前都有一个项目符号。如果要结束自动添加项目符号，可以按【Backspace】键删除插入点前的项目符号，或再按一次【Enter】键。

② 自动创建段落编号。

输入文本时，在段首输入如"1."" （1）""一、""A."等格式的起始编号，然后输入文本，再按【Enter】键，接下来的操作步骤与自动创建项目符号类似。这些建立了段落编号的段落中删除或插入某一段时，其余的段落编号会自动修改，不必人工干预。

若要设置或取消此项功能，应在 Word 2016 中，单击"文件"菜单→"选项"命令，在打开的"Word 选项"对话框中，选择"校对"选项，再单击"自动更正选项"按钮，在打开的"自动更正"对话框中选择"键入时自动套用格式"选项卡，对"自动项目符号列表"和"自动编号列表"复选框取消选中即可。

（2）添加项目符号和编号

如果为已输入的文本添加项目符号，具体操作如下：

① 选中要设置项目符号或编号的各段落。

② 单击"开始"选项卡→"段落"组→"项目符号"按钮右侧的下拉按钮，展开"项目符号"列表框，如图 7-17 所示。

③ 在列表中，选定需要的项目符号即可。

④ 若"项目符号"列表中没有所需的项目符号，可选择"定义新项目符号"命令，打开"定义新项目符号"对话框，选定或设置所需的符号或图片，如图 7-18 所示。

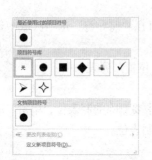

图 7-17　"项目符号"列表框　　　　　　图 7-18　"定义新项目符号"对话框

如果为已输入的文本添加段落编号，先选中要设置的各段落，单击"段落"组→"编号"下拉按钮，打开"编号"下拉列表框，接下来的操作步骤与添加项目编号操作类似，读者自行练习。

5. 设置首字下沉

在报纸和杂志中经常看到段落首字下沉的设置效果，这样可以突出段落，吸引读者的注意。在 Word 2016 中，设置首字下沉的具体操作步骤如下：

① 将插入光标置于设置首字下沉的段落内。

② 单击"插入"选项卡→"文本"组→"首字下沉"下拉按钮。

③ 在展开的下拉列表框中选择"首字下沉选项"命令，打开"首字下沉"对话框，如图 7-19 所示。

④ 在"位置"选项区域中选择"下沉"或"悬挂"方式。

⑤ 在"选项"选项区域中设置首字的字体、下沉行数和距正　图 7-19　"首字下沉"对话框

文的位置，并确认。

如果要取消首字下沉设置，在"首字下沉"对话框的"位置"选项区域中选择"无"方式即可。

6. 底纹和边框格式化

Word 提供了为文档中的文字、段落添加边框和底纹的功能。如果运用合理，能够起到突出重点的显示效果。

（1）添加边框

为文档中的部分文本或段落添加边框的具体操作步骤如下：

① 选定要添加边框的文本区域或段落。

② 单击"开始"选项卡→"段落"组→"边框"下拉按钮，在展开的下拉列表框中选择"边框和底纹"命令，打开"边框和底纹"对话框，选择"边框"选项卡，如图 7-20 所示。

图 7-20　"边框和底纹"对话框 – "边框"选项卡

③ 在"设置"选项区域，选择一种边框类型。

④ 在"样式"、"颜色"和"宽度"列表框中，根据要求逐项选择，设置边框线的外观效果。

⑤ 在"预览"选项区域，通过单击其左侧和下方的边框线按钮，可以设置或取消四个边的任意边框线。

⑥ 在"应用于"下拉列表中选择为"段落"或"文字"添加边框，单击"确定"按钮，即可为选定的文字或段落添加指定格式的边框。

另外，在"边框和底纹"对话框中，选择"页面边框"选项卡，可以为整个页面添加边框。具体操作与为段落添加边框类似，读者自行练习，不再赘述。

（2）添加底纹

为文档中的部分文本或段落添加底纹的具体操作步骤如下：

① 选定要添加底纹的文本区域或段落。

② 在"边框和底纹"对话框中选择"底纹"选项卡，如图 7-21 所示。

③ 可以分别设置填充底纹的颜色、填充图案的样式和颜色。

④ 再选择底纹的应用范围，即当前"段落"还是选中的"文字"，单击"确定"按钮。

图 7-21 "边框和底纹"对话框 – "底纹"选项卡

若要取消已经设置的底纹，可在"底纹"选项卡的"填充"选项区域选择"无颜色"选项；如果只是取消填充图案，可在"样式"下拉列表框中选择"清除"选项。

7.2.3 使用样式与模板格式化

为了帮助用户提高文档的排版质量和排版效率，Word 2016 提供了两种重要的排版工具，即样式和模板。利用样式排版，可以直接将文字和段落快速设置成事先定义好的格式；利用模板排版，可以轻松制作出格式规范、制作精美的各类文件，如传真、信函、会议等。

1. 样式

样式是一组已命名的字符格式和段落格式的组合。例如，一篇文档有各级标题、正文、页眉和页脚等，它们都有各自的字体格式和段落格式，这些格式可以分别以样式进行保存，以便在以后的设置中重复使用。

（1）新建样式

若用户想建立自己的样式，通常利用"样式"任务窗格来完成。

① 选中已经设置好格式的文本或段落。

② 单击"开始"选项卡→"样式"组的对话框启动器按钮，显示"样式"任务窗格，如图 7-22 所示。

③ 单击"样式"任务窗格中左下角的"新建样式"按钮 ，打开"根据格式设置创建新样式"对话框，如图 7-23 所示。

④ 在"名称"文本框中输入新建样式的名称，在"样式类型"下拉列表框中选择新建样式的类型，即"段落"或"字符"等。

⑤ 根据需要对文字或段落等进行格式设置。最后单击"确定"按钮，完成创建。

（2）应用样式

Word 中已存有大量的标准样式和用户自定义样式，利用样式可以对文档进行快速格式化。具体操作步骤如下：

① 选定要进行格式化的文本或段落。

图 7-22 "样式"任务窗格

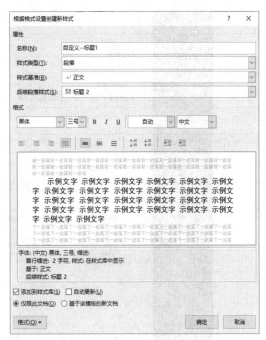

图 7-23 "根据格式设置创建新样式"对话框

② 单击"开始"选项卡→"样式"组→"样式"下拉按钮,打开样式列表,显示当前文档所有可使用的全部样式。

③ 从列表中选择一种样式,则该样式的格式自动应用于选定的文本。

（3）修改和删除样式

如果对现有样式中的某些格式不满意,可以对其进行编辑修改。修改样式的操作为:单击"开始"选项卡→"样式"组的对话框启动器按钮,打开"样式"任务窗格;在"样式"列表框中单击要修改样式名称右侧的下拉按钮,在展开的下拉菜单中选择"修改"命令,在打开的"修改样式"对话框中进行修改;如果选择"全部删除"命令,可将选定的样式删除。

2. 模板

样式为文档中的不同段落或文字设置相同格式提供了便利,而模板是为创建形式相同、内容有所不同的专业性文档提供了便利。

模板就是由多个特定样式组合而成的一个特殊文档。Word 提供的模板包括:书法字帖、信函、报告、简历、报表、新闻稿等类型,它们以 .dotx 文件存放在 Templates 文件夹下。

（1）应用模板

如果想利用现有模板创建文档,选择"文件"菜单→"新建"命令,在打开的"新建"窗口的"可用模板"列表中,单击可用模板进行创建,如图 7-24 所示。

（2）创建模板

Word 在提供了大量模板的同时,还允许用户利用现有文档创建自己的专用模板,具体操作步骤如下:

① 打开已设计好各种格式的文档。

② 选择"文件"菜单→"另存为"命令,打开"另存为"对话框,在"保存类型"下拉列表框中选择"Word 模板"选项。

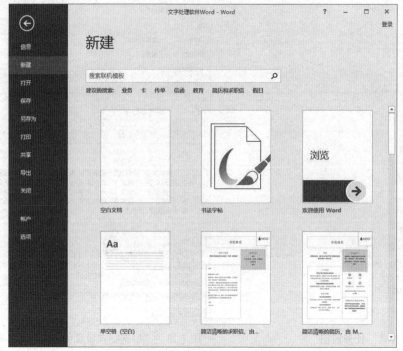

图 7-24 "可用模板"列表

③ 在"文件名"文本框中输入新建模板名。

④ 在"保存位置"下拉列表框中选择存放模板的文件夹。

⑤ 单击"保存"按钮，即完成自定义模板的创建。

3. 格式刷

使用格式刷，可以实现字符格式和段落格式的复制，即可以快速地将已经设置好的字符格式或段落格式应用于其他文本，具体操作步骤如下：

① 选定已经设置好格式的文本或将插入点置于该文本区的任意位置。

② 单击"开始"选项卡→"剪贴板"组→"格式刷"按钮，此时鼠标指针呈形状。

③ 移动鼠标指针到要应用该格式的文本起始位置，按住左键，拖动鼠标到应用格式文本的结束位置，释放鼠标左键完成格式复制。

按上述操作,格式刷功能只能使用一次。如果要在多处使用同一种格式,则需要双击"格式刷"按钮，然后再进行格式复制的操作。完成格式复制后，还应再次单击"格式刷"按钮，取消格式刷的作用，结束复制格式的操作。

7.3 对象的编辑与排版

Word 2016 不仅提供了强大的文字处理功能，同时也提供了图形处理功能。它在编辑文档时还可以插入图片、形状、SmartArt 图形、艺术字、数学公式和文本框等对象，并能进行图文混排，可以排出丰富多彩的版面。本节以图形、图片为例，介绍对象的编辑与格式化，其他对象操作类似，不再赘述。

7.3.1 对象的插入与编辑

在文档编辑中，用户可以将多种来源（包括从网站下载、从网页复制、从其他文件复制或从保存图片的文件插入）的图片、图形等插入文档，使文档更加美观。

1. 绘制图形

在 Word 2016 中，可以插入一个形状或由多个形状组成的一个图形。可用形状包括：线条、矩形、基本形状、箭头总汇、公式形状、流程图、星与旗帜和标注等。绘制图形的具体操作步骤如下：

① 单击"插入"选项卡→"插图"组→"形状"下拉按钮，展开"形状"下拉列表框，如图 7-25 所示。

② 选择需要的形状，此时鼠标指针呈"＋"形状，将鼠标指针移动到插入图形的位置，按住鼠标左键并拖动至所需大小，释放鼠标左键即可完成图形的插入。

在绘制图形时，如果绘制的图形是圆形或者正方形，在"形状"下拉列表框中选中椭圆或矩形形状后，先按住【Shift】键不放，再按住鼠标左键拖动至所需大小即可绘制所需图形。

2. 插入图片文件

图 7-25　"形状"下拉列表框

插入图片文件是将保存在磁盘上独立的图片文件插入到文档的指定位置，成为文档的一部分，插入后的图片还可对其进行多项编辑操作。

插入图片时，单击"插图"组→"图片"按钮，打开"插入图片"对话框，选择图片插入即可。单击"插入"的下拉按钮，可以看到图片插入文档的三种方式，如图 7-26 所示。

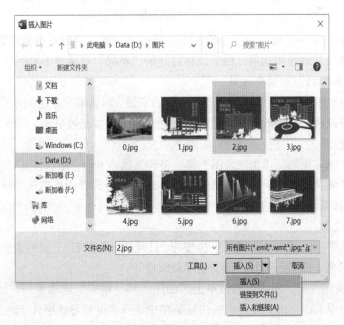

图 7-26　插入图片的三种方式

① 插入：以嵌入式形式插入到当前文档中，并将图片保存在当前文档中。

② 链接到文件：将插入当前文档的图片与图片文件建立链接关系，当前文档中只保存图片文件的路径和文件名。

③ 插入和链接：将文档中的图片或图片文件建立链接关系，同时将图片保存在文档中。

在默认情况下，图片以"插入"的方式插入到文档中。插入图片的操作也可以利用剪贴板完成。用户将 Windows 其他软件的图片通过"复制"或"剪切"操作放入剪贴板，然后再将剪贴板中的内容粘贴到当前文档的指定位置。

> **提示：** 在 Word 2016 的文档中可以直接插入下列格式的图片文件：.emf、.gif、.jpg、.png、.bmp 等。

7.3.2 对象的格式化

1. 图形格式化

（1）编辑图形

在选定一个图形后，在其周围会出现一些控制点，如图 7-27 所示。其中，"图形控制点"用于快速调整图形的大小和纵横比；"形状控制点"用于改变图形的外观；"旋转控制点"用于控制图形的旋转。

图 7-27　绘制图形示例

如果要对图形的大小、旋转角度、位置等进行精确设置，可以右击要设置的图形，在弹出的快捷菜单中选择"其他布局选项"命令，在打开的"布局"对话框中对图形进行精确设置。

（2）设置图形的线型和填充效果

在 Word 中，绘制图形的默认线型为蓝色 1 磅的实线，默认填充蓝色。为了使图形更加美观，用户可根据需要修改图形对象的边框线粗细、线型、颜色和填充效果。

① 设置图形边框。

具体操作为：选定图形，单击"绘图工具－格式"选项卡→"形状样式"组→"形状轮廓"下拉按钮，展开"形状轮廓"下拉列表框，如图 7-28 所示，设置图形边框的颜色、粗细和线型，若图形为箭头还可以设置箭头的类型等。

② 设置填充效果。

单击"形状样式"组→"形状填充"下拉按钮，打开"形状填充"下拉列表框，如图 7-29 所示，设置图形填充的颜色、图案、图片、渐变处理及纹理等。

设置线型和填充效果，还可以通过单击"绘图工具－格式"选项卡→"形状样式"组的对话框启动器按钮，或右击图形，在弹出的快捷菜单中选择"设置形状格式"命令，在打开的"设置形状格式"任务窗格中进行设置，如图 7-30 所示。同时在该任务窗格中也可以对选中图形进行阴影、映像、三维格式、三维旋转等效果的设置。

（3）为自选图形添加文字

　　右击要添加文字的自选图形（线条除外），在弹出的快捷菜单中选择"添加文字"命令，在该图形上会出现插入光标，这时即可直接输入要添加的文字。插入到图形中的文字与图形一起移动，与文档中的文字一样进行格式设置。还可在"设置形状格式"任务窗格中设置其填充、边框、阴影、三维格式以及在图形中的对齐、边距位置等，如图 7-31 所示。

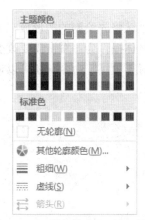

图 7-28　"形状轮廓"下拉列表框

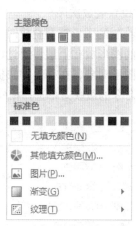

图 7-29　"形状填充"下拉列表框

图 7-30　"设置形状格式"窗格 – "形状选项"

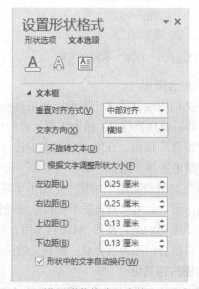

图 7-31　"设置形状格式"窗格 – "文本选项"

（4）多个图形的操作

① 选定图形。

当选取多个图形对象时，可按住【Shift】键或【Ctrl】键，依次单击要选取的对象。

② 对齐图形。

在对多个图形进行操作时，经常需要这些图形以某种方式对齐，Word 提供了自动对齐功能。具体操作为：选定一组图形对象，单击"格式"选项卡→"排列"组→"对齐"下拉按钮，展开"对齐"下拉列表框，如图 7-32 所示；在列表中选择需要的对齐方式命令，即可将图形对象按指定的对齐方式进行设置。

③ 设置叠放次序。

当绘制的图形需要叠放时，会涉及叠放的层次问题。系统默认将先绘制的图形放在下层，后绘制的图形放在上层。通过设置可以改变默认的叠放次序。具体操作为：右击需要改变叠放层次的图形对象，在弹出的快捷菜单中选择"置于底层"或"置于顶层"命令，还可以通过对这两个命令的级联菜单选择相应的命令进行设置，如图 7-33 所示。

图 7-32 "对齐"下拉列表框

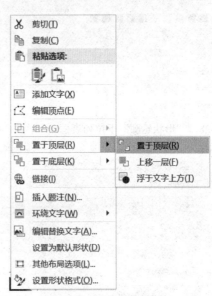

图 7-33 设置叠放顺序

④ 组合图形。

在文档中绘制的多个图形，如果这些图形以后作为一个整体对象使用时，需要对它们进行合并操作。具体操作是：选中需要组合的多个图形，单击"绘图工具－格式"选项卡→"排列"组→"组合"按钮，在展开的列表中选择"组合"命令，或者右击选中的组合图形，在弹出的快捷菜单中选择"组合"项→"组合"命令，这样选中的多个图形就组合成一个图形。

若要对组合图形中的某一个图形单独进行编辑操作，可以在选中组合图形后，再单击需要操作的图形，就可以对该图形进行单独操作。

取消图形的组合操作，只需右击组合的图形对象，在快捷菜单中选择"组合"项→"取消组合"命令，将组合的图形拆分成一组独立的图形。

2. 图片格式化

插入到文档中的图片通常需要经过编辑后才能达到满意的效果。图片的编辑包括图片的缩放、位置、裁剪、环绕方式、亮度和对比度、艺术效果等。

（1）调整图片大小

要快速调整图片大小，可以使用鼠标直接拖动图片的 8 个控制点，如图 7-34 所示。

　　但如果要精确调整图片大小，还需要在对话框中进行设置。具体操作为：右击图片，在弹出的快捷菜单中选择"大小和位置"命令，打开"布局"对话框，选择"大小"选项卡，如图 7-35 所示。

图 7-34　图片的控制点

图 7-35　"布局"对话框 –"大小"选项卡

　　① "高度"和"宽度"选项区域：设置图片的高度和宽度值。

　　② "旋转"选项区域：设置图片的旋转角度。

　　③ "缩放"选项区域：可以输入图片高度和宽度的缩放比例。若选中"锁定纵横比"复选框，在调整图片大小时不改变图片的纵横比。

　　④ "重置"按钮：单击该按钮，可恢复图片的原始尺寸。

　　（2）裁剪图片

　　对插入文档中的图片，如果只需要图片中的一部分内容，此时可以使用 Word 提供的裁剪功能对图片进行裁剪，以达到最终需要的效果。具体操作步骤如下：

　　① 选中需要裁剪的图片。

　　② 单击"绘图工具 – 格式"选项卡→"大小"组→"裁剪"下拉按钮，展开"裁剪"下拉列表框，如图 7-36 所示。

图 7-36　"裁剪"下拉列表框

　　③ 选择"裁剪"命令，在选中的图片上出现裁剪控制点，将鼠标移到控制点上进行拖放即可实现裁剪；如果选择"裁剪为形状"命令并选中需要裁剪的最终形状，图片即可裁剪为选中形状的图片形式；如果选择"纵横比"命令，按照给定的纵横比对图片进行裁剪。

　　（3）调整图片的显示效果

　　选中图片，利用"绘图工具 – 格式"选项卡"调整"组中的相应按钮，可以对图片的颜色、亮度、艺术效果等进行设置。"图片样式"组可以对图片的样式、边框、效果等进行设置；也可以通过单击"绘图工具 – 格式"选项卡→"图片样式"组的对话框启动器按钮，或右击图片，在弹出的快捷菜单中选择"设置图片格式"命令，在显示的"设置图片格式"任务窗格中选择相应的选项进行设置，如图 7-37 所示。

（4）压缩图片

由于图片占用的存储空间较大，因此添加图片后的文档所占用存储空间也会随着增大。通过压缩图片，可以减小文档的存储空间，提高文档的打开速度。具体操作是：选中图片，单击"绘图工具 – 格式"选项卡→"调整"组→"压缩图片"按钮，打开"压缩图片"对话框，如图 7-38 所示。在"压缩选项"选项区域选择"仅应用于此图片"复选框和"删除图片的裁剪区域"复选框，单击"确定"按钮，即可对图片进行压缩设置。

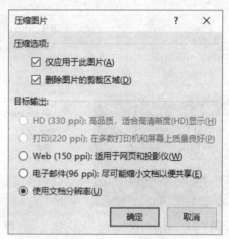

图 7-37　"设置图片格式"任务窗格　　　　图 7-38　"压缩图片"对话框

7.3.3　图文混排

图文混排是用来设置文档编排的特殊效果，主要是体现图形对象与周围文字之间的关系以及图形对象在页面中的相对位置。

1. 设置对象的环绕方式

图形、图片、艺术字、文本框等对象，都可以看作图形对象。每一类图形对象都可以设置它与正文文字之间的相对关系，称为环绕方式。对于不同的图形对象设置环绕方式的操作基本相同，这里以图片为例，介绍其具体的操作。

① 选中需要设置环绕方式的图片。

② 单击"绘图工具 – 格式"选项卡→"排列"组→"环绕文字"下拉按钮，从其下拉列表框中选择所需的环绕方式，即可实现图片的常规环绕设置，如图 7-39 所示。

③ 如果需要精确设置，应选择"其他布局选项"命令，打开"布局"对话框的"文字环绕"选项卡，如图 7-40 所示。

④ 在该选项卡中，可以对图片的环绕方式、距正文的相对距离进行设置。

图 7-39　"环绕方式"下拉列表框　　　　图 7-40　"布局"对话框 – "文字环绕"选项卡

2. 设置对象的位置

对象的位置就是指定对象在页面中的放置位置。下面以图片为例介绍设置对象位置的具体操作步骤：

① 选中要设置位置的图片。

② 单击"绘图工具 – 格式"选项卡→"排列"组→"位置"下拉按钮，从其下拉列表框中选择所需的图片放置方式，如图 7-41 所示。

③ 若要精确设置图片位置，应选择"其他布局选项"命令，打开"布局"对话框的"位置"选项卡，如图 7-42 所示。

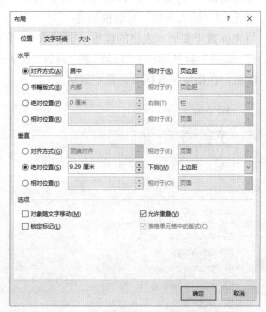

图 7-41　"位置"下拉列表框　　　　图 7-42　"布局"对话框 – "位置"选项卡

④ 在该选项卡中，可以对图片放置的水平和垂直距离，按照相对位置或绝对位置进行设置。对象的嵌入型是将对象作为字符来处理的，它的位置与输入的字符一样，因此不能对嵌入型对象进行精确位置的设置。

7.4 表格处理与排版

在编辑文档时，使用表格来表达某一事物，是一种简明、扼要的表达方式。表格由行和列组成，结构严谨，效果直观。往往一张简单的表格可以代替大篇的文字叙述，所以在各种经济、科技等文章中常见到表格的应用。利用 Word 提供的表格处理功能，可以实现表格的创建、编辑、格式化等操作，也可以对表格中的数据进行简单处理。

7.4.1 表格的基本操作

1. 创建表格

在创建表格时，一般要先指定表格的行数和列数，生成一个空表，然后向单元格输入内容；有时也需要将已有的文字直接转换为表格。在"插入"选项卡的"表格"组中提供了多种创建表格的方法。

（1）创建简单表格

简单表格是指由若干行和列构成的表格，而且在表格中只有贯通的横线和竖线，不会出现斜线。常用的创建基本表格方法有如下两种：

① 利用"表格"按钮创建。

将光标置于要插入表格的位置。单击"插入"选项卡→"表格"组→"表格"下拉按钮，展开"表格"下拉列表框，如图 7-43 所示。使用鼠标在下拉列表框中的表格区域拖动，在其上方显示插入表格的列数 × 行数，拖动到合适的行、列处单击，即可在文档中插入相应大小的空表。

② 利用"插入表格"对话框创建。

将光标置于要插入表格的位置。选择"表格"下拉列表框→"插入表格"命令，弹出"插入表格"对话框，如图 7-44 所示。在"行数"和"列数"数字框中分别输入要创建表格的行、列数。单击"确定"按钮，在指定位置插入一张空表格。

图 7-43　"表格"下拉列表框

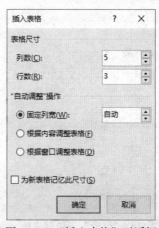

图 7-44　"插入表格"对话框

（2）将文本转换为表格

在输入文本时，如果将表格的内容同时输入，并用制表符或空格等符号分隔了各列，使用段落标记标明换行，那么可将这类文本直接转换为表格。具体操作步骤如下：

① 选定已用分隔符分隔好的文本。

② 选择"表格"下拉列表框→"文本转换成表格"命令，打开"将文字转换成表格"对话框，如图 7-45 所示。

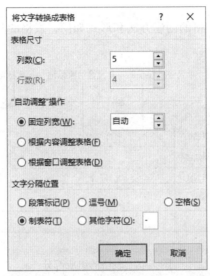

图 7-45　"将文字转换成表格"对话框

③在"文字分隔位置"选项区域，选择或输入文本中各列之间使用的分隔符。

④单击"确定"按钮，即可将选定文本转换为表格。

文本转换成表格的前后效果如图 7-46 所示。

国家·金牌·银牌·铜牌·总数↵
中国·51·21·28·100↵
美国·36·38·36·110↵
俄罗斯·23·21·28·72↵

国家	金牌	银牌	铜牌	总数
中国	51	21	28	100
美国	36	38	36	110
俄罗斯	23	21	28	72

（a）转换前的文本　　　　　　　　　　　　（b）转换后的表格

图 7-46　将文本转换成表格的示例效果

提示： 在 Word 中，也可以实现将现有的表格转换成文本。具体操作为：先选定要转换的表格；然后单击"表格工具–布局"选项卡→"数据"组→"转换为文本"按钮，打开"表格转换成文本"对话框，如图 7-47 所示；在对话框中选择转换后各文本间的分隔符，单击"确定"按钮即可。

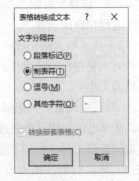

（3）快速插入表格

将光标置于要插入表格的位置，单击"插入"选项卡→　图 7-47　"表格转换成文本"对话框

"表格"组→"表格"下拉按钮→"快速表格"命令，在展开的子列表中选择一种合适的表格形式，即可在文档的指定位置插入表格。

（4）手工绘制表格

如果想创建不规则的表格，可以手动绘制。选择"表格"下拉列表框→"绘制表格"命令，鼠标指针转换为铅笔状 ✎。根据需要，在表格边框中绘制合适的行与列，完成表格绘制。在绘制过程中，Word 会自动显示"表格工具 – 设计"选项卡，可以利用其中的按钮设置表格边框线或擦除绘制错误的表格线等。

在 Word 2016 中，不论表格的创建方法和形式如何，表格的基本组成是相同的，如图 7-48 所示。

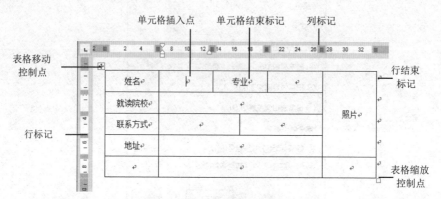

图 7-48　表格的组成部分

表格创建好以后，可在表格的任意单元格中输入文本。单元格是一个小的文本编辑区，其中文本的输入和编辑操作与 Word 中正文的编辑操作基本相同。

2. 编辑表格

表格创建后，可以使用"表格工具 – 设计"选项卡、"表格工具—布局"选项卡实现对表格的所有操作。编辑表格，必须"先选定，后操作"，即先选定整个表格或单元格区域，然后再执行相应的操作。

（1）选定表格

当鼠标悬停在表格上时，表格的左上角会出现表格移动控制点标记 ⊞，单击该标记，可选定整个表格。此外，也可用拖动鼠标的方式选定整个表格。

另外，选定单元格、行、列或表格的操作，还可以通过"表格工具 – 布局"选项卡→"表"组→"选择"按钮，在展开的下拉列表框中根据需要选择"单元格""行""列""表格"等命令进行相应的选取。

（2）插入单元格、行或列

在对表格进行插入操作前，必须明确插入单元格的位置和插入区域的大小。

① 插入单元格。选定插入位置上的单元格或单元格区域后右击，在弹出的快捷菜单中选择"插入"→"插入单元格"命令，或单击"表格工具 – 布局"选项卡→"行和列"组的对话框启动器按钮，均可打开"插入单元格"对话框，如图 7-49 所示；选择一种插入方式，单击"确定"按钮。

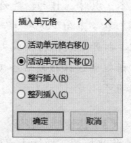

图 7-49　"插入单元格"对话框

② 插入行或列。先将光标置于要插入行的某一单元格内，单击"行和列"组→"在上方插入"或"在下方插入"按钮，即可在光标所在行的上方或下方插入一个新的行；如果在"行和列"组中单击"在左侧插入"或"在右侧插入"按钮，即可在光标所在列的左侧或右侧插入一个新列。

若想在表格中快速插入一行，可以先将插入光标置于表格的右边线和当前行结束标记之间，再按【Enter】键，即可在光标所在行的下方插入一个空行。

（3）删除单元格、行或列

将光标定位到某一单元格，单击"行和列"组→"删除"下拉按钮，展开如图 7-50 所示的下拉列表；根据需要选择相应的命令，即可删除指定对象。如果选择"删除单元格"命令，会打开"删除单元格"对话框，如图 7-51 所示，在其中选择某种删除方式后，单击"确定"按钮即可。

图 7-50　"删除"下拉列表框

图 7-51　"删除单元格"对话框

（4）合并和拆分单元格

在绘制实际表格时，经常会遇到不规则的表格，这时就需要对单元格进行合并或拆分操作。

① 合并单元格。具体操作为：先选定多个连续的单元格，单击"表格工具 – 工具"选项卡→"合并"组→"合并单元格"按钮，将选定的多个单元格合并为一个单元格。或者右击选定的单元格区域，在弹出的快捷菜单中选择"合并单元格"命令，也可实现单元格的合并。

② 拆分单元格。将光标置于要拆分的单元格内，单击"合并"组→"拆分单元格"按钮，打开"拆分单元格"对话框，如图 7-52 所示；在"列数"和"行数"数字框中设置拆分后的单元格的数值，单击"确定"按钮。

如果拆分操作选定的是多个单元格，应在对话框中选择"拆分前合并单元格"复选框，表示将选定的单元格区域先合并为一个单元格，然后再执行拆分操作。

图 7-52　"拆分单元格"对话框

（5）拆分表格

拆分表格是指将一个表格从某行分成上下两个完整的表格，具体操作为：将插入光标置于分界行内。单击"合并"组→"拆分表格"按钮，即将原先的一个表格拆分成两个表，光标所在行及其下边的各行组成一个表格，插入光标上边的各行组成一个表格。

7.4.2　表格的格式化

表格像图形对象一样，可以进行整体复制、移动、删除和缩放，以及对齐方式、文字环绕等。

1. 设置行高和列宽

（1）利用标尺设置

通过鼠标拖动表格线，可以快速改变表格的行高和列宽。例如，拖动列的右边线，不仅影响当前列的宽度，也会影响其右邻列的列宽，但表格的整体宽度保持不变。用同样的方法拖动行的下边线实现对行高的调整。

拖动标尺滑块。先将插入光标置于表格中，按住鼠标左键拖动要调整列右边线对应的水平标尺上的滑块，可调整对应列的列宽。这样只影响当前列的宽度和整个表格的宽度。若同时按住【Alt】键再拖动滑块，在标尺上会显示每列列宽的提示。在垂直标尺上，用同样的方法可以实现对行高的调整。

（2）利用"单元格大小"组设置

将光标置于表格内，在"表格工具–布局"选项卡→"单元格大小"组的"高度"和"宽度"数字框中输入设置值，可实现精确调整光标所在的行或列。若单击"自动调整"下拉按钮，在打开的下拉列表框中选择"根据内容自动调整表格"、"根据窗口自动调整表格"和"固定列宽"命令，可对表格实现自动调整。

（3）利用"表格属性"对话框设置

在表格内右击，在弹出的快捷菜单中选择"表格属性"命令，打开"表格属性"对话框，如图7-53所示；在"行"选项卡中可设置指定行的行高，在"列"选项卡中可设置指定列的列宽。

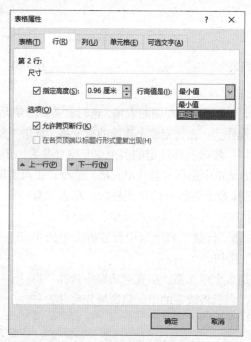

图 7-53 "表格属性"对话框

如果设置行高，在"行高值是"下拉列表框中有"最小值"和"固定值"两个选项，要注意区分。

① 最小值：表示指定一个最小行高，当单元格中的文本超过设定的行高值时，行高会自动调整，以容纳更多的内容。

② 固定值：表示设置的行高值保持不变，当单元格中的文本超过设定的行高值时，超过部分不予显示。

2. 格式化表格文本

每个单元格的内容都可以看作一个独立的文本。这些文本的字体格式、段落格式等设置同

Word 中的正文设置。

（1）设置单元格对齐方式

表格文本除了在水平方向有左对齐、居中和右对齐三种对齐方式，在垂直方向有靠上、中部和靠下三种对齐方式，由此，Word 单元格文本的对齐方式有九种。

单元格对齐方式的设置，先要选定设置对齐方式的单元格区域，在"表格工具 – 布局"选项卡→"对齐方式"组中单击相应的对齐方式，如图 7-54 所示。

（2）设置文字方向

默认情况下，在表格中的文字字头朝上，并沿水平方向显示。实际上，Word 允许表格中的文本有五种朝向显示。具体操作为：先选定要设置文字方向的单元格区域并右击，在弹出的快捷菜单中选择"文字方向"命令，打开"文字方向 – 表格单元格"对话框，选择相应的文字方向，如图 7-55 所示。

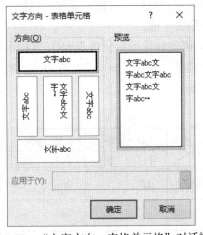

图 7-54　"对齐方式"组　　　　图 7-55　"文字方向 – 表格单元格"对话框

另外，在选定单元格区域后，单击"对齐方式"组→"文字方向"按钮，也可实现文字方向的切换。

3. 标题行重复

当一张表格超过一页时，为了查阅方便，通常希望在第二页的续表中也包括表格的标题行。Word 提供了重复标题行的功能，具体操作为：先选定表格中需要重复的标题行；再单击"表格工具 – 布局"选项卡→"数据"组→"重复标题行"按钮即可。

这样，Word 自动会为因分页而拆开的续表添加标题行，在页面视图方式下可以查看重复的标题。用这种方法重复的标题，修改时只需修改第一页表格的标题。

4. 绘制斜线表头

有时为了更清楚地指明表格的内容，需要在表头中用斜线将表格中的内容按类别分开。在表头的单元格内添加斜线的方法有两种。

（1）绘制单条斜线

① 将插入光标置于绘制斜线的表格内。

② 单击"表格工具 – 设计"选项卡→"边框"组→"边框"按钮，展开"边框"下拉列表。

③ 在该列表中只有两种斜线可供选择，即"斜下框线"和"斜上框线"，这里选择"斜下框线"命令，表头的设置效果如图 7-56 所示。

（2）绘制多条斜线

在 Word 2016 中，如果绘制多条斜线表头，必须经过绘制直线和添加文本框的过程，具体操作步骤如下：

① 将插入光标置于绘制斜线的单元格内。

② 单击"插入"选项卡→"插图"组→"形状"按钮。

③ 在展开的"形状"下拉列表框中选择"直线"命令，这时鼠标指针呈"+"形状；在指定的单元格内绘制斜线，如果需要绘制两条斜线，重复绘制操作即可，最后调整斜线的方向、长度和颜色等以适应需要。

④ 在绘制好斜线的表头中添加文本框。单击"插入"选项卡→"文本"组→"文本框"按钮，在打开的下拉列表中选择"绘制文本框"命令，重复此操作，在斜线处继续添加其他文本框。

⑤ 在文本框中输入文字，调整文字及文本框的大小，可将文本框旋转一个适当的角度以达到最佳的视觉效果。可在"设置形状格式"任务窗格的"文本选项"中设置文本框内边距，使文字充满文本框。

⑥ 调整好外观后，将步骤③、④所绘制的所有斜线及文本框选中并右击，在弹出的快捷菜单中选择"组合"→"组合"命令，将斜线表头组合成一个整体。表头的设置效果如图 7-57 所示。

成绩单

成绩 \ 科目	第一学期		第二学期	
	平时	期末	平时	期末
高等数学	85	78	85	87
大学英语	75	80	80	83

图 7-56 单斜线表头

成绩单

学期 \ 成绩 \ 科目	第一学期		第二学期	
	平时	期末	平时	期末
高等数学	85	78	85	87
大学英语	75	80	80	83

图 7-57 多斜线表头

5. 格式化表格样式

（1）自动套用表格样式

自动套用格式是指用户利用 Word 2016 中提供的一些现成的表格样式，直接套用到自己编辑的表格上。这些表格样式均已定义好了其中的各种格式，用户不必再逐项设置，可有效提高操作效率。

自动套用格式操作，应先将插入光标置于套用格式的表格内，在"表格工具 – 设计"选项卡的"表格样式"组中，选择一种合适的表格样式，如图 7-58 所示。

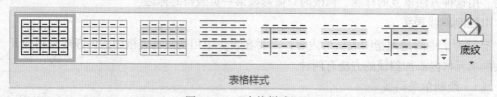

图 7-58 "表格样式"组

（2）表格的边框与底纹

除了使用表格样式格式化表格外，还可以通过自定义表格的边框和底纹来实现。具体操作为：先选定要设置格式的单元格区域，然后单击"表格工具 – 设计"选项卡→"边框"组的对话框启动器按钮,打开"边框和底纹"对话框,选择"边框"选项卡,根据需要可对表格边框线和内线的线型、粗细、颜色等进行设置,如图 7-59 所示。

在"边框和底纹"对话框中,选择"底纹"选项卡,根据需要还可对选定的区域进行填充色和填充图案的设置,如图 7-60 所示。

图 7-59　"边框与底纹"对话框 –"边框"选项卡

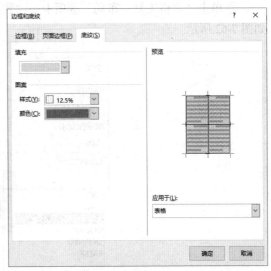

图 7-60 "边框与底纹"对话框 –"底纹"选项卡

7.4.3　表格数据的处理

1. 标识单元格

Word 表格不仅可直观地显示数据,还具有简单的计算功能,可以借助这些计算功能完成基本的统计工作,如加、减、乘、除、求和、平均值、百分比、最大值和最小值等。

在计算中,为了清楚地表达参与运算的单元格,Word 为表格中的每个单元格进行了命名。其中,表格中的列依次用字母标识(A,B,C…),行用数字标识(1,2,3…)。例如,E2 表示第五列第二行单元格的数据,如图 7-61 所示。表示单元格区域的方法有以下几种:

① C5:D6:表示以 C5 和 D6 为对角线的矩形区域中包括的全部单元格。

② LEFT:表示插入光标所在单元格左侧的所有单元格。

③ ABOVE:表示插入光标所在单元格上方的所有单元格。

	A	B	C	D	E	
1	姓名	高等数学	英语	计算机基础	平均分	
2	王芳	87	90	90		—— E2 单元格
3	张小东	80	85	82		
4	汪洋	68	72	79		
5	夏进一	75	68	76		
6	李华伟	92	70	95		—— 选定的区域为 C5:D6

图 7-61　标识单元格

2. 表格的计算

以计算平均成绩为例，具体操作步骤如下：

① 将插入光标置于存放计算结果的单元格（如 E2）内，注意放置计算结果的单元格应为空。

② 单击"表格工具 – 布局"选项卡→"数据"组→"公式"按钮，打开"公式"对话框，如图 7-62 所示。

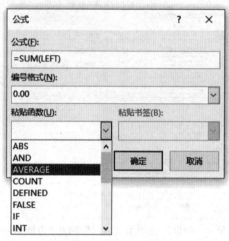

图 7-62　"公式"对话框

③ 在"公式"文本框中，先输入等号"="，在"粘贴函数"下拉列表框中选择合适的函数名，如选择"AVERAGE"函数，然后在函数的括号中输入参与计算的单元格区域，本例输入"LEFT"或"B2:D2"。

④ 在"编号格式"文本框中输入或选择显示计算结果的格式，如"0.00"，表示保留两位小数。

⑤ 单击"确定"按钮，在当前单元格显示计算结果。依此类推，可以计算出其他每位学生的平均成绩。

还可以根据计算需要，直接在"公式"文本框中输入算术表达式，如"=(B2+C2+D2)/3"，也能完成相应的计算。

> **提示：** 当修改单元格的数据后，与该单元格相关的计算结果不会自动更新，需要用户右击相应的计算结果，在弹出的快捷菜单中选择"更新域"命令，才能获得新的计算结果。

3. 表格的排序

Word 表格还支持排序功能。例如，在计算出平均成绩的基础上，再按平均成绩进行降序排列，当平均成绩相同时按姓名的读音进行升序排列，具体操作步骤如下：

① 将插入光标置于排序表格的任一单元格内。

② 单击"表格工具 – 布局"选项卡→"数据"组→"排序"按钮，打开"排序"对话框，如图 7-63 所示。

③ 在"主要关键字"下拉列表框中选择"平均分"，在"类型"下拉列表框中选择"数字"，并选中"降序"单选按钮。

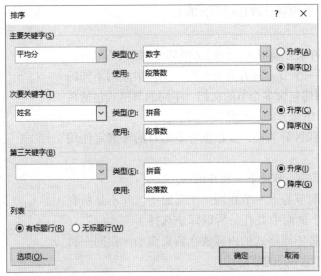

图 7-63　"排序"对话框

④ 用同样的方式在"次要关键字"下拉列表框中选择"姓名"，在"类型"下拉列表框中选择"拼音"，并选中"升序"单选按钮。

⑤ 如果表格有标题行，选中"有标题行"单选按钮。

⑥ 设置完成后，单击"确定"按钮，表格中的各行按照设置要求重新排列。

7.5　长文档编辑

使用 Word 软件经常会制作一些比较长的文档，比如书稿、毕业设计论文等。Word 2016 针对长文档提供了一系列的制作工具，主要包括页眉页脚、分隔符、脚注尾注、目录索引等项目的设置。

7.5.1　设置分隔符

在编排长篇 Word 文档时，要解决的问题之一是在文档中对不同部分（如封面、摘要、目录、正文等）进行不同的页码设置和页面设置。而要进行这些设置，首先要在文档中插入不同的分隔符。Word 2016 中的分隔符主要包括：分页符、分节符和分栏。

1. 分页符

在编辑文档时，通常是当文字或图形满一页时，系统会插入一个自动分页符并开始新的一页，这种分页符称为"软"分页符。在某些情况下，如一篇报告的标题或一个表格需要单独放在一页上，按【Enter】键输入几个空行虽然可以，但是在调整前面内容时，可能使后面的排版内容会随着改变，还需要再次调整。因此，Word 提供了一种手动插入分页符的方法，这种分页符称为"硬"分页符。插入分页符后，文档会在分页符的位置强制分页，分页符后面的内容会安排到下一页。

插入分页符的具体操作为：将光标定位在需要分页的位置；单击"布局"选项卡→"页面设置"组→"分隔符"的下拉按钮，展开"分隔符"下拉列表框，如图 7-64 所示；选择"分页符"命令，将光标所在位置的前后内容分放在两个页面上。

2. 分节符

Word 常用分节符来分隔格式不同的文档部分。默认情况下，一个 Word 文档只有一个节。只有需要在同一文档中应用不同的节格式时，才需要创建包含多个节的文档。不同的节格式包括页眉和页脚、页边距、纸张方向、纸张大小等。

Word 文档使用四种分节符，要根据分节的目的来确定使用的分节符的类型。

① 下一页：使新的一节从下一页开始。

② 连续：使当前节与下一节在同一个页面中。并不是所有的格式都能在同一个页面中共存，所以即使选择了"连续"，Word 有时仍会强制将不同格式的内容放在新页面中。在同一页面的不同部分可以使用不同的节格式。

③ 偶数页：使新的一节从下一个偶数页开始。如果下一页是奇数页，则将该页置为空白页。

④ 奇数页：使新的一节从下一个奇数页开始。如果下一页是偶数页，则将该页置为空白页。

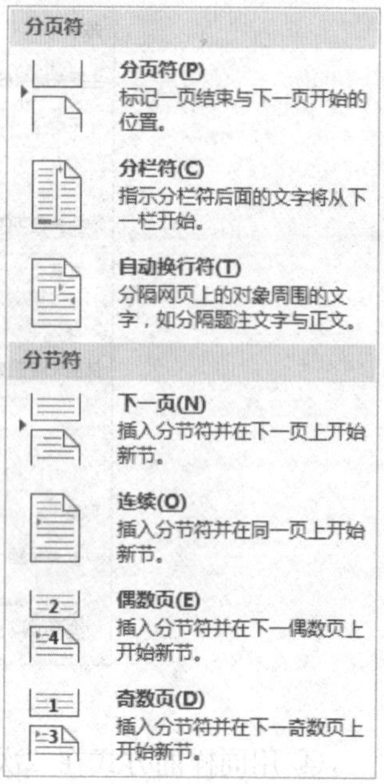

图 7-64 "分隔符"下拉列表框

例如，在写文档时，第一章和第二章的页眉通常是不同的，因此需要为各章设置不同的节，这样才能为每章设置不同的页眉。

插入分节符的具体操作为：先将光标定位在需要插入分节符的位置；单击"布局"选项卡→"页面设置"组→"分隔符"的下拉按钮，在展开的"分隔符"下拉列表框中选择相应的分节符命令，则将光标所在位置的前后内容分放在两节中。

删除分节符的具体操作为：若要删除分页符或分节符，只需要在普通视图下，把光标置于人工插入的分页符或分节符前，按【Delete】键即可。

3. 分栏

在编辑报刊和杂志等出版物时，为了使版面紧凑，更具可读性，通常要对文章做分栏排版。设置分栏的具体操作步骤如下：

① 选定需要分栏的一个或多个段落。

② 单击"布局"选项卡→"页面设置"组→"栏"下拉按钮，展开"栏"下拉列表框中选择需要的分栏样式，如"两栏"，如图 7-65 所示。

③ 若需要对所选分栏进行格式设置，或者自行设置分栏，则需要在"栏"下拉列表中选择"更多栏"命令，打开"栏"对话框，如图 7-66 所示。

④ 在"栏"对话框中，选择所需分栏样式，或在"栏数"数字框中输入所需栏数。

⑤ 在"宽度和间距"选项区域设置栏的宽度和栏间距。若取消选择"栏宽相等"复选框，则可以设置每栏的宽度。

⑥ 在"应用于"下拉列表框中指定分栏设置使用的范围，通常使用默认项"所选文字"。

⑦ 若需要在两栏之间添加分隔线，应选中右侧的"分隔线"复选框。

⑧ 在设置的同时，"预览"选项区域可以显示分栏的效果，如果满意，单击"确定"按钮。

如果要取消已经设置的分栏，可在"栏"下拉列表框中选择"一栏"命令。

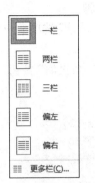

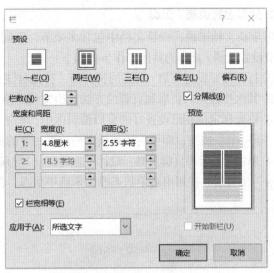

图 7-65　"栏"下拉列表框　　　　　　　　　图 7-66　"栏"对话框

7.5.2　设置页眉与页脚

页眉和页脚出现在文档的顶部和底部区域，由文本或图形组成。通常用来显示文档的附加信息，如页码、文本标题、日期、作者姓名、公司徽标等，可以根据不同的页面设置不同的页眉页脚。

1. 添加页眉和页脚

添加页眉具体操作步骤如下：

① 单击"插入"选项卡→"页眉和页脚"组→"页眉"下拉按钮，展开"页眉样式"下拉列表框。

② 单击选择所需要的页眉样式（如"奥斯汀"样式），进入页眉编辑状态。

③ 在页眉占位符中输入相应的文本内容（如输入"××××大学"字样），同时还可进行必要的格式设置。

④ 最后，单击"页眉和页脚工具－设计"选项卡→"关闭页眉和页脚"按钮，或双击文本编辑区，退出页眉的编辑状态。

添加页脚与添加页眉类似。另外，如果在页眉编辑状态下，选择"页眉和页脚工具－设计"选项卡→"导航"组→"转至页脚"按钮，即可从页眉编辑状态跳入页脚编辑状态。

2. 编辑页眉 / 页脚

若要修改页眉 / 页脚的内容，双击页眉或页脚区即可进入页眉 / 页脚编辑状态，然后对其进行修改和格式化。如果要删除页眉、页脚，只需要选定页眉和页脚的内容，按【Delete】键即可。

进入页眉或页脚编辑状态，功能区显示"页眉和页脚工具－设计"选项卡，如图 7-67 所示，可完成对页眉和页脚的一些常规性设置。

图 7-67　"页眉和页脚工具－设计"选项卡

3. 分节设置页眉 / 页脚

对于长文档来说，一篇文档中包含多个节，不同的节可以包含不同的页眉和页脚。长文档中分节设置页眉 / 页脚的具体操作步骤如下：

① 打开需要设置页眉 / 页脚的长文档，首先对该文档插入需要的分节符。

② 其次按照插入页眉和页脚的方法，给文档的第一节插入页眉和页脚。

③ 将光标定位在已设置好的页眉编辑区中，单击"页眉和页脚工具 – 设计"选项卡→"导航"组→"下一节"按钮，即可跳转到该文档的下一节的页眉编辑区中。

④ 单击"页眉和页脚工具 – 设计"选项卡→"导航"组→"链接到前一条页眉"按钮，使"链接到前一条页眉"按钮由选中状态改为未选中状态，如图 7-68 所示。

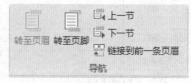

(a) 选中状态   (b) 未选中状态

图 7-68 "链接到前一条页眉"按钮的状态变化

⑤删除当前节原来的页眉内容，根据需要重新编辑新页眉的内容及格式。

⑥重复操作步骤③～⑤，直到将该文档中的所有节的页眉设置好为止，退出页眉 / 页脚的编辑状态。

页脚的分节设置与页眉设置的操作步骤类似，读者自行练习。

7.5.3 设置页码

页眉和页脚的常见用法之一是用于显示页码。用户在插入页眉和页脚时，可能随之插入了与页眉 / 页脚样式相对应的页码，如没有，也可以为文档单独插入页码。

1. 插入页码

① 打开需要添加页码的某节文件。

② 单击"插入"选项卡→"页眉和页脚"组→"页码"下拉按钮，从展开的"页码"下拉列表框中选择插入页码的位置。页码的放置位置包括页面顶端、页面底端、页边距和当前位置四种。

③ 从其级联列表中选择所需要的页码格式。图 7-69 为选择"页边距"选项，在其级联列表中选择"轨道（右侧）"样式。

2. 编辑页码

对页码格式进行设置的具体操作步骤如下：

① 在页眉 / 页脚的编辑状态下，单击"页眉和页脚工具 – 设计"选项卡→"页眉和页脚"组→"页码"下拉按钮，从展开的下拉列表框中选择"设置页码格式"命令，打开"页码格式"对话框，如图 7-70 所示。

② 在"编号格式"下拉列表框中选择所需的页码样式。在"页码编号"选项区域选择所需的编号方式。如果页码编号与前面章节相同并继续显示，则选择"续前节"单选按钮；如果本节与前面章节的编号样式及编号起始号码不同，则选择"起始页码"单选按钮，并在对应的数字框中设置起始页码，然后单击"确定"按钮。

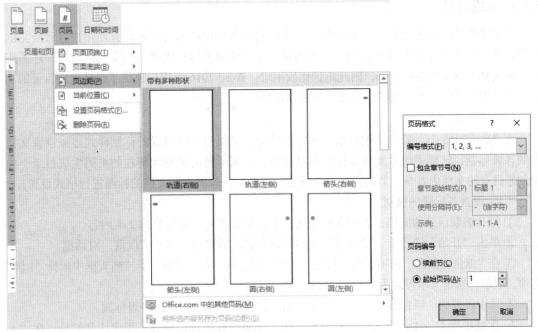

图 7-69　插入页码操作　　　　　　　图 7-70　"页码格式"对话框

③ 返回页码编辑状态，即可将页码更改为所选择的页码格式，然后对页码的字体格式进行相应调整。

④ 设置完后成退出页码编辑状态。

如果删除页码，应将插入光标置于要删除页码的节内，然后单击"页眉和页脚工具－设计"选项卡→"页眉和页脚"组→"页码"按钮→"删除页码"命令，即可删除当前节的所有页码，但是不会删除其他节中的页码。

7.5.4　插入脚注与尾注

在文档或书籍中显示引用资料的来源或说明性、补充性信息时，使用脚注或尾注的功能会非常方便。脚注和尾注均由两部分组成，即引用标记和对应的注释文本。脚注和尾注的区别是放置它们的位置不同。脚注通常位于当前页面的底部，而尾注位于文档的结尾处。两者都用一条短横线与正文分隔。

（1）插入脚注

① 将插入光标置于添加脚注文本的右侧。

② 单击"引用"选项卡→"脚注"组→"插入脚注"按钮，即可进入脚注编辑状态，光标跳转到本页的底部，与正文用一条短横线隔开，在光标处写入所需的注释语，如图 7-71 所示。

③ 单击文本编辑区，即可退出脚注的编辑状态。

（2）插入尾注

插入尾注的操作步骤与插入脚注类似，单击"引用"选项卡→"脚注"组→"插入尾注"按钮，进入尾注编辑状态，光标跳转到本文档的尾部，在插入光标处写入尾注内容。

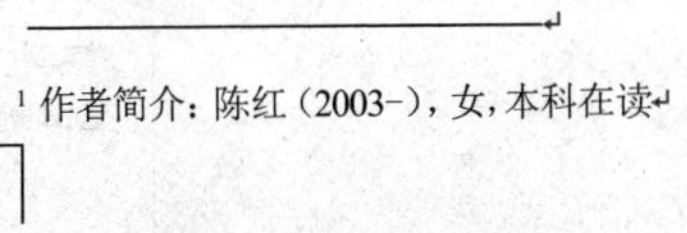

[1] 作者简介：陈红（2003-），女，本科在读

图 7-71　进入脚注编辑状态

如果要删除脚注或尾注，只需选定注解引用标记，然后按【Delete】键即可。

7.5.5 生成目录

目录主要用于显示文档的分布和结构，在较长的文档中插入目录可以方便用户查看所需的内容，并且便于快速浏览全文结构。手工编制目录既烦琐又容易出错，当文档修改后，还需用手工依次修改目录的相应页码，因此维护比较困难。Word 2016 为用户提供了自动生成目录的功能，而且用户可以对所生成的目录进行各种编辑操作。

1. 自动生成目录

在 Word 2016 中，若想使用自动生成目录功能，必须用系统内置的标题样式逐级设置文档中的各级标题，这样系统才能自动标识各级标题，根据标题的级别和所在的页码生成目录。如果创建目录的文档中各章、节的标题没有设置标题级别，需要先对文档的标题进行格式设置。

（1）设置各标题的级别

① 打开编制目录的文档，选中文档中第一个需要设置为一级标题的文本内容。

② 单击"开始"选项卡→"段落"组的对话框启动器按钮，打开"段落"对话框。

③ 在"缩进与间距"选项卡的"常规"选项区域，从"大纲级别"下拉列表框中选择"1 级"选项，表示将选定文本设置为"1 级"标题。

④ 选中设置为一级标题的段落，用格式刷设置当前文档中的所有一级标题。

⑤ 重复步骤①～④，将文档中所有的二级、三级等标题进行设置。需要注意的是：在"大纲级别"中对应选择"2 级"、"3 级"等选项。

通过以上步骤即可将文档的所有标题设置为相应的标题样式，这时即可对文档插入目录。

（2）插入目录

① 将插入光标定位在放置目录的位置。

② 单击"引用"选项卡→"目录"组→"目录"按钮，打开"目录"下拉列表框。

③ 从"目录"下拉列表框中选择"自定义目录"命令，打开"目录"对话框，如图 7-72 所示。若选择"自动目录 1"命令，则快速插入一个默认格式的自动目录。

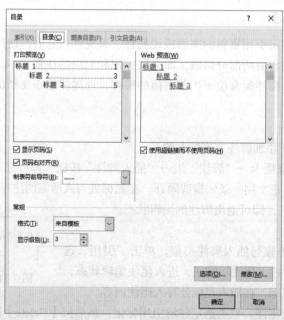

图 7-72   "目录"对话框

④ 在"制表符前导符"下拉列表框中选择一种连接标题名与页码的前导符类型。

⑤ 在"常规"选项区域的"显示级别"数值框中输入需要显示的大纲级别，通常默认输入 3，其他选项保持默认设置不变。

⑥ 若需要对目录中的各级标题进行字体、段落等设置，则单击"修改"按钮，打开"样式"对话框，如图 7-73 所示。

⑦ 选中需要修改样式的目录，如选中"目录 1"，单击"修改"按钮，打开"修改样式"对话框，如图 7-74 所示。在对话框中设置一级标题的字体、字号等格式内容，然后单击"确定"按钮，返回"样式"对话框。用相同方法对"目录 2"、"目录 3"进行格式设置。

图 7-73　"样式"对话框

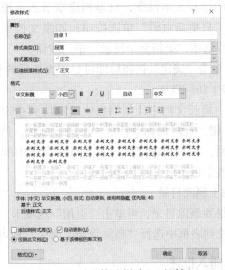

图 7-74　"修改样式"对话框

⑧ 设置完成后，依次单击"确定"按钮，返回"目录"对话框，此时可在"打印预览"和"Web 预览"列表框中查看目录的设置效果。然后单击"选项"按钮，打开"目录选项"对话框，如图 7-75 所示。在对话框中选中"目录项域"复选框。

⑨ 依次单击"确定"按钮，返回文档，即可在插入光标处插入新创建的目录，如图 7-76 所示。

图 7-75　"目录选项"对话框

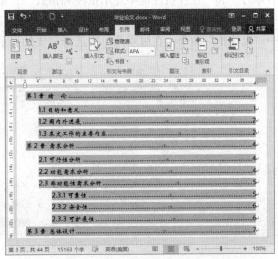

图 7-76　自定义目录示例

2. 编辑目录

在插入目录后，用户还可以根据需要对目录进行各种编辑操作。编辑目录主要包括更新目录、访问链接和删除目录等操作。

（1）更新目录

如果用户对文档的某一部分内容进行了编辑，导致文档内容与目录不符，用户可以对目录进行更新，使其显示文档的最新信息，具体操作步骤如下：

① 右击需要更新的目录。

② 在弹出的快捷菜单中选择"更新域"命令，打开"更新目录"对话框，如图 7-77 所示。若文档的标题文本没变，只是相应章节的页码发生了变化，则选中"只更新页码"单选按钮；如果文档中的标题内容有变化，应选中"更新整个目录"单选按钮。

③ 单击"确定"按钮后即可显示更新后的整个目录。

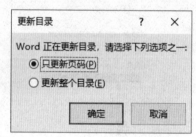

图 7-77 "更新目录"对话框

（2）访问链接

在一篇长文档中，如果想快速定位到指定章节，需按住【Ctrl】键，此时鼠标指针呈"手指"形状，然后单击需要查阅的条目，即可快速定位到该条目在文档中的位置，用户即可查阅该条目所包含的具体内容。

（3）删除目录

如果要删除目录，可单击"引用"选项卡→"目录"组→"目录"下拉按钮，在展开的"目录"下拉列表框中选择"删除目录"命令，即可快速删除该文档的目录。

7.5.6 插入批注

批注是读者在阅读文档时需要加入的备注、问题以及建议等，批注不作为编辑项目集成到文本中，可能会为编辑文本提供建议，批注本身并不是文本编辑流程的一部分。

1. 批注的显示方式

Word 2016 提供了三种查看批注的方式，即"在批注框中显示修订"、"以嵌入方式显示所有修订"和"仅在批注框中显示批注和格式"，系统的默认设置为最后一种。

设置批注显示方式的操作步骤：选择"审阅"选项卡→"修订"组→"显示标记"下拉按钮→"批注框"命令，在级联菜单中选择需要的显示方式，如图 7-78 所示。

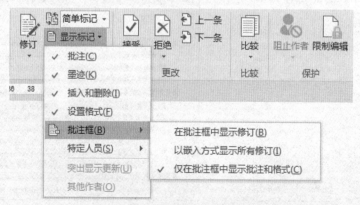

图 7-78 批注的显示方式设置

2. 插入、编辑批注

插入批注的具体操作：单击"审阅"选项卡→"批注"组→"新建批注"按钮，如果将显示方式设置为在批注框中显示，则在位于文档的页边距的批注框中输入批注内容；如果把显示方式设置为以嵌入式方式显示，则在"审阅窗格"→"修订"任务窗格中输入批注内容。输入批注文本后，单击正文中的任何部分即可返回到文档的编辑状态。

对于批注的编辑，主要看批注的显示方式，若在批注框中显示，则可直接单击批注框进入批注的编辑状态；若以嵌入式方式显示，则需进入"审阅窗格"→"修订"任务窗格中进行编辑。

删除批注时可以通过右击批注的括号，从弹出的快捷菜单中选择"删除批注"命令；也可以通过单击批注后选择"审阅"选项卡→"批注"组→"删除批注"下拉按钮，从打开的"删除批注"下拉列表框中选择删除所选批注或文档中的全部批注。

7.6　页面的设置与输出

7.6.1　页面设置

为了能打印出符合要求的文档，在打印输出前还需要以页面为单位，对文档做进一步整体性的格式调整，主要包括纸张大小、页边距、纸张方向、版式内容等设置。

1. 设置纸张大小

一般情况下，Word 文档默认的打印用纸张是 A4 纸，用户可以根据需要改变纸张的大小，具体操作为：单击"布局"选项卡→"页面设置"组→"纸张大小"下拉按钮，在展开的下拉列表框中选择一种合适的纸型；如果需要自定义纸型，应在"纸张大小"下拉列表框中选择"其他页面大小"命令，打开"页面设置"对话框，在"纸张"选项卡的"纸张大小"区域输入自定义纸张的"宽度"和"高度"值，如图 7-79 所示。

2. 设置页边距

页边距是指正文编辑区与纸张边缘的距离。Word 文档默认的上下页边距是 2.54 厘米，左右页边距是 3.17 厘米，默认纸张纵向放置。用户可以根据需要进行设置，常用的页边距设置方法有两种：

① 用鼠标拖动标尺上的页边距标志，能实现页边距的快速设置，但这种方法不够精确。

② 利用"页面设置"对话框进行精确设置。打开"页面设置"对话框，选择"页边距"选项卡，如图 7-80 所示。

a. 在"页边距"区域，可进行"上""下""左""右"四个页边距值的设置。

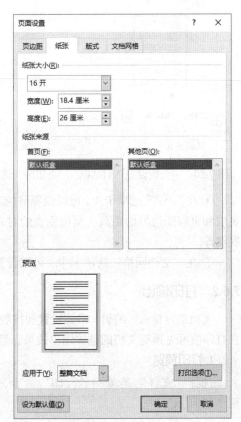

图 7-79　"页面设置"对话框 –"纸张"选项卡

b. 在"装订线"数字框中还可以设置预留装订线的宽度，在"装订线位置"下拉列表框中选择预留装订线的位置。

c. 在"纸张方向"选项区域可以设置打印纸的方向，即"纵向"和"横向"两种。

3. 设置版式和文档网格

如果想在不同的页面使用不同的页面设置，可以通过页面版式来完成，具体操作为：打开"页面设置"对话框，选择"版式"选项卡，如图 7-81 所示。

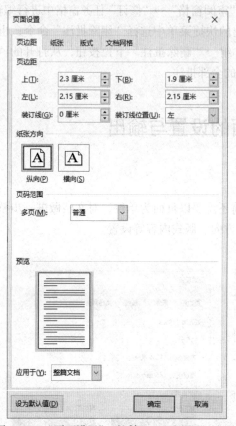

图 7-80 "页面设置"对话框 –"页边距"选项卡

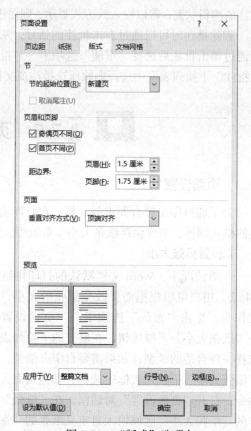

图 7-81 "版式"选项卡

① 在"版式"选项卡中，可以设置节的起始位置、页眉和页脚是否为奇偶页不同或首页不同、页眉和页脚距边界的距离、页面垂直的对齐方式，还可以为选定行添加行号，以及设置边框和底纹等。

② 在"文档网格"选项卡中，可以设置每页的行数、每行的字符数和文字的排列方向等。

7.6.2 打印输出

文档经过输入、编辑、格式设置和排版等操作后，即可打印输出。为了避免不必要的浪费，在打印前可先预览文档的整体输出效果，然后再进行打印输出。

1. 打印预览

选择"文件"菜单→"打印"命令，在右侧的"打印"窗格中即可看到预览效果，如图 7-82 所示。

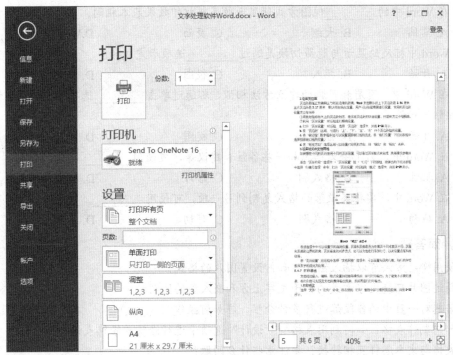

图 7-82　打印预览

2. 打印

打印预览查看满意后，可以设置打印参数，如选择使用的打印机、打印份数、打印范围等，设置完成后单击"打印"按钮进行打印输出。打印前最好先保存文档，以免意外丢失。

习　题

一、选择题

1. Word 2016 文档的扩展名为_____。
   A. .txt　　　　　　　B. .docx　　　　　　　C. .doc　　　　　　　　D. .wod
2. Word 2016 编辑状态下，若要调整光标所在段落的行距，首先进行的操作是_____。
   A. 单击"开始"选项卡　　　　　　B. 单击"插入"选项卡
   C. 单击"设计"选项卡　　　　　　D. 单击"视图"选项卡
3. 在 Word 2016 编辑状态下，要统计文档的字数，需要使用的选项卡是_____。
   A. 开始　　　　B. 插入　　　　C. 布局　　　　D. 审阅
4. 在 Word 2016 的编辑过程中，若要将整篇文档中的"计算机"字样删除，最简单的方法是使用"开始"选项卡中的_____功能。
   A. 清除　　　　B. 撤销　　　　C. 剪切　　　　　　D. 替换
5. 在 Word 2016 编辑状态下，输入文字时按_____键实现文字的"插入"或"改写"方式的切换。
   A.【Insert】　　B.【Delete】　　C.【End】　　　　D.【Home】

6. 在 Word 中的_____视图方式使显示效果与打印效果基本相同。

    A. 草稿   B. 大纲   C. 页面   D.Web 版式视图

7. Word 中标尺的显示与隐藏切换是通过_____选项卡完成的。

    A. 开始   B. 插入   C. 视图   D. 布局

8. 在 Word 中，页眉和页脚的建立方法相似，都通过单击_____选项卡→"页眉和页脚"组中的按钮进行设置。

    A. 开始   B. 插入   C. 视图   D. 布局

9. 在 Word 中，为了给文档添加一些备注和建议等，应使用_____功能。

    A. 批注   B. 格式刷   C. 修订   D. 样式和格式

10. 在 Word 中，要将某段落的格式复制到另一段，可使用_____。

    A. 拖动   B. 格式刷   C. 剪切   D. 复制

二、简答题

1. 使用哪些方法可以插入图片？如何设置图片的格式？

2. 简述图片环绕文字方式的衬于文字上方和嵌入型的区别。

3. 若想对一页中的各段落进行多种分栏，应如何操作？

4. 如何制作表格？如何利用表格的"设计"选项卡进行修改或修饰表格？

5. 表格与文本怎样互相转换？要注意些什么问题？

6. 如何在表格中插入斜线表头？

7. 建立宿舍同学的基本信息表（包括姓名、年龄等列），然后按年龄降序排列，并在表格底部添加一行，统计出宿舍的平均年龄。

8. 长文档的不同节设置不同的页眉和页脚的前提条件是什么？如何给文档设置页码格式？

9. 在执行自动生成目录的命令时，应做的准备工作是什么？

10. 制作一份自己的简历文档，包括个人的基本信息、读过的学校、特长和爱好，可以添加相关的照片、艺术字以及丰富的色彩。

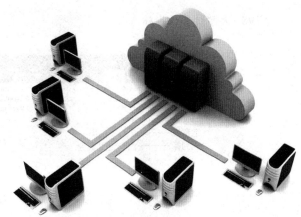

第 **8** 章

电子表格软件 Excel 2016

众所周知，在信息时代的今天，手工 + 纸质的方式早已成为过去，掌握电子表格软件的操作是最基本的技能。使用电子表格管理数据不仅使数据存储电子化、日常计算和统计自动化、数据展示形式多样化，同时帮助用户摆脱乏味、重复的计算，极大地提高了工作效率。

我们最常用的电子表格软件有 Microsoft 公司的 Excel 和 WPS 的电子表格软件，这里以 Microsoft 公司的 Excel 2016 为例，介绍电子表格的基本概念、基本操作、图表应用、数据的管理与统计等主要内容。

8.1　电子表格基础

电子表格软件在日常数据分析与统计等业务领域是一个重大的技术飞跃，它不仅可以对数据进行计算，提供多种数据展示形式，还可以对数据进行统计与分析，将数据统计分析这种非常专业的工作变得简单，使用户得心应手。即使是刚入行的新手，在进行一些专业统计时，也可以很快上手。

8.1.1　Excel 2016 的工作界面

启动 Excel 2016 后，显示 Excel 的工作界面，其窗口组成如图 8-1 所示。

Excel 窗口中的标题栏、快速访问工具栏、功能区、滚动条、状态栏等部分，与 Word 窗口基本一致，这里仅介绍 Excel 2016 的不同之处。

1. 编辑栏

编辑栏位于功能区的下方，用于显示、编辑选定单元格中的数据或公式，由名称框、操作按钮和编辑框三部分组成。单击"视图"选项卡→"显示"组→"编辑栏"复选框，可以设置编辑栏的显示或隐藏。

（1）名称框

名称框位于编辑栏的左侧，用于显示当前单元格（区域）的地址或名称。选定单元格后，名称框中显示该单元格的地址；在名称框中输入一个单元格地址，按【Enter】键后可快速将该单元格设为当前单元格。

图 8-1 Excel 2016 工作界面

（2）操作按钮组

操作按钮组位于名称框的右侧，主要用于对单元格的编辑操作，分别包括"取消"按钮 ✖、"输入"按钮 ✔ 和"插入函数"按钮 ƒₓ。单击"取消"按钮，表示放弃本次操作；单击"输入"按钮，表示确认本次操作；单击"插入函数"按钮，进行插入函数操作。在单元格的编辑状态下，三个按钮均可用，而在非编辑状态下，只有"插入函数"按钮可用。

（3）编辑框

编辑框位于操作按钮组的右侧，用于显示或编辑当前单元格的内容。当选中某个单元格后，可以在编辑框中对该单元格的内容进行输入、删除或修改；在使用公式计算时，通常在选定的单元格中显示计算结果，而在编辑框中显示该单元格的计算公式，并可对公式进行编辑。当然，也可以通过双击单元格，直接在选定单元格中进行公式内容的编辑。

2. 工作区

工作区位于编辑栏的下方，用以记录数据的区域，是 Excel 窗口的主体。它主要由若干单元格组成，用户在该区域中可以输入和编辑内容，插入图片、设置格式及效果等。

3. 工作表标签栏

工作表标签栏位于工作区的下方，用于显示每张工作表的名称。工作表标签栏中的一个标签对应一张工作表，单击某个工作表标签，即可将该工作表设置为当前工作表。

若一个工作簿中包含多张工作表，标签栏中不能显示全部标签时，可利用工作表标签栏左侧的工作表选取按钮 ◂ ▸ 来调整标签栏的显示标签。

8.1.2 基本概念

1. 工作簿

工作簿是 Excel 用来存储并处理数据的文件，其 Excel 2016 的扩展名为 .xlsx。每个工作簿可以由一张或多张工作表组成，用户可根据自己的需要对工作表的数量、标签的名称进行设置。在默认情况下，Excel 2016 工作簿由 1 张工作表组成，以 Sheet1 命名。

2. 工作表

工作表是 Excel 中存储和处理数据的主要空间，是 Excel 完成一项任务的基本单位。每张工作表由若干行、若干列构成，其中用数字标识行号，用字母标识列标，用工作表标签来标识一个工作表。在默认情况下，Excel 2016 工作表的标签名为 Sheet*n*，使用者为了便于识别，可对其重命名。

3. 单元格

单元格是指工作表中行列交叉的区域，是工作簿的最小组成单位。它用来存放文字、数据和公式等信息。单元格的长度和宽度可以根据实际需要进行调整设置。

（1）单元格的命名

每个单元格有一个唯一的地址标识，即由它所在的列标和行号来命名。如 A4 表示位于第 A 列第 4 行的单元格，Sheet3！A4 表示 Sheet3 工作表中的 A4 单元格。单元格完整的命名格式为：

[工作簿名] 工作表名！单元格名

如果要表示的单元格在当前工作簿的当前工作表中，则工作簿名称和工作表名称均可省略，直接用单元格名称表示即可。

（2）当前单元格

在工作表中，当前正在使用的单元格称为当前单元格或活动单元格，该单元格被黑色边框线框住，同时其名称显示在名称框中，用户只能对当前单元格进行操作。单击某个单元格就可以使它成为当前单元格。

（3）单元格区域

由多个单元格组成的区域称为单元格区域，它们可以是连续的也可以是不连续的。连续单元格区域的名称是用区域左上角的单元格名称和右下角单元格名称来命名，中间加冒号（：）来分隔，如"B3:E6"表示从单元格 B3 到单元格 E6 为对角线的整个矩形区域。对选定的单元格区域，也可以在名称框中为其重命名。

8.1.3　基本操作

若要使用 Excel，首先了解新建、保存和打开工作簿等基本操作。

1. 创建工作簿

创建工作簿方法有多种，常用操作方法有如下几种：

① 在启动 Excel 时，可以创建一个空白工作簿。

② 在打开 Excel 的情况下，选择"文件"菜单中的"新建"命令，在打开的"新建"窗口中单击"空白工作簿"模板即可创建一个空白工作簿，若单击其他模板即可创建一个基于选定模板的工作簿。

③ 单击快速访问工具栏中的"新建"按钮 ▯，或按组合键【Ctrl+N】，均可创建一个空白工作簿。

2. 保存工作簿

编辑后的工作簿文件应该及时保存，它的保存操作与 Word 相似。

① 单击快速访问工具栏中的"保存"按钮 ▯。

② 选择"文件"菜单中的"保存"命令。

③ 使用组合键【Ctrl+S】。

若首次保存工作簿，在执行"保存"命令后，Excel 会自动打开"另存为"对话框，由用户指定当前工作簿要保存的位置、文件名及文件类型；若要改变工作簿的保存位置、文件名或类型，可使用"文件"菜单中的"另存为"命令来实现。

为了保证工作簿中数据的安全性，可在打开的"另存为"对话框中单击"工具"按钮，在弹出的命令列表中选择"常规选项"命令，如图 8-2 所示，在打开的"常规选项"对话框中，可以设置工作簿文件的打开权限密码和修改权限密码。

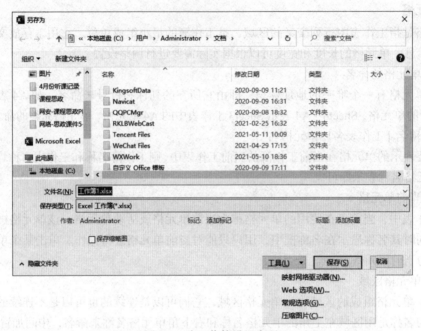

图 8-2　为工作簿设置密码

3. 打开工作簿

若打开一个已存放在磁盘上的工作簿文件，有多种方式。可以找到要打开的文件后直接双击其文件图标；也可以单击快速访问工具栏中的"打开"按钮 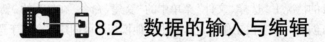，或使用"文件"菜单→"打开"命令，在"打开"对话框中选择要打开的工作簿文件。

若想快速打开最近编辑过的工作簿文件，可使用"文件"菜单→"打开"命令，在"最近"选项列表中显示最近编辑过的文件列表，找到要打开的文件名单击即可。

8.2　数据的输入与编辑

8.2.1　输入数据

在 Excel 中，单元格中可以存放的数据主要有四种类型，它们的显示形式和输入方式各有不同。

1. 文本型数据

文本型数据是由字母、汉字、数字、空格以及其他可输入的各种符号组成的字符串，这类数据不能进行算术运算，如姓名、地址等。文本型数据在单元格中默认为左对齐。

（1）输入普通文本

在 Excel 窗口中，单击要输入内容的单元格，直接输入文本内容，最后按【Enter】键或单

击编辑栏中的 ✔ 按钮进行确认即可。

> **提示：** 若一个单元格中的内容需要分行显示，先将插入光标移动到分行处，再按组合键【Alt+Enter】实现分行。

（2）输入数字文本

当要输入的内容全部由数字组成，如电话号码、邮政编码等。由于这类数据既没有表示大小的概念，也不参与算术运算，通常被看作文本型数据。这类数据在输入时应特别注意。常用的输入方法有两种。

① 使用半角单引号做前缀。选定单元格后，先输入半角单引号（'），接着再输入数字串后并确认。如输入邮政编码"065201"时，应在选定的单元格中输入"'065201"，确认后以 065201 形式显示。

② 将要放置数字字符串的单元格先设置为"文本"格式（具体操作详见 8.4.2 节），然后在单元格内直接输入数字字符串即可。

（3）超长文本的显示

在默认情况下，当输入的字符串长度超过单元格时，如果其右边单元格无内容，则显示扩展到右边列，否则截断显示，但字符串的内容不受影响。如果想显示完整内容，可以通过单击"开始"选项卡→"数字"组的对话框启动器按钮，在打开的"设置单元格格式"对话框中根据需要选择"自动换行"或"缩小字体填充"项，将输入的文本完全显示在单元格边框内。

2. 数值型数据

数值型数据由数字（0～9）和一些特定的符号组成，能进行算术运算，可以采用整数、小数或科学计数法等方式输入。在数值型数据中可用的符号有：正号（+）、负号（−）、小数点（.）、指数符号（E、e）、百分号（%）、千分位号（,）、分数线（/）、货币符号（￥、$）等。数值型数据在单元格中默认为右对齐。

数值型数据直接输入即可，但在输入时要注意以下几点：

① 数值型数据的输入形式与显示形式不一定相同。如在单元格输入"201011232010"值，确认后可能会显示"2.01011E+11"值，它们表示的是同一个数值，这种现象是由单元格格式设置的不同而造成的。

② 有些符号会自动省略。在输入时，如果数值型数据前有正号（+）或整数部分的最高位是 0（纯小数除外），确认后均会省略。

③ Excel 支持输入分数。在输入分数时，需要在分数前面加上 0 和一个空格，用于区分日期型数据。如直接输入"1/2"，单元格内容显示为"1 月 2 日"，而输入"0 1/2"则显示"1/2"，在编辑框中显示为"0.5"。

④ 当输入数值型数据后，若单元格中显示一串"#"号，表示输入的数值宽度超过了单元格的宽度，只要调整单元格的宽度即可正确显示。

3. 日期型数据

日期型数据包括日期和时间两种，这两种数据必须按 Excel 规定的格式进行输入，输入后系统自动转换为默认的或设定的日期时间格式显示。日期型数据在单元格中默认为右对齐。

（1）日期格式要求

在输入日期时，需要使用"/""–"或汉字的"年""月""日"进行日期数据的分隔。例如，

"2021/4/23""2021-4-23"或"2021 年 4 月 23 日"都是正确的日期数据格式。

> **提示：** 若使用分隔符"/"、"-"输入日期时，只能按年／月／日、年-月-日、月／日、月-日这几种顺序格式输入，否则系统不认为是日期型数据。

（2）时间格式要求

在输入时间时，需要使用"："或汉字的"时"、"分"和"秒"进行时间数据的分隔。时间格式规定为"hh:mm:ss [AM/PM]"，其中 AM/PM 与时间数据之间应有空格，例如，"3:15 PM"。若 AM/PM 省略，Excel 默认为 24 小时制。

4. 逻辑型数据

逻辑型数据只有两个值，即"TRUE"和"FALSE"。在 Excel 中，用 TRUE 代表逻辑真，FALSE 代表逻辑假。逻辑型数据一般很少直接输入，通常在一些公式和表达式计算中得到一个逻辑值，例如，表达式"2>3"的运算结果返回值为"FALSE"。

8.2.2 自动填充

在 Excel 工作表中输入数据时，经常会遇到前后单元格内容相关联的情况，如输入序号 1，2，3…和连续的日期等，这时可利用填充操作快速完成。Excel 提供的自动填充功能分为简单关联填充和复杂关联填充。

1. 简单关联填充

当填充的数据保持不变或成等差序列关系时，视为简单关联。简单关联填充的操作步骤为：

① 选定含有初始值的单元格或单元格区域。在选定单元格区域的右下角，可以看到一个黑色方块，称为填充柄。

② 将鼠标移动到填充柄附近时，鼠标指针会变成黑色实心的十字形状，这时按住鼠标左键拖动至填充终止的单元格，即可完成数据填充，如图 8-3 所示。

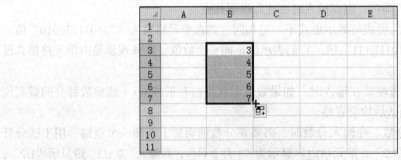

图 8-3 简单关联填充

根据单元格中数据类型的不同，用鼠标拖动填充的效果也有所不同。若单元格内容为数值型数据，且只选定一个单元格，则直接拖动填充柄实现复制操作；按住【Ctrl】键再拖动填充柄，可实现等差填充；若单元格中是日期型数据或是含有数字的文本型数据，直接拖动填充柄，就可以实现升序或降序填充，按住【Ctrl】键再拖动填充柄则实现复制操作。

2. 复杂关联填充

若要填充的数据之间是等比数列关系或对日期数据以年、月为单位填充，这时简单关联填充无法实现，需要利用"序列"对话框来完成。

下面以日期型数据按月份填充为例，介绍复杂关联的操作。

① 选定放有"2021/4/1"初始值的单元格 B2。

② 单击"开始"选项卡→"编辑"组→"填充"按钮，在弹出的命令列表中选择"序列"，打开"序列"对话框，如图 8-4 所示。

③ 在对话框的"序列产生在"选项区域选中"列"单选按钮，在"类型"选项区域选中"日期"单选按钮，在"日期单位"选项区域选中"月"单选按钮。

④ 在"步长值"文本框中输入"1"，"终止值"文本框中输入"2021/10/1"。

⑤ 单击"确定"按钮，按要求生成填充序列，如图 8-5 所示。

图 8-4　"序列"对话框

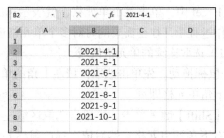

图 8-5　复杂关联填充

另外，还可以通过鼠标拖动实现上述填充。具体操作为：选定起始单元格，将把鼠标指针移到起始单元格的填充柄，按住鼠标右键拖动鼠标至需要填充的终止单元格，然后释放鼠标，在弹出的快捷菜单中选择"以月填充"命令即可。

3. 自定义填充序列

在 Excel 中，如果预设的自动填充序列不能满足使用需要，系统还允许自定义填充序列。下面以创建春、夏、秋、冬四季的填充序列为例，介绍自定义序列的操作。

① 选择"文件"菜单→"选项"命令，打开"Excel 选项"对话框，单击对话框列表中的"高级"按钮，然后在右侧的"常规"选项区域中单击"编辑自定义列表"按钮，打开"自定义序列"对话框，如图 8-6 所示。

图 8-6　"自定义序列"对话框

② 在对话框左侧的"自定义序列"列表框中，显示出已经设置的填充序列，如果需要添加新的填充序列，单击"新序列"选项，然后在右侧的"输入序列"列表框中，从第一个序列项开始依次输入各序列项，每个序列项之间用【Enter】键分割。例如，输入新建序列"春季、夏季、秋季、冬季"。

③ 单击"添加"按钮，将新创建的序列添加到"自定义序列"列表框中，最后单击"确定"按钮。

8.2.3 数据编辑

1. 选取单元格

在 Excel 中，单击某个单元格，就表示选中了这个单元格，可以对其进行编辑操作。但在实际操作过程中，往往需要同时对多个单元格进行操作，这就需要先选取多个单元格。

（1）选取连续的单元格区域

① 鼠标拖动。先单击选取区域左上角的单元格，按住鼠标左键沿对角线方向拖动到选取区域的右下角单元格即可。

②【Shift】键＋单击。先单击选取区域左上角的单元格；按住【Shift】键不放，再单击选取区域右下角的单元格，然后依次释放鼠标和【Shift】键。此方法适合选取单元格区域比较大的情况。

（2）选取不连续的单元格区域

在选取不连续的单元格区域时，需要借助【Ctrl】键。操作方法是：先用鼠标选取一个单元格（区域），按住【Ctrl】键不放，再用鼠标选取其他单元格（区域），便可同时选择多个不连续的单元格区域。

（3）选取行、列

将鼠标移到要选定列的列标上，当鼠标指针呈向下的箭头形状时单击，即可选取该列的所有单元格；如果在列标上拖动鼠标，即可选取连续的多列；如果选取不相邻的多列，要先选取一列，按住【Ctrl】键不放，再分别选取其他列。

选取行的操作与列操作相似，不再赘述。

（4）选取整个工作表

如果选择某工作表中的全部单元格，可以单击工作表左上角的行号和列标交汇区的"全选"按钮，或按组合键【Ctrl+A】均可实现。

2. 移动、复制单元格

在编辑工作表时，有时发现单元格的位置需要调整或某些数据在多处使用，需要对这些单元格进行移动或复制操作。

（1）移动单元格

单元格数据的移动可以通过鼠标拖动和使用"剪贴板"两种方法来实现。

① 利用鼠标拖动。首先选定要移动的单元格区域，然后将鼠标移动到选定区域的边框处，鼠标指针呈十字箭头形状时按住鼠标左键开始拖动，到目标区域后释放鼠标左键即可。

② 利用"剪贴板"。选定要移动的单元格区域，单击"开始"选项卡→"剪贴板"组→"剪切"按钮，将选定内容放入剪贴板；然后单击目标区域的起始单元格（即目标区域左上角单元格），再单击"粘贴"按钮，将剪贴板中的信息移动到指定位置。

（2）复制单元格

复制单元格和移动操作相似，也是通过鼠标拖动和利用"剪贴板"两种方法来实现。两者的区别是：若用鼠标拖动进行复制操作时，需要先按住【Ctrl】键再拖动鼠标；若利用"剪贴板"复制数据时，将选定单元格放入剪贴板的操作应选用"复制"按钮。

（3）选择性粘贴

在一个单元格中可以包括数据（公式及其结果）、批注和格式等多种特性。有时只需要复制单元格中的部分特性，例如，只复制单元格中的数据而不复制公式，或者只复制单元格的文本而不复制格式，此时可使用 Excel 提供的"选择性粘贴"功能来实现。具体操作如下：

① 选定要复制的单元格区域，然后使用"复制"命令将内容放入剪贴板。

② 选定目标单元格。

③ 单击"开始"选项卡→"剪贴板"组→"粘贴"按钮的扩展按钮，在弹出的命令列表中选择"选择性粘贴"命令，打开"选择性粘贴"对话框，如图 8-7 所示。

图 8-7　"选择性粘贴"对话框

④ 在对话框的"粘贴"选项区域选中需要粘贴的特性，如"数值"单选按钮。

⑤ 单击"确定"按钮，即可完成指定内容的粘贴。

3. 插入、删除单元格

在建立工作表后，Excel 还允许用户根据需要对行、列和单元格进行添加和删除。

（1）插入单元格

① 首先在需要插入单元格处选定要插入的单元格区域。插入的空单元格的数目与选定单元格区域的数目相同。

② 单击"开始"选项卡→"单元格"组→"插入"按钮的扩展按钮，在弹出的命令列表中选择"单元格"命令，打开"插入"对话框，如图 8-8 所示。

③ 在对话框中选择"活动单元格右移"或"活动单元格下移"单选按钮，以便确定插入新单元格后当前单元格及其之后单元格的移动方式，确定后即可按要求插入单元格。

图 8-8　"插入"对话框

（2）删除单元格

首先选定需要删除的单元格区域，然后单击"开始"选项卡→"单元格"组→"删除"按钮的扩展按钮，在弹出的菜单中选择"删除单元格"命令，打开"删除"对话框；再确定删除单元格后，由原单元格右侧还是下方的单元格填补删除后的空缺。

（3）插入行、列

首先选中要插入行的行号，或单击要插入行中的任一单元格；然后单击"开始"选项卡→"单元格"组→"插入"按钮的扩展按钮，在弹出的菜单中选择"插入工作表行"命令。此时选定行及其下面的各行依次向下移动一行，以空出位置放置新行。如果需要插入多行，需先选定与待插入行数目相同的数据行，然后再选择"插入工作表行"命令。

插入列的操作与行操作相似。

（4）删除行、列

首先选定需要删除的行，或单击要删除行中的任一单元格，然后单击"开始"选项卡→"单元格"组→"删除"按钮的扩展按钮，在弹出的菜单中选择"删除工作表行"命令即可。删除列的操作与行操作相似。

4. 查找和替换

在 Excel 中也可以对单元格中的内容进行查找和替换，在查找和替换操作中可以使用通配符"？"和"*"。具体操作为：单击"开始"选项卡→"编辑"组→"查找和选择"按钮的扩展按钮，在弹出的菜单中选择"查找"或"替换"命令，打开"查找和替换"对话框，在对话框中的操作与 Word 相似，读者自己练习，这里不再赘述。

8.3 公式与函数

公式与函数作为 Excel 的重要组成部分，有着强大的计算功能，为用户分析和处理数据提供了很大的方便。利用公式和函数，可以对表中的数据进行计数、求平均值、汇总以及其他更为复杂的统计运算，从而有效地克服了手工计算易出错和效率低等问题。

8.3.1 公式的使用

Excel 中的公式是在工作表中对数据进行计算的表达式。公式必须以等号（=）开头，由常数、单元格引用、运算符和函数等组成。当数据修改后，公式的计算结果会自动随着修改。

1. 运算符

在 Excel 的公式表达式中，可使用的运算符分为四类，即算术运算符、比较运算符、文本连接运算符、引用运算符。

① 算术运算符是指用于完成算术运算的运算符，主要包括加号（+）、减号（–）、乘号（*）、除号（/）、乘方（^）、百分号（%）等。

② 比较运算符是指用于完成数据比较的运算符，主要包括等号（=）、大于号（>）、大于等于号（>=）、小于号（<）、小于等于号（<=）和不等号（<>）。

③ 文本连接运算符是指用于完成两段文本或两个单元格内容的连接。连接运算符只有一个，即 &。如"计算机" & "信息"的运算结果为"计算机信息"。

④ 引用运算符用于完成对单元格区域的引用，主要包括：冒号（:）、逗号（,）和空格，具体作用见表 8-1。

表 8-1　引用运算符及其含义

运 算 符	含 义	举 例
:（冒号）	区域运算符，对两个引用单元格为对角线的矩形区域中的单元格进行引用	SUM(A2:D4) 表示对以 A2、D4 为对角线组成的一个矩形区域中的所有单元格求和
,（逗号）	联合运算符，将多个区域合并为一个区域进行引用	SUM(A2:D4,E2:E4) 表示对 A2:D4 和 E2:E4 两个区域的单元格求和
（空格）	交叉运算符，对同时属于两个区域的单元格进行引用	SUM(A1:B2 B1:C2) 表示对同属于这两个区域的单元格 B1、B2 进行求和

2. 运算符的优先级

如果公式中同时用到多种运算符，Excel 将按一定的优先级顺序进行运算，常见运算符见表 8-2。如果公式中包含相同优先级的运算符，则按从左到右的次序进行计算。若要更改表达式的求值顺序，可将公式中先计算的部分用括号括起来。

表 8-2　运算符的优先级

运算符优先级	运 算 符	说 明
1	:	引用运算符
2	空格	交叉运算符
3	,	联合运算符
4	–	负号
5	%	百分比
6	^	乘幂
7	* /	乘和除
8	+ –	加和减
9	&	文本连接运算符
10	= < <= > >= <>	比较运算符

3. 输入公式

现以计算学生总评成绩为例，介绍公式的使用。

【例 8.1】根据图 8-9 所示的工作表数据，按照平时成绩占 30% 和期末成绩占 70% 计算学生的总评成绩。

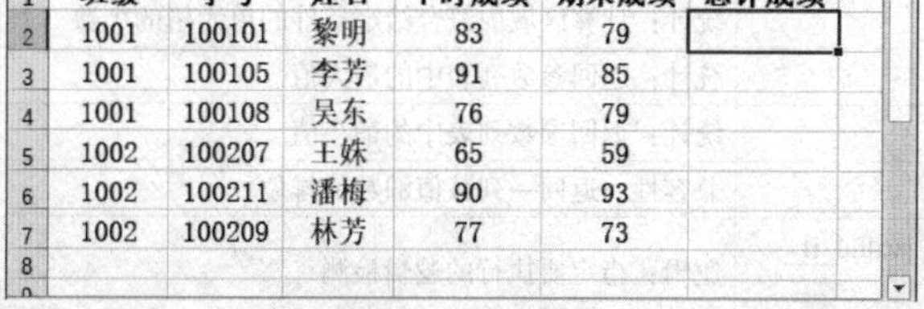

图 8-9　学生成绩表

具体操作如下：

① 选定存放计算结果的目标单元格 F2。

② 接着输入公式表达式 "=D2*0.3+E2*0.7"。

③ 然后按【Enter】键或单击编辑栏中的输入按钮 ✓ 确认。

此时在 F2 单元格中显示计算结果，而计算公式显示在编辑栏中，如图 8-10 所示。

F2	▼	× ✓ fx	=D2*0.3+E2*0.7		
▲	A	B	C	D	E	F
1	班级	学号	姓名	平时成绩	期末成绩	总评成绩
2	1001	100101	黎明	83	79	80.2
3	1001	100105	李芳	91	85	
4	1001	100108	吴东	76	79	
5	1002	100207	王姝	65	59	
6	1002	100211	潘梅	90	93	
7	1002	100209	林芳	77	73	
8						

图 8-10　总评成绩计算结果

提示： 在公式中引用单元格时，单元格的名称可以直接输入，也可以单击要引用的单元格进行选定。另外，在单元格中输入公式时，可以嵌套一些复杂的公式，但要用括号标明运算的顺序。

8.3.2　函数的使用

在 Excel 中不仅可以使用由常数或引用单元格组成的运算表达式，还可以使用 Excel 提供的内置函数。函数是 Excel 内部预先定义的公式，Excel 2016 提供了统计函数、数学与三角函数、财务函数、日期与时间函数等共 12 类约 400 个函数。

函数的语法格式为：

函数名 (参数 1, 参数 2,...)

其中，参数可以是数据常量、单元格引用、公式或其他函数。

Excel 2016 中的一些常用函数，如表 8-3 所示。

表 8-3　Excel 2016 的常用函数

函数形式	函数类别及功能	举　例
ABS(number)	数学和三角函数：返回数值的绝对值	=ABS(A1)
SUM(number1, [number2],...)	数学和三角函数：求参数的和	=SUM(D2:G2)
AVERAGE(number1, [number2], ...)	统计：返回参数的平均值	=AVERAGE(D2:G2)
COUNT(value1, [value2], ...)	统计：计算参数列表中数值的个数	=COUNT(D2:G2)
COUNTA(value1, [value2], ...)	统计：计算参数列表中非空单元格的个数	=COUNTA(D2:G2)
COUNTIF(range, criteria)	统计：计算区域内符合给定条件的单元格的个数	=COUNTIF(D2:G12,">90")
MAX(number1, [number2], ...)	统计：返回参数列表中的最大值	=MAX(H2:H12)
MIN(number1, [number2], ...)	统计：返回参数列表中的最小值	=MIN(H2:H12)
RANK(number,ref,[order])	兼容性：返回一列数值的数值排位	=RANK(H2,$H$2: $H$12)
IF(logical_test, [value_if_true], [value_if_false])	逻辑：指定要执行的逻辑检测	=IF(I2>60," 及 "," 不及 ")
DATE(year,month,day)	日期与时间：根据给定的三个参数值合并成一个日期	=DATE(2014,2,14)
YEAR(serial_number)	日期与时间：获取指定日期的年份	=YEAR(2014/2/14)
TODAY()	日期与时间：获取当前系统日期	=TODAY()

1. 输入函数

输入函数有两种方法：一种是直接输入法，即在选中的单元格后直接输入或在编辑框中输入函数名和所需的参数，如在 D6 单元格中计算 D2:D5 单元格的平均值，可选定目标单元格 D6，然后直接输入函数"=AVERAGE(D2:D5)"；另一种是插入函数法，即利用"插入函数"对话框选择所需要的函数。由于 Excel 提供了大量的函数，记忆众多的函数名以及对应的参数有较大的难度，因此插入函数法更为常用。

下面以在 D6 单元格中计算 D2:D5 单元格的平均值为例，介绍插入函数的常用操作。

① 选定输入函数的单元格。

② 单击编辑栏中的"插入函数"按钮 f_x，或单击"公式"选项卡→"函数库"组→"插入函数"按钮，打开"插入函数"对话框。

③ 在"插入函数"对话框中的"或选择类别"下拉列表框中选择要插入函数的类别，如"常用函数"；在"选择函数"列表框中选中要插入的函数，如"AVERAGE"，如图 8-11 所示。同时在对话框下方显示当前选定函数的功能介绍，方便用户查找和使用不熟悉的函数。

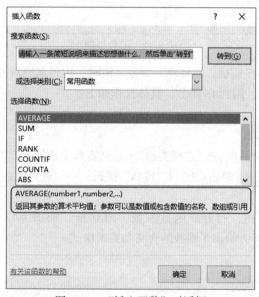

图 8-11　"插入函数"对话框

④ 单击"确定"按钮，打开"函数参数"对话框。

⑤ 在"函数参数"对话框的参数框中，输入或选定所需的参数。如果参数是引用的单元格或区域，在工作表中用鼠标直接选取所需的单元格或区域，可单击参数输入框右侧的"折叠"按钮，使对话框折叠后再选取，然后再展开"函数参数"对话框；如果该函数有多个参数，重复上述操作完成所有参数的输入。这里将光标置于 Number1 参数框中，选中 D2 到 D5 单元格区域。

⑥ 单击"确定"按钮，显示计算结果。

2. 快速计算

为了实现求和、平均值、计数、最大值和最小值等常用函数的快速计算，Excel 将这几个常用函数集中起来，放置在"开始"选项卡→"编辑"组→"自动求和 Σ"按钮中，单击"自动求和"按钮的扩展按钮，再选择使用相应的函数进行计算。

3. 状态栏计算

Excel 2016 还提供了另一种自动计算的功能，即当用户选定单元格区域后，在窗口状态栏的右侧会自动显示选定单元格区域的求和、平均值、计数等计算结果，对于不需要存储计算结果的临时统计非常方便。

如果选定有效单元格区域后，状态栏没有显示所需要的统计结果，则需要右击状态栏，在弹出的快捷菜单中选中需要显示的自动计算项目即可。

4. 函数应用举例

【例 8.2】根据图 8-12 所示的工作表数据，计算实测值与预测值之间的绝对误差和预测准确度。预测准确度的判定规则为："误差"值小于等于"实测值"的 10% 就视"预测准确度"为"高"，反之为"低"。

	A	B	C	D	E
1	时间（小时）	实测值	预测值	误差	预测准确度
2	0	16.5	20.5		
3	10	27.2	25.8		
4	12	38.3	40		
5	18	66.9	68.8		
6	30	83.4	80		

图 8-12 函数举例

分析看出，本题分两步完成。在计算"误差"值时，用到求绝对值 ABS 函数；在根据误差值计算"预测准确度"时，用到 IF 函数。具体操作如下：

（1）计算误差

① 选定目标单元格 D2。

② 打开"插入函数"对话框，在"选择类别"下拉列表框中选择"数学与三角函数"，或者在"搜索函数"框中输入"ABS"，单击右侧的"转到"按钮；在"选择函数"列表框中选择"ABS"函数。

③ 单击"确定"按钮，打开"函数参数"对话框，如图 8-13 所示；将插入光标置于 Number 文本框内，在其下方给出了参数的含义和要求格式。

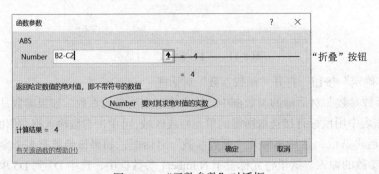

图 8-13 "函数参数"对话框

④ 单击 Number 参数框右侧的"折叠"按钮，在工作表中单击选中 B2 单元格，接着输入减号"–"，再单击选中 C2 单元格；也可以在文本框中直接输入"B2–C2"。

⑤ 单击"确定"按钮，计算的误差值"4"显示在 D2 单元格中，如图 8-14 所示。

（2）计算预测准确度

① 选定目标单元格 E2。

②打开"插入函数"对话框，在"选择类别"下拉列表框中选择"逻辑"，或者在"搜索函数"框中输入"IF"，单击"转到"按钮；在"选择函数"列表框中选择 IF 函数并确定。

③打开"函数参数"对话框，在 Logical_test 参数框中选择并输入"D2<=B2*0.1"，在 Value_if_true 参数框中输入"高"，在 Value_if_false 参数框中输入"低"。

④单击"确定"按钮，计算结果如图 8-14 所示。

	A	B	C	D	E
1	时间（小时）	实测值	预测值	误差	预测准确度
2	0	16.5	20.5	4	低
3	10	27.2	25.8		
4	12	38.3	40		
5	18	66.9	68.8		
6	30	83.4	80		

图 8-14　函数计算结果

8.3.3　公式的复制和单元格引用

在例 8.2 中，其他行的误差和预测准确度的计算是否还需要重复插入函数？回答是肯定的。但是，Excel 为了避免大量的重复输入工作，提供了公式和函数的快速复制功能。

1. 公式的复制

公式和函数的复制除了利用"复制"+"粘贴"命令实现以外。还可以用单元格的填充操作快速完成。复制公式或函数与常量值的不同之处在于，常量值在复制前后是相同的，而公式和函数的复制会根据目标单元格与源单元格的位移，自动调整公式中的引用地址。在目标单元格中会显示复制后公式的计算结果。为了说明问题，结合图 8-15 所示的示例进行分析。

D3		:	×	✓	f_x	=ABS(B3-C3)	

	A	B	C	D	E
1	时间（小时）	实测值	预测值	误差	预测准确度
2	0	16.5	20.5	4	低
3	10	27.2	25.8	1.4	高
4	12	38.3	40	1.7	高
5	18	66.9	68.8	1.9	高
6	30	83.4	80	3.4	高

图 8-15　公式及函数的自动填充

在 D2 单元格中输入函数后，余下的 D3 到 D6 单元格的误差计算可通过填充操作实现。主要原因是，D2 单元格中的函数为"=ABS(B2–C2)"，填充到 D3 单元格后，Excel 会自动把 D2 单元格中的函数复制到 D3 单元格中，并计算 D3 单元格和 D2 单元格相对位移，然后在 D3 单元格中函数的数据区域也按照这个位移进行相应调整，这样 D3 单元格中的内容变为"=ABS(B3–C3)"。

但有的时候，希望公式或函数中的数据区域固定，即要求复制到其他单元格后，公式或函数的数据区域保持不变。根据不同情况的需要，Excel 引入了相对地址和绝对地址两种单元格引用方式。

提示： 如果在公式的复制过程中，只想复制公式的计算结果而不需要计算公式，那么不能像一般数据一样使用复制和粘贴，而在粘贴操作时必须利用 Excel 提供的"选择性粘贴"功能，操作方法见 8.2.3 节。

2. 单元格的引用

在 Excel 中,单元格的引用分为相对引用、绝对引用和混合引用三种。

（1）相对引用

相对引用是指在复制公式时,根据目标单元格的地址自动调节公式中引用单元格的地址。这类地址直接用列标和行号表示,Excel 默认的单元格引用为相对引用。

例如,单元格 D2 中的公式是"=ABS(B2–C2)",其中的"B2"和"C2"单元格地址就是相对引用,当该公式被复制到 D3、D4 单元格时,公式中的引用地址 B2、C2 会随着目标单元格的变化而相对变化,目标单元格的公式自动变为"=ABS(B3–C3)"和"=ABS(B4–C4)"。其原因是公式从 D2 单元格复制到 D3 单元格,列未变且下移一行,导致公式中相对引用的单元格地址也保持列不变而行数加 1,由 B2、C2 变成了 B3、C3,由此可见相对引用的作用。

（2）绝对引用

绝对引用是当公式在复制时其单元格引用地址不会随目标单元格位置的变化而变化。绝对地址的表示是在列标和行号前面分别加上"$"符号。这样无论粘贴到哪个单元格,所复制公式或函数中使用的单元格地址保持不变。

例如,在 D2 单元格中输入"=ABS($C$2–$B$2)",那么将 D2 单元格复制后,无论粘贴到 D3 还是 D6 等其他单元格,其粘贴后公式中的引用地址均保持不变,还都是 B2–C2 的绝对值。

（3）混合引用

在 Excel 中,如果只在行号前加"$"符号,或者只在列标前加"$"符号,在复制时,加"$"前缀的行号或列标保持不变,而未加"$"前缀的那部分列标或行号的地址仍会相对变化,这样的数据区域标识称为"混合地址"。

3. 公式中常见问题的处理

在 Excel 的使用过程中,经常会遇到单元格中显示错误值的提示信息,这表明单元格的操作有误,常见的错误符号及解决方法见表 8-4。

表 8-4 常见错误提示、产生原因及解决办法

错误提示	产 生 原 因	解 决 办 法
#####	单元格中数值型数据的长度超过单元格宽度,或者单元格的日期时间公式计算结果为负值	增加单元格列宽,或确定日期时间的格式是否正确
#DIV/0!	公式中除数为 0,或指向了空单元格	除数改为非 0,或修改单元格引用
#VALUE!	使用错误的参数或运算对象类型	确认公式或函数所需的运算符或参数正确,且引用单元格中包含有效数据
#N/A	函数或公式中没有可用数值或缺少函数参数	确认公式或函数中的参数正确,且位置正确
#REF!	删除了公式所引用的单元格,或造成单元格引用无效	检查公式或函数中单元格引用是否存在错误;检查单元格引用是否正确
#NUM!	在需要数字参数的函数中使用了不能识别的参数,或者计算结果太大或太小,Excel 无法表示	确认函数中使用的参数类型正确无误;修改公式参数的初始值,使其结果在有效数字范围之间
#NULL!	使用了不正确的区域运算符或不正确的单元格引用	检查区域引用或单元格引用是否正确
#NAME?	使用了不存在的名称,或删除了公式中使用的名称,或拼写错误等	检查使用的名称确实存在;检查名称拼写是否正确

8.3.4 应用举例

【例 8.3】如图 8-16 所示的工作表信息,利用函数完成"存入日""到期日"和"本息"的计算。

要求每笔存款的间隔时间为 20 天。

（1）创建基本数据

打开存有上述数据的工作簿，或新建一个工作簿并输入图 8-16 所示的基本数据。

	A	B	C	D	E	F	G
1	存入日	期限	年利率	金额	到期日	本息	银行
2	2020-4-1	2	2.25	2000			工商银行
3		3	2.75	2500			农业银行
4		2	2.25	3000			工商银行
5		1	1.75	3200			建设银行
6		3	2.75	4000			工商银行
7		2	2.25	1500			农业银行
8		3	2.75	2000			农业银行
9		3	2.75	2300			农业银行
10		2	2.25	3400			工商银行
11		1	1.75	1200			建设银行
12		1	1.75	5000			建设银行
13		3	2.75	4500			建设银行

图 8-16　应用举例——存款单

（2）计算每笔存款的"存入日"

已知起始日期为 2020-4-1，每笔存款的间隔时间为 20 天，用填充操作输入每笔存款的"存入日"。

① 选定 A2 到 A13 单元格区域，单击"开始"选项卡→"编辑"组→"填充"下拉按钮，在下拉菜单中选择"序列"命令，打开"序列"对话框（见图 8-4）。

② 在对话框的"序列产生在"选项区域选中"列"单选按钮，在"类型"选项区域选中"日期"单选按钮，在"日期单位"选项区域选中"日"单选按钮，在"步长值"文本框中输入"20"。

③ 单击"确定"按钮，A2 到 A13 单元格中的日期以 20 天为间隔进行填充。

（3）计算"到期日"

已知到期日由"存入日"加上"存款期限"计算得到。如果存入日是"2020/4/1"，期限为"2"年，到期日应该为"2022/4/1"，其计算过程为：第一步，用 Year()、Month() 和 Day() 三个函数分别获取日期中的年、月、日三部分数据，即"2020"、"4"和"1"；第二步，在存入年份"2020"的基础上与期限"2"相加，得到到期年份"2022"；第三步，用 Date 函数将年、月、日三部分数据再合并成一个日期值。具体操作如下：

① 选定目标单元格 E2。

② 打开"插入函数"对话框，在"选择类别"下拉列表中选择"日期与时间"，在"选择函数"列表框中选择 DATE 函数，单击"确定"按钮，打开"函数参数"对话框。

③ 在 Year 对应的参数框中输入"year("，用鼠标选取 A2 单元格，再输入")+"，再选取 B2 单元格。

④ 在 Month 对应的参数框中输入"month("，选取 A2 单元格，再输入")"。

⑤ 在 Day 对应的参数框中输入"day("，选取 A2 单元格，再输入")"。输入参数后的对话框如图 8-17 所示。

⑥ 单击"确定"按钮。在 E2 单元格显示第一笔存款的到期日，拖动单元格 E2 的填充柄至 E13 单元格，实现所有记录"到期日"的自动计算。

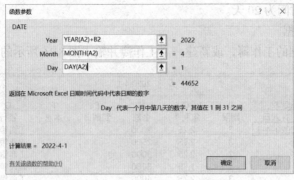

图 8-17　DATE 函数参数对话框

（4）计算"本息"

已知到期本息的计算公式为：本息＝金额 ×(1+ 期限 × 年利率 /100)，具体操作如下：

① 选定 F2 单元格，直接输入公式 "=D2*(1+B2*C2/100)"，表达式中单元格的名称可以直接输入，也可以单击相应的单元格进行选取。

② 按【Enter】键或单击编辑栏中的 ✓ 按钮，计算结果显示在 F2 单元格中。

③ 选定单元格 F2，拖动单元格 F2 的填充柄至单元格 F13，实现其他记录本息的自动计算。

【例 8.4】按图 8-18 所示的数据信息，计算每位学生的平均成绩，并按总成绩降序排名。

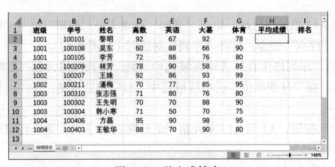

图 8-18　学生成绩表

先打开存有上述数据的工作簿，或新建一个工作簿并输入相应的数据，再完成如下操作。

（1）计算每人的平均成绩

① 选定单元格 H2，插入 AVERAGE 函数或直接输入 "=AVERAGE(D2:G2)" 计算平均成绩。

② 再选定单元格 H2，拖动其填充柄至单元格 H12，计算出其他学生的平均成绩。

（2）计算排名

计算学生总成绩的排名，需要用到 RANK 函数，具体操作如下：

① 选定 I2 单元格。

② 打开"插入函数"对话框，在"选择类别"下拉列表中选择"统计"，在"选择函数"列表框中选择 RANK 函数，单击"确定"按钮，打开"函数参数"对话框。

③ 在 Number 参数框中指定当前要进行排名的单元格，这里选中"H2"。

④ 在 Ref 参数框中需要指定所有参与排名的数据区域，这里输入"$H$2:$H$12"，这里必须用绝对地址，以便后面函数的填充操作时能得到正确结果。

⑤ 在 Order 参数框中指定排名的方式，即升序或降序。如果输入"0"或者空，表示按降序排序，输入非 0 值表示按升序排序，这里输入"0"，如图 8-19 所示。

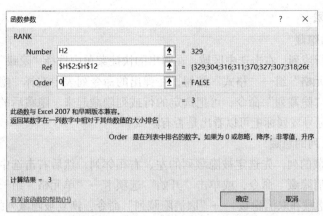

图 8-19　RANK 函数参数对话框

⑥ 单击"确定"按钮，得到 H2 的值在数据区域 H2:H12 中的排名；再拖动单元格 H2 的填充柄至单元格 H12，实现其他学生平均成绩排名的自动计算。

8.4　工作表的格式化

一个好的工作表不仅要有正确的数据，还要有规范的格式和大方的外观。Excel 提供了许多格式化功能，来实现对工作表格式的编排。工作表格式化主要是指对工作表中的单元格、行和列等格式的设置。

8.4.1　设置行、列

1. 调整行高和列宽

当 Excel 单元格默认的高度或宽度与需求不符时，应对单元格的行高或列宽进行调整。下面主要介绍列宽的设置，行高的设置与之相似，请读者自行练习。

（1）拖动调整

选定要调整的一列或多列，然后将鼠标移动到选定列标的右界，当鼠标指针呈 ✚ 形状时，按住鼠标左键左右拖动实现列宽的调整。

如果要更改工作表中所有列的宽度，单击工作区左上角的"全选"按钮，然后将鼠标移动到某一列标的右界拖动即可。

（2）精确调整

选定要调整的一列或多列，单击"开始"选项卡→"单元格"组→"格式"按钮，在弹出的命令列表中选择"列宽"命令，在打开的"列宽"对话框中输入指定的列宽值，单击"确定"按钮后，可见选定的列调整为指定列宽。

（3）自动调整列宽

为了使列宽与单元格中内容的宽度相适应，将鼠标移动到要调整列的列标右界，指针呈 ✚ 形状时，双击鼠标即可实现列宽的自动调整，刚好放下该列中最宽一个单元格的值；也可以单击"开始"选项卡→"单元格"组→"格式"按钮，在下拉菜单中选择"自动调整列宽"命令来完成。

2. 行和列的隐藏

（1）行、列的隐藏

选中要隐藏的行或列；右击选中区域，在弹出的快捷菜单中选择"隐藏"命令，或单击"开始"选项卡→"单元格"组→"格式"按钮，在弹出的命令列表中选择"隐藏和取消隐藏"命令→"隐藏行"或"隐藏列"命令，可把选定的行或列隐藏起来。隐藏后的行或列既不显示，也不打印，但从行标号或列标上可以看出是否有隐藏。

（2）取消行、列的隐藏

若要显示被隐藏的列，先选定被隐藏列的左、右相邻列，然后右击选中区域，在弹出的快捷菜单中选择"取消隐藏"命令，或单击"开始"选项卡→"单元格"组→"格式"按钮，在下拉菜单中选择"隐藏和取消隐藏"→"取消隐藏列"命令，恢复被隐藏列的显示。

调整行高和取消隐藏行的操作与列操作相似，可自行练习。

8.4.2 设置单元格格式

在向工作表的单元格中输入数据时，Excel 会尽可能以适当的格式显示在屏幕上。如果系统默认的数据格式不能满足需要时，可以自行设置。设置单元格格式包括单元格中的数据格式、对齐方式、字体、边框、图案等。

设置单元格格式的基本操作为：

① 选定要设置格式的单元格区域。

② 单击"开始"选项卡→"单元格"组→"格式"按钮，在下拉菜单中选择"设置单元格格式"命令；或右击选定区域，在弹出的快捷菜单中选择"设置单元格格式"命令，均可打开"设置单元格格式"对话框。

③ 根据需要选择不同的选项卡，在对话框中可以实现对数据格式、对齐方式、字体、边框、填充和保护等内容的设置。

1. 设置数据格式

在"设置单元格格式"对话框中，选择"数字"选项卡，如图 8-20 所示。根据需要在"分类"列表框中选择需要的数据类型，如"数值"；在右侧的"示例"选项区域中设置或选择适合的格式，如设置"小数位数"为"2"。

图 8-20   "设置单元格格式"对话框 – "数字"选项卡

另外，在"开始"选项卡的"数字"组，利用相应的命令按钮，也可以实现对选定单元格区域进行简单、快速的格式设置，可以实现"货币样式""百分比样式""千位分隔样式""增加小数位""减少小数位"等设置。

2. 设置对齐方式

在 Excel 中，单元格中的文本数据默认为左对齐，数值、日期型数据默认为右对齐，根据需要可以重新设置对齐方式。

（1）设置水平对齐和垂直对齐

在"设置单元格格式"对话框中，选择"对齐"选项卡，如图 8-21 所示。用户可在"文本对齐方式"选项区域的"水平对齐"和"垂直对齐"下拉列表中选择需要的对齐方式，同时在"方向"选项区域还可以设置文字的旋转角度。

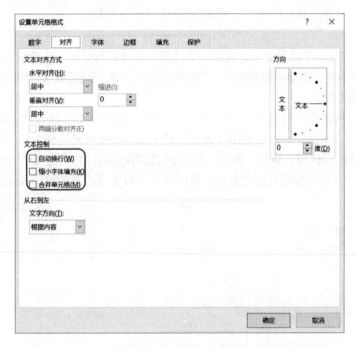

图 8-21　"设置单元格格式"对话框 –"对齐"选项卡

另外，在"开始"选项卡→"对齐方式"组，单击相应的命令按钮也可以设置选定单元格区域的对齐方式。

（2）合并单元格

合并单元格是将多个单元格合并为一个单元格，可以方便地实现标题的居中设置。具体操作是：选定一个连续的单元格区域，然后打开"设置单元格格式"对话框，在"对齐"选项卡中选中"合并单元格"复选框，或在"开始"选项卡→"对齐方式"组，单击"合并后居中"按钮 进行合并。

如果要取消单元格的合并，首先选定已合并的单元格，在"设置单元格格式"对话框的"对齐"选项卡中取消 "合并单元格"复选框的选中设置，或在"开始"选项卡→"对齐方式"组，再次单击"合并后居中"按钮，即可将合并的单元格恢复原状。

（3）自动换行和缩小字体填充

如果单元格中的文本内容较多超过了单元格的容纳宽度，Excel 提供了两种显示方式，即自动换行和缩小字体填充。

① 自动换行：指输入单元格中字符的大小保持不变，根据单元格的列宽将文字换行显示，并自动调整行高以刚好显示全部内容。设置方法是在"设置单元格格式"对话框的"对齐"选项卡中，选中"自动换行"复选框（见图 8-21）。

② 缩小字体填充：指单元格的大小保持不变，根据文本内容的多少自动调整单元格中字符的大小，以适应单元格的宽度刚好显示全部内容。设置方法是在"设置单元格格式"对话框的"对齐"选项卡中，选中"缩小字体填充"复选框（见图 8-21）。

3. 设置字体格式

字体格式主要包括字体、字号、字形、颜色、特殊效果、下画线等内容。可以在"设置单元格格式"对话框中的"字体"选项卡进行设置，也可以单击"开始"选项卡→"字体"组中的相应按钮进行快速设置。其具体操作与 Word 设置相似，不再赘述。

4. 设置边框

在默认情况下，Excel 中的单元格之间由一些浅灰色线条进行分隔，这些线条在预览和打印时为不可见，同时也不能突出显示有效区域。为突出工作表中的不同区域或打印时输出表格线，就必须为表格进行边框设置。

选择"设置单元格格式"对话框中的"边框"选项卡，如图 8-22 所示；根据需要选择边框线的线条"样式"和"颜色"；然后利用"预置"选项区域中的"外边框"、"内部"等按钮一次性设置选定区域的边框和表格线，单击"无"按钮取消已设置的边框；也可以单击"边框"选项区周围的按钮，或单击预览表格中的要设置的线条，可实现设置或取消任意位置上的边框和表格线。

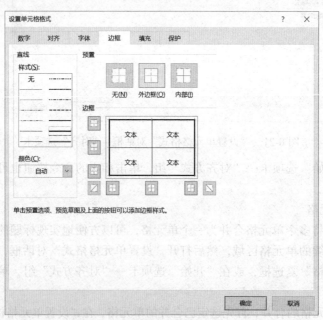

图 8-22 "设置单元格格式"对话框 – "边框"选项卡

另外，在选定要设置的单元格区域后，单击"开始"选项卡→"字体"组→"边框"按钮，在其弹出的列表中列出了 13 种边框线及"绘制边框"的工具，选择相应的命令即可实现对选定区域的相应边框设置，利用"绘制边框"工具可绘制和取消各种边框线。

5. 设置填充

在默认情况下，Excel 的单元格既无颜色也无图案。通过设置单元格的图案和颜色等，可以增强工作表的视觉效果。

选择"设置单元格格式"对话框中的"填充"选项卡，如图 8-23 所示。在"背景色"选项区域可以设置单元格的底色；在"图案颜色"和"图案样式"下拉列表框中可以设置单元格的填充图案。

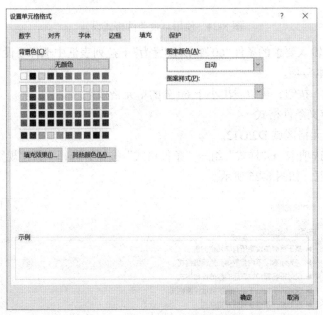

图 8-23　"设置单元格格式"对话框 – "填充"选项卡

若要取消已设置的单元格背景颜色，可单击"背景色"选项区上端的"无颜色"项；若为单元格设置图案时，将光标移到展开的"图案颜色"和"图案样式"中的某一选项上面，会显示该选项的名称，以便按要求准确设置。

另外，在选定单元格区域后，单击"开始"选项卡→"字体"组→"填充颜色"按钮的扩展按钮，在其下拉列表中进行选择也可对选定区的背景颜色进行设置，但这种操作不能设置填充图案。

> **提示：**对于已格式化的数据区域，如果其他区域也要使用与其相同的格式，可以利用"格式刷"按钮实现单元格格式的快速复制。

8.4.3　设置条件格式

为了便于数据查看和分析，需要对满足特定条件的单元格数据进行突出显示。在 Excel 中提供了条件格式的设置。

【例 8.5】将例 8.4 中各门课程成绩低于 60 分的单元格进行设置，要求单元格填充色为浅红色，字体颜色为深红色；对于成绩大于或等于 90 分的单元格，只设置字体为蓝色、加粗显示。

（1）使用自带的条件格式

① 选定成绩表中的高数、英语、大基、体育四列成绩所在的单元格区域 D2:G12。

② 单击"开始"选项卡→"样式"组→"条件格式"按钮，在其下拉列表中选择"突出显示单元格规则"→"小于"命令，打开设置对话框，如图 8-24 所示。

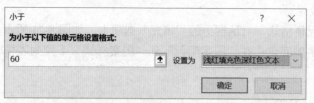

图 8-24 使用自带条件格式设置

③ 在左侧框中输入要求的条件"60"，在"设置为"下拉列表框中选择要设置的单元格格式"浅红填充色深红色文本"项。

④ 单击"确定"按钮，可以看出小于 60 分的单元格效果。

（2）使用自定义条件格式

① 继续选定单元格区域 D2:G12。

② 在"开始"选项卡→"样式"组→"条件格式"按钮，选择"新建规则"命令，打开"新建格式规则"对话框，如图 8-25 所示。

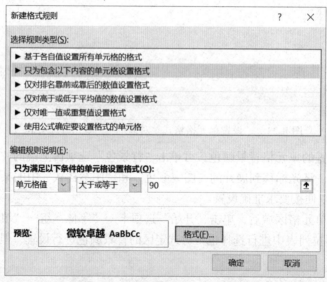

图 8-25 "新建格式规则"对话框

③ 在对话框的"选择规则类型"列表区，选择"只为包括以下内容的单元格设置格式"项，在"编辑规则说明"区依次选择或输入"单元格值""大于或等于""90"。

④ 再单击"格式"按钮设置字体的格式为"蓝色""加粗"，单击"确定"按钮后可看到设置效果。

8.4.4 自动套用格式

为了实现工作表中数据区域的快速格式化设置，Excel 提供了自动套用格式功能。自动套用格式是指预先设置好的可以应用于某一单元格或单元格区域的字体大小、边框、图案、对齐方式等一套内置格式的集合。根据应用范围的不同，Excel 有两种自动套用格式。

1. 自动套用单元格样式

如果用户只想对部分单元格进行快速格式化，可先选定要格式化的单元格，然后单击"开始"选项卡→"样式"组→"单元格样式"按钮，在展开的单元格样式列表中显示 Excel 2016 内置的单元格样式，如图 8-26 所示，根据需要选择一种合适的样式，即可完成对选定区域的套用。

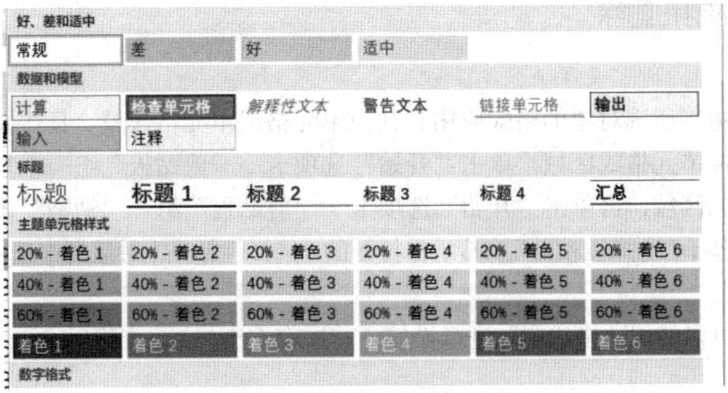

图 8-26　"单元格样式"列表

2. 自动套用表格样式

如果用户想对整个表格快速格式化，可先选定要格式化的表格区域，然后单击"开始"选项卡→"样式"组→"套用表格格式"按钮，在展开的表格样式列表中选择合适的表格样式进行应用，如图 8-27 所示。

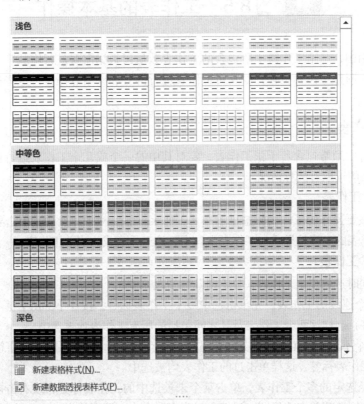

图 8-27　"套用表格样式"列表

应用套用表格样式后，在 Excel 窗口的功能区会显示"表格工具 – 设计"选项卡，对已套用的表格格式可进行再编辑。如果要删除已套用的样式，可先单击数据表中的任意单元格，单击"表格工具 – 设计"选项卡→"表格样式"组的下拉按钮，在展开的表格样式下方单击"清除"命令即可。

8.4.5 格式的复制和删除

1. 复制格式

复制格式是指将所选对象的格式应用到其他单元格或单元格区域。具体操作为：先选定已设置好格式的样板单元格或区域，单击"开始"选项卡→"剪贴板"组→"复制"按钮；然后选定目标单元格或区域，再单击"开始"选项卡→"剪贴板"组→"粘贴"按钮的下拉按钮，从展开的列表中选择"选择性粘贴"命令，在打开的"选择性粘贴"对话框中选中需要复制的"格式"选项，并确定。

复制格式也可以使用"格式刷"进行操作，其操作方法与 Word 相似。

2. 删除格式

若要删除单元格已经设置的格式，可以先选定删除格式的单元格或单元格区域，单击"开始"选项卡→"编辑"组→"清除"按钮，在展开的下拉列表中选择"清除格式"命令，即可把单元格中已设置的格式删除，单元格中的数据按 Excel 的默认格式显示。

8.5 工作表的基本操作

在实际使用中，一个工作簿中所包含的工作表数量可根据需要进行增减，有时需要对工作表进行重命名，调整工作表位置，以及对工作表进行拆分和冻结等操作，这些都属于工作表的编辑功能。

8.5.1 选定工作表

一个工作簿中通常包含若干张工作表，要对其中的一个或几个工作表进行操作时，必须要先选定。工作表的选取有两种情况。

1. 选定单个工作表

首先，调整要操作的工作表标签显示在"工作表标签"栏中；然后，单击要选定的工作表标签即可，工作表的内容就显示在工作表窗口中，该工作表成为当前工作表。

2. 选定多个工作表

如果需要同时选取多个工作表，分下面几种情况。

① 选定多个连续的工作表。先单击选中一个工作表标签，按住【Shift】键不放，再单击另一个工作表标签，这样这两个工作表及其之间包括的所有工作表均被选中。

② 选定多个不连续的工作表。先单击选中一个工作表标签，按住【Ctrl】键不放，再单击其他要选定的工作表标签，这样单击过的工作表均被选中。

若取消已经选定的多个工作表，单击某个未被选中的工作表标签；或右击被选中的工作表标签，在弹出的快捷菜单中选择"取消组合工作表"命令，即可放弃已选中的所有工作表。

8.5.2　重命名工作表

在 Excel 中，每个工作表都有一个名称，系统默认的工作表名称为 Sheet1、Sheet2……等，这种命名方式不易区分工作表中存放的内容，用户可根据需要对工作表进行重命名。具体操作如下：

① 选中要重命名的工作表。

② 单击"开始"选项卡→"单元格"组→"格式"按钮，在展开的下拉列表中选中"重命名工作表"命令，或右击需要重命名的工作表标签，在弹出的快捷菜单中选择"重命名"命令，均会使工作表标签的名称呈反相显示。

③ 直接输入新的工作表名称后，并按【Enter】键确认。

> **提示：** 在实际使用中，最常用的方法是直接双击工作表标签，当工作表名呈反相显示后，直接输入工作表名称即可。

8.5.3　插入、删除工作表

1. 插入工作表

单击"开始"选项卡→"单元格"组→"插入"按钮的下拉按钮，在展开的下拉列表中选择"插入工作表"命令，即可在当前工作表的前面插入一张新工作表；或右击工作表标签，在弹出的快捷菜单中选择"插入"命令，在打开的"插入"对话框中选择"工作表"项，即可在当前工作表的前面插入一张新工作表。

2. 删除工作表

先选定要删除的一张或多张工作表，然后单击"开始"选项卡→"单元格"组→"删除"按钮的下拉按钮，在展开的下拉列表中选择"删除工作表"命令；也可以右击选中的工作表标签，在弹出的快捷菜单中选择"删除"命令，即可将选定的工作表删除。

> **提示：** 工作表一旦删除就无法恢复，因此删除工作表时一定要慎重！

8.5.4　移动、复制工作表

工作表的移动和复制操作，既可以在同一个工作簿内进行，也可以在不同的工作簿之间进行。如果要实现将一张工作表移动或复制到其他工作簿文件中，需要在同时打开源工作簿和目标工作簿的基础上进行操作。

1. 利用菜单命令复制、移动工作表

现以将"等级考试成绩 .xlsx"中的 Sheet1 工作表移动到"学生成绩 .xlsx"中的 Sheet3 工作表之前为例进行说明，其操作步骤如下。

① 打开源工作簿"等级考试成绩 .xlsx"和目标工作簿"学生成绩 .xlsx"。

② 选定要移动的工作表，即在"等级考试成绩 .xlsx"工作簿中选定 Sheet1 工作表。

③ 单击"开始"选项卡→"单元格"组→"格式"按钮，在展开的下拉列表中选择"移动或复制工作表"命令；或右击 Sheet1，在弹出的快捷菜单中选择"移动或复制"命令，均打开"移动或复制工作表"对话框，如图 8-28 所示。

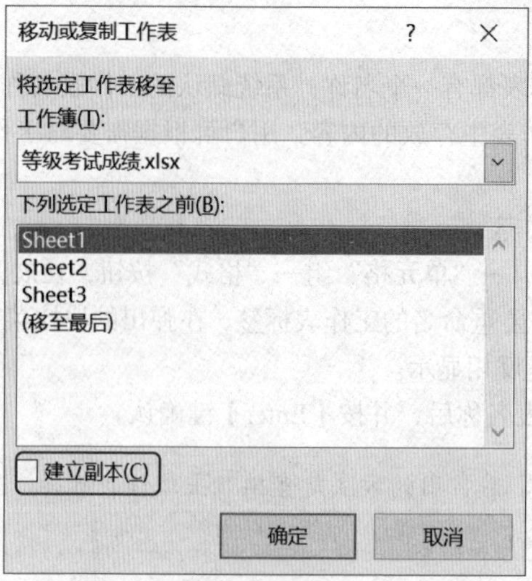

图 8-28 "移动或复制工作表"对话框

④ 在对话框的"工作簿"下拉列表框中选择移动到的目标工作簿文件"学生成绩 .xlsx"；这时在"下列选定工作表之前"列表框中显示目标工作簿的所有工作表，这里选中 Sheet3，表示要移动的工作表放置在选定的 Sheet3 工作表之前，单击"确定"按钮后完成工作表的移动。若只在当前工作簿中移动，选择工作簿这一步操作可以省略。

如果要复制工作表，则需要在"移动或复制工作表"对话框中选中"建立副本"复选框（见图 8-28），其余操作与移动工作表完全相同。

2. 利用鼠标拖动实现复制、移动工作表

如果在当前工作簿内进行工作表的复制和移动，直接用鼠标操作更为方便。若想移动工作表，只需选中要移动的工作表标签，按住鼠标左键拖动，当提示小箭头移动到希望的位置时，释放鼠标即可。

如果使用鼠标复制工作表，与移动操作类似。不同之处在于选中要复制的工作表标签后，要先按住【Ctrl】键，然后再拖动鼠标完成复制。

8.5.5　工作表的隐藏或取消隐藏

若工作表中存放了一些特殊的数据，不希望被其他人查看，此时可以将该工作表设置为隐藏。在工作表被隐藏的同时工作表标签也被隐藏。

1. 隐藏工作表

选定需要隐藏的工作表，单击"开始"选项卡→"单元格"组→"格式"按钮，在展开的下拉列表中选择"隐藏和取消隐藏"→"隐藏工作表"命令；或者右击要隐藏的工作表标签，在弹出的快捷菜单中选择"隐藏"命令，均可将选定的工作表隐藏。

2. 取消工作表的隐藏

单击"开始"选项卡→"单元格"组→"格式"按钮，在展开的下拉列表中选择"隐藏和取消隐藏"→"取消隐藏工作表"命令，或者右击任一工作表标签，在弹出的快捷菜单中选择"取消隐藏"命令，均可打开"取消隐藏"对话框，在对话框的隐藏工作表列表中，选中要解除隐藏的工作表名称，即可将选定的隐藏工作表显示出来。

8.5.6　工作表的拆分与冻结

工作表中可以存放大量的内容，而 Excel 窗口大小有限，如果想同时查看在工作表中两条相距比较远的数据记录时就很不方便，为此 Excel 提供了工作表的拆分和冻结功能。

1. 拆分工作表

拆分工作表是把当前工作表窗口拆分成几个窗格，而每个窗格中都可通过水平滚动条和垂直滚动条来调整浏览内容。通过拆分窗口可在一个 Excel 窗口中查看同一工作表不同位置的数据。

在拆分工作表时，先选定一个单元格，然后单击"视图"选项卡→"窗口"组→"拆分"按钮，使其处于按下状态。系统依据选定单元格的上边线和左边线将工作表分为 4 个独立的窗格，拆分后的窗口，如图 8-29 所示。

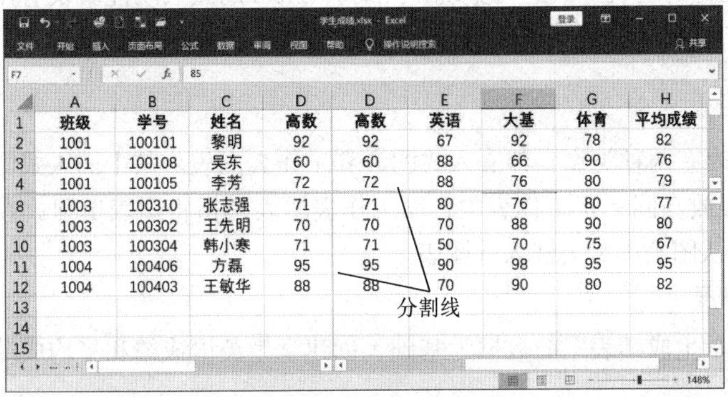

图 8-29　拆分窗口示例

若要取消工作表的拆分效果，可再次单击"拆分"按钮，或直接双击窗口中的分隔线取消拆分。

2. 冻结工作表

冻结工作表是把活动工作表的上窗格和左窗格进行冻结，即锁定在窗口中。通常用于冻结某个工作表的行标题和列标题，然后通过滚动条来查看工作表其他部分的内容。工作表的冻结为查看大表提供了方便。

在冻结工作表时，先选定一个单元格，然后单击"视图"选项卡→"窗口"组→"冻结窗口"按钮，在展开的下拉列表中选择"冻结窗格"命令。冻结后的窗口如图 8-30 所示。选定的单元格被视为冻结点，该点以上及左侧的单元格一直保留在窗口中。

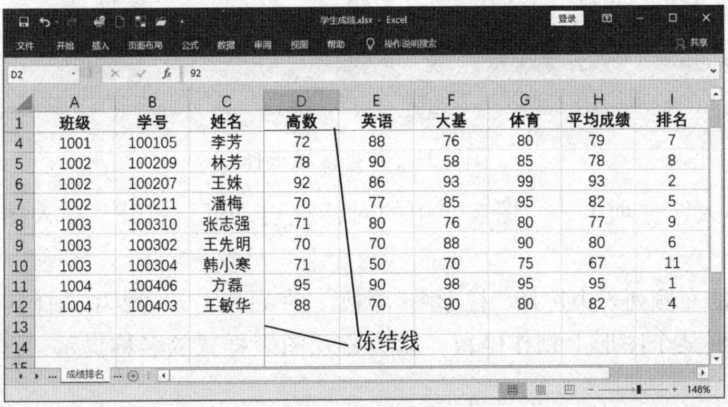

图 8-30　冻结窗口示例

若只需冻结窗口的首行或首列，可以在"冻结窗格"按钮的下拉列表中直接选择"冻结首行"或"冻结首列"命令。

若要取消窗口的冻结显示，只需单击"视图"选项卡→"窗口"组→"冻结窗格"按钮，在下拉菜单中选择"取消冻结窗格"命令，即可解除冻结。

8.6　图表

在信息社会，身边用于展示的数据日益增多，为将信息能有效地传递给用户，很多情况下，是将数据以可视化的图表形式进行呈现。此时，Excel 的图表功能就很有用。本节主要介绍 Excel 的图表创建与编辑操作。

8.6.1　创建图表

Excel 提供的图表有两种类型，即嵌入式图表和工作表图表。其中嵌入式图表是指图表和创建图表所用的数据表放在同一张工作表中，而工作表图表是指将图表单独放在一张工作表中。Excel 2016 创建的默认图表类型为嵌入式图表。

1. 创建嵌入式图表

【例 8.6】以"学生成绩表"的数据为基础，创建学生英语成绩和平均成绩的簇状柱形图。具体操作如下：

①选定创建图表所需要的数据区域。先选取学生姓名，按住【Ctrl】键不放，再依次选取英语和平均成绩两列有效数据区域，如图 8-31 所示。

	A	B	C	D	E	F	G	H	I
1	班级	学号	姓名	高数	英语	大基	体育	平均成绩	排名
2	1001	100101	黎明	92	67	92	78	82	3
3	1001	100108	吴东	60	88	66	90	76	10
4	1001	100105	李芳	72	88	76	80	79	7
5	1002	100209	林芳	78	90	58	85	78	8
6	1002	100207	王姝	92	86	93	99	93	2
7	1002	100211	潘梅	70	77	85	95	82	5
8	1003	100310	张志强	71	80	76	80	77	9
9	1003	100302	王先明	70	70	88	90	80	6
10	1003	100304	韩小寒	71	50	70	75	67	11
11	1004	100406	方磊	95	90	98	95	95	1
12	1004	100403	王敏华	88	70	90	80	82	4
13									

图 8-31　数据区域选择

② 单击"插入"选项卡→"图表"组的对话框启动器，打开"插入图表"对话框，如图 8-32 所示。

③ 在对话框的左侧列表中选择"柱形图"类型，在右侧上方列表中选择具体的柱形图样式，将鼠标指针移动到某个图形上稍作停留，就会显示图表样式的名称提示，这里选择"簇状柱形图"。

④ 单击"确定"按钮，新创建的图表插入到当前工作表中，如图 8-33 所示。

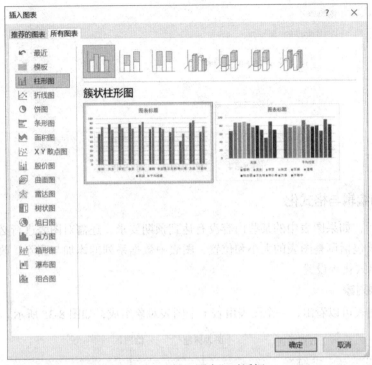

图 8-32　"插入图表"对话框

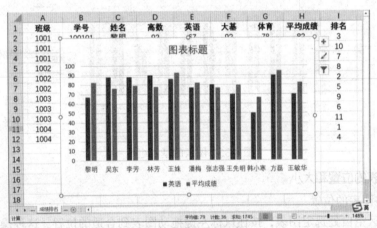

图 8-33　嵌入式图表

2. 创建工作表图表

在创建嵌入式图表的基础上，可以将其转换为工作表图表。下面在例 8.6 操作的基础上进行转换，具体操作如下：

① 选定要转换的嵌入式图表，单击"图表工具－设计"选项卡→"位置"组→"移动图表"按钮；或右击要转换的嵌入式图表，在弹出的快捷菜单中选择"移动图表"命令；打开"移动图表"对话框，如图 8-34 所示。

② 在对话框中选中"新工作表"单选按钮，可输入新的工作表名，然后单击"确定"按钮，即将选定的嵌入式图表转换为独立放置的工作表图表。

图 8-34　"移动图表"对话框

8.6.2　图表的编辑与格式化

创建图表后，如果图表中的某些内容没有达到预期要求，还需对图表进行必要的编辑。图表编辑操作主要包括调整图表的大小和位置、图表中数据系列的添加与删除、改变图表类型、图表中对象的格式化等设置。

1. 认识图表对象

从创建的图表可以看出，一个图表由若干个图表对象组成，如图 8-35 所示。

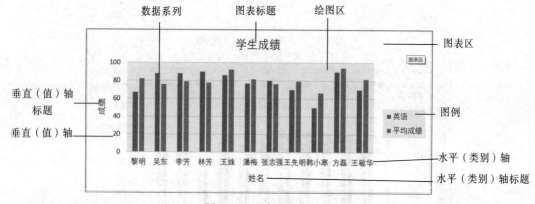

图 8-35　图表的基本组成

2. 调整图表的位置和大小

（1）调整图表的位置

单击图表区空白处选定图表，按住鼠标左键拖动图表到合适的位置。这种操作仅适用于嵌入式图表。

（2）调整图表的大小

选定要编辑的图表，在图表的边框上会出现 8 个调节句柄，将鼠标移动到图表边框的调节句柄上，当鼠标指针呈双向箭头⇔形状时，沿箭头所示方向拖动鼠标即可改变图表的大小。

如果要精确设定图表的大小，先选定图标，在"图表工具－格式"选项卡的"大小"组中直接输入图表的"高度"和"宽度"值即可。

3. 编辑图表的数据系列

（1）添加数据系列

如果需要向已创建的图表中再添加新的数据系列，最快捷的操作是：先选定要添加的数据区域，并执行"复制"命令，然后单击图表区域的空白处选定图表，再执行"粘贴"命令，即可将选定的数据区域添加到图表中。

（2）删除数据系列

若想删除不需要的数据系列，单击图表中要删除的数据系列，直接按【Delete】键删除；或者右击图表中要删除的数据系列，在弹出的快捷菜单中选择"删除"命令。

（3）利用"选择数据源"对话框添加、删除数据系列

【例 8.7】在创建学生英语和平均成绩图表的基础上，完成添加"高数"数据系列，并删除"英语"数据系列的操作。

通过本例题掌握用"选择数据源"对话框添加或删除数据系列。

① 先选定图表，单击"图表工具 – 设计"选项卡→"数据"组→"选择数据"命令，打开"选择数据源"对话框，如图 8-36 所示。

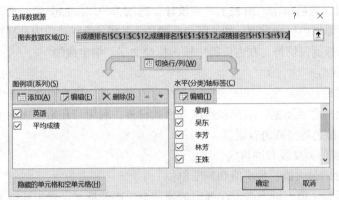

图 8-36　"选择数据源"对话框

② 在对话框中单击"添加"按钮，打开"编辑数据系列"对话框。

③ 将当前光标至于"系列名称"框中，单击要添加数据系列的列标题 D2 单元格；再将光标置于"系列值"框中，选择要添加的数据区域 D2：D12，如图 8-37 所示。

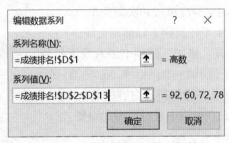

图 8-37　"编辑数据系列"对话框

④ 单击"确定"按钮返回，即可看到在图表中新添加的数据系列。

如果要删除图表中的"英语"数据系列，在打开"选择数据源"对话框后，在左侧的"图例项（系列）"列表中选中"英语"系列，单击其上方的"删除"按钮，可删除选定系列。

（4）调整数据系列的次序

为了便于数据系列之间的对比和分析，有时需要对图表中数据系列的顺序进行调整。具体操作为：打开"选择数据源"对话框（见图 8-36），在"图例项（系列）"列表中选定要调整次序的数据系列，再单击"上移"或"下移"按钮来调整系列的顺序。

4. 更改图表类型

图表建立后，还可以再修改图表的类型。具体操作为：选定图表，单击"图表工具 – 设计"选项卡→"类型"组→"更改图表类型"按钮，或右击图表的空白处，在弹出的快捷菜单中选择"更改图表类型"命令，均可打开"更改图表类型"对话框，在该对话框中再重新选择需要的图表类型和子图表类型。

5. 图表的格式化

图表格式化是指对图表中的各个对象进行格式设置，包括文字和数值的格式、颜色、外观和坐标轴格式等。下面以标题、坐标轴、图例、数据标签等为例进行设置，其他对象的格式化操作与此基本相似。

（1）编辑图表标题和轴标题

① 添加图表标题、坐标轴标题。

首先选定图表，然后单击"图表工具 – 设计"选项卡→"添加图表元素"按钮，在展开的下拉列表中选择要添加的标题类型，如"图表标题"，再在其级联菜单中选择标题的放置位置，此时在图表中显示标题占位符，在占位符中输入标题文字"学生成绩"。

② 设置标题格式。

选中设置格式的标题对象，如图表标题，在"图表工具 – 格式"选项卡中，单击相应的命令按钮可以对标题的背景图案、边框和底纹等格式设置；利用"开始"选项卡，实现对标题文本的字体、大小、颜色等格式进行设置。

（2）设置图表的刻度线和网格线

① 设置垂直轴的最大值、最小值和刻度单位。

选中图表的垂直（值）轴右击，在弹出的快捷菜单中选择"设置坐标轴格式"命令，或者选中图表，在"图表工具 – 格式"选项卡的对象下拉列表框中选择"垂直（值）轴"项并单击"设置所选内容格式"按钮，均可在 Excel 窗口右侧打开"设置坐标轴格式"窗格，如图 8-38 所示。在"边界"组的"最大值""最小值"文本框中可以设置坐标轴的最大、最小值，在"单位"组的"大"和"小"文本框中可以设置坐标轴网格线的主刻度单位和次刻度单位。

② 设置垂直（值）轴、水平（类别）轴的网格线。

选定图表，在"图表工具 – 格式"选项卡的对象下拉列表框中，根据需要选择"垂直(值)轴主要网格线"或"垂直(值)轴次要网格线"等选项，再单击"设置所选内容格式"按钮，在窗口右侧打开相应的窗格，在窗格中进行所需的设置。

（3）设置图例

① 修改图例项名称。

选定图表，单击"图表工具 – 设计"选项卡→"数据"组→"选择数据"按钮，打开"选择数据源"对话框（见图 8-36）；在"图例项（系列）"列表框中选择要修改的系列名，并单击"编辑"按钮，打开"编辑数据系列"对话框；在"系列名称"文本框中选取或输入新的显示文本，单击"确定"按钮确认。

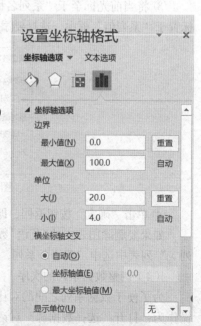

图 8-38 "设置坐标轴格式"窗格

② 设置图例的位置。

选定图表，右击图例区，在弹出的快捷菜单中选择"设置图例格式"命令，或者在"图表工具－格式"选项卡的对象列表框中选择"图例"项，并单击"设置所选内容格式"按钮，均可打开"设置图例格式"窗格，在此选择图例的放置位置，也可进行图例格式的设置。

（4）添加数据标签

为了查看方便，利用图表展示数据的同时，若还要显示某个系列的数值或名称等信息，可以通过添加数据标签来实现。具体操作为：

① 如果直接单击图表空白处选定图表，将来会为图表中的每个系列添加数据标签；如果只为一个系列添加数据标签，则在图表区直接单击选中该系列即可。

② 在"图表工具－设计"选项卡→"图表布局"组中，单击"添加图表元素"按钮，在其下拉列表中选择"数据标签"命令，再进一步选择添加数据标签的放置位置为"数据标签外"，设置结果如图 8-39 所示。

（5）为图表添加数据表

使用图表时，也可将数据表同时显示在图表下方。具体操作为：先选中图表，单击"图表工具－设计"选项卡→"图表布局"组→"添加图表元素"按钮，在展开的下拉列表中选择"数据表"命令，在其级联菜单中选择数据表格式为"显示图例项标示"命令，设置结果如图 8-40 所示。

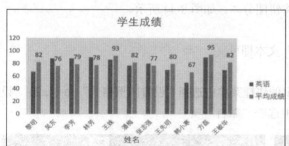

图 8-39　为图表设置数据标签

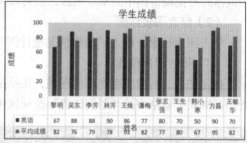

图 8-40　为图表添加数据表

8.6.3　应用举例

【例 8.8】在图 8-41 所示的产品销售统计表中，根据"产品类型"和"所占百分比"两列信息创建分离型的"三维饼图"类型的图表，图表标题为"销售情况统计图"，图例位于右侧，设置图表的三维旋转为 X 轴 200°、Y 轴 50°、透视 10°，将图表放置在当前工作表的 A7:E20 单元格区域。

	A	B	C	D	E
1	产品类型	销售数量	单价（元）	销售额（元）	所占百分比
2	洗衣机	93	1876	174468	23.8%
3	冰箱	68	3425	232900	31.8%
4	电视机	109	2980	324820	44.4%

图 8-41　产品销售统计表

（1）创建图表

① 选取"产品类型"列的数据区域 A1:A4，按住【Ctrl】键不放，再选取"所占百分比"列的数据区域 E1:E4。

② 单击 "插入" 选项卡 → "图表" 组 → "插入饼图或圆环图" 按钮，在弹出的列表中选择 "三维饼图" 命令，如图 8-42 所示。

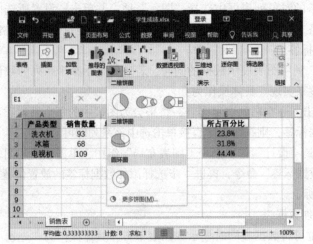

图 8-42　选择图表类型

③ 释放鼠标后，即可显示创建的图表，如图 8-43 所示。

④ 单击图表区，即饼图外围的空白处，在饼图周围出现一个带 4 个控制点的矩形区，此时用鼠标向外拖动饼图中的某块扇区，就可以将饼图分离，如图 8-44 所示。

（2）修改图表标题

单击图表标题，输入 "销售情况统计图" 文本即可。

（3）修改图例位置

选定图表，右击图表底部的图例，在弹出的快捷菜单中选择 "设置图例格式" 命令，在 "设置图例格式" 窗格中的 "图例位置" 选项区中选中 "靠右" 项。

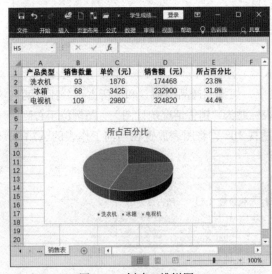

图 8-43　创建三维饼图

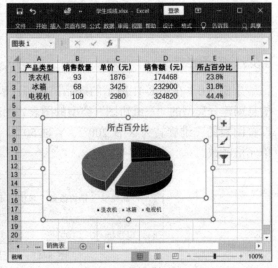

8-44　分离后的三维饼图

（4）设置旋转角度

选定图表，在 "图表工具 - 格式" 选项卡的对象列表框中选择 "图表区"，并单击 "设置所选内容格式"按钮，或右击饼图，在弹出的快捷菜单中选择"三维旋转"命令，均可打开"设置图表区格式"窗格；单击该窗格上方的"效果"按钮 ，在"三维旋转"组的"X""Y""透视"数字框中分别选择或输入 200°、50°、10°，如图 8-45 所示。

（5）调整图表位置

选定图表，在图表空白处按住鼠标左键拖动，使图表左上角位于 A7 单元格的内边缘，再将鼠标指向图表右下角的调节句柄并拖动，使图表右下角位于 E20 单元格的内边缘即可。设置完成的图表如图 8-46 所示。

图 8-45 "设置图表区格式"窗格

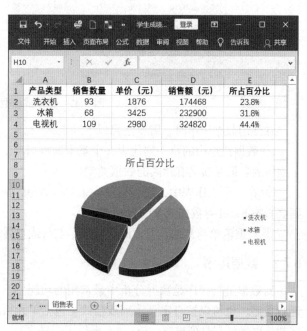

图 8-46 设置完成的图表

8.7 数据管理

Excel 除了提供电子表格和图表功能外，还能对数据进行管理和分析，可以快速实现数据的排序、筛选和分类汇总、数据透视等多项管理功能。

8.7.1 数据管理概述

为了能够从大量杂乱的数据中获得有价值、有意义的信息，经常需要对数据进行一定的处理和统计。Excel 2016 在数据管理和分析方面提供了一定的功能，使用户对数据的管理操作变得简单易行。

数据清单是工作表中包含相关数据的一个连续的数据区域，与一张二维表类似，如图 8-47 所示。数据清单中的每一行数据称为一条记录，每一列数据称为一个字段，每一列的标题则称为字段名。

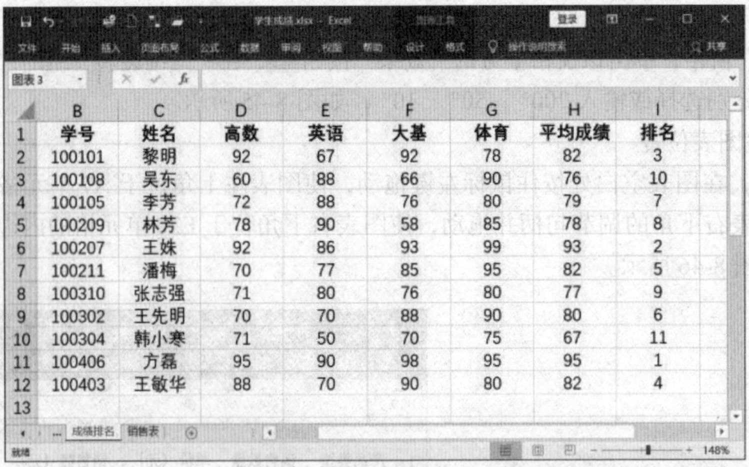

图 8-47　学生成绩数据清单

在使用数据清单时，需要注意以下几点：

① 数据清单中的每一列代表一个基本的数据项。每列的列标题必须唯一，除列标题外，同一列中的数据必须具有相同的数据类型。

② 在一个工作表中，建议只放一个数据清单，而且在数据清单中避免出现空行或空列，否则会影响 Excel 对数据清单的自动选定。

③ 数据清单与其他数据之间，必须用空行或空列进行分隔。

8.7.2　数据排序

对数据进行排序是数据分析中最常用的功能。不仅可以实现按文本、数字以及日期时间等进行排序，也可以按自定义序列或格式（包括单元格颜色、字体颜色或图标集）进行排序。大多数排序操作都是列排序，Excel 也提供了行排序。

1. 排序说明

① 数据排序有两种方式，即升序和降序。

② 在排序时，数据清单中的标题行不应参加排序。

③ 用于排序的字段称为"关键字"，在一次排序中可以使用一个或多个关键字。当按多个关键字排序时，数据首先按主要关键字排序，只有当主要关键字相同时，次要关键字才起作用，依此类推。

④ Excel 的排序规则：

* 数字顺序：按数值的大小进行排序。
* 文本顺序：若是英文半角字符，则按每个字符对应的 ASCII 码值进行排列；若是汉字，系统默认为按汉语拼音字母的顺序排序，也可以指定为按照汉字的笔画排序。
* 日期顺序：按时间的早晚进行排序。

2. 简单排序

在实际使用中，经常需要按数据清单中的某一列进行有序排列。例如，将"学生成绩表"中的数据按"平均成绩"降序排列，具体操作如下。

① 单击数据清单中排序列的任一有效单元格，如"平均成绩"列的 H2 单元格。

② 在"开始"选项卡→"编辑"组中单击"排序和筛选"按钮，在打开的下拉列表中单击

"降序"按钮；或者在"数据"选项卡→"排序和筛选"组中单击"降序"按钮，即可完成按"平均成绩"的降序排序。

3. 多重排序

在单关键字的排序中可能遇到关键字值相同的情况，若想进一步排序，则需要使用多重关键字排序。下面继续以"学生成绩表"为例，完成按"班级"升序排序，同一班的学生再按"平均成绩"降序排列，具体操作如下：

① 在"学生成绩表"数据清单内，选定任一单元格。

② 单击"数据"选项卡→"排序和筛选"组→"排序"按钮，打开"排序"对话框，如图 8-48 所示。

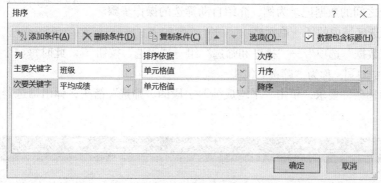

图 8-48 "排序"对话框

③ 在对话框的"主要关键字"下拉列表中选择作为第一关键字的列名"班级"，在"排序依据"下拉列表中选择"单元格值"，在"次序"下拉列表中选择"升序"。

④ 再单击"添加条件"按钮，添加一个新的排序设置行。在"次要关键字"下拉列表中选择作为第二关键字的列名"平均成绩"，并依次选定"排序依据"为"单元格值"，"次序"为"降序"。

⑤ 如果数据清单中有标题行，则选中"数据包含标题"复选框，避免标题行参与排序。

⑥ 单击"确定"按钮，排序结果如图 8-49 所示。从排序结果可以看出，班级是按升序排列，在班级相同的情况下再按平均成绩降序排列。

	A	B	C	D	E	F	G	H	I
1	班级	学号	姓名	高数	英语	大基	体育	平均成绩	排名
2	1001	100101	黎明	92	67	92	78	82	3
3	1001	100105	李芳	72	88	76	80	79	7
4	1001	100108	吴东	60	88	66	90	76	10
5	1002	100207	王姝	92	86	93	99	93	2
6	1002	100211	潘梅	70	77	85	95	82	5
7	1002	100209	林芳	78	90	58	85	78	8
8	1003	100302	王先明	70	70	88	80	77	9
9	1003	100310	张志强	71	80	76	80	77	9
10	1003	100304	韩小寒	71	50	70	75	67	11
11	1004	100406	方磊	95	90	98	95	95	1
12	1004	100403	王敏华	88	70	90	80	82	4

图 8-49 排序结果

如果在排序时要对字母区分大小写或按汉字按笔画排序，那么在"排序"对话框中（见图 8-48）单击"选项"按钮，在打开的"排序选项"对话框中进行相应的选择，如图 8-50 所示。

8.7.3 数据筛选

当数据清单中的记录行较多时，用户可根据需要把要查看的
数据筛选出来，将暂不需要的数据隐藏起来。Excel 为此提供了自
动筛选和高级筛选两种操作。

1. 自动筛选

如果希望在数据清单中只显示满足条件的记录，将不满足条
件的记录隐藏起来，可使用自动筛选功能来实现。

（1）条件确定的自动筛选

下面以筛选"学生成绩表"中"平均成绩"在大于或等于 80
分且小于 90 分之间的数据记录为例，介绍自动筛选的操作步骤。

① 选中筛选区域内的任一单元格。

② 单击"数据"选项卡→"排序和筛选"组→"筛选"按钮 。此时每一个列名的右侧均
显示一个下拉按钮，称为"筛选"箭头。

③ 根据筛选条件要求，单击"平均成绩"字段的"筛选"箭头，弹出筛选器选择列表，如
图 8-51 所示。

图 8-50 "排序选项"对话框

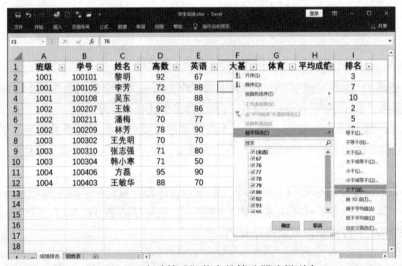

图 8-51 "自动筛选"状态的筛选器选择列表

④ 选择"数字筛选"→"介于"命令，打开"自定义自动筛选方式"对话框，如图 8-52 所示。

图 8-52 "自定义自动筛选方式"对话框

⑤ 在对话框中，根据筛选条件，在第一个条件框中选择"大于或等于"，在右侧对应的文本框中输入"80"；在第二个条件框中选择"小于"，在其右侧对应的文本框中输入"90"，然后单击"确定"按钮，即可显示出满足筛选条件的记录，如图 8-53 所示。

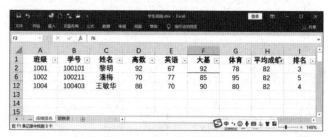

图 8-53　自动筛选的结果

（2）条件匹配的自动筛选

在设置自动筛选条件时，还可以设置"开头是""开头不是""结尾是""结尾不是""包含"等条件，进行匹配查询。

如欲在上述操作的基础上，再查看"王"姓同学的记录，具体操作如下：

① 单击"姓名"列的"筛选"箭头，从弹出的筛选器列表中选择"文本筛选"→"自定义筛选"命令，打开"自定义自动筛选方式"对话框。

② 在对话框的第一个条件列表框中选择"开头是"选项，且在右侧文本框中输入"王"。

③ 单击"确定"按钮，数据区仅显示"王"姓同学的记录。

> **提示：** 在设置自动筛选条件时，还可以使用通配符，其中问号（?）代表任意的单个字符，星号（*）代表任意的多个字符。

（3）取消自动筛选

在自动筛选后，若要恢复显示数据清单的全部记录，可单击"数据"选项卡→"排序和筛选"组→"清除"按钮，取消自动筛选；若再次单击"筛选"按钮，取消列标题右侧的"筛选"箭头。

由以上操作可以看出，虽然自动筛选操作简单，但都是在完成一个筛选条件的基础上再进行下一个条件的筛选，也就是说在不同字段之间的筛选条件只能表示"与"的关系。如果要查看"数学"大于等于 90 分或"英语"大于等于 90 分的记录时，自动筛选就无能为力了。

2. 高级筛选

高级筛选可以实现复杂条件的筛选，并且将筛选的结果放置在其他单元格区域显示，因此原数据清单中的记录显示不受影响。高级筛选操作与自动筛选不同的是，首先要建立筛选的条件区域，然后再执行高级筛选操作。

（1）创建条件区域

条件区域是用来给出数据的筛选条件。将数据清单中要建立筛选条件的列标题复制到条件区域，在条件区域列标题下方的单元格中输入筛选条件。筛选条件放置位置的不同，表示筛选条件间的逻辑关系不同，具体如图 8-54 所示。

其中：

（a）表示筛选"英语"成绩在 80 ～ 90 分之间的条件；

（b）表示筛选"高数"和"英语"成绩都在 90 分以上的条件；

（c）表示筛选"高数"或"英语"的成绩有一门在 90 分以上的条件；

	A	B	C	D	E	F	G	H
1								
2		英语	英语		高数	英语		
3		>=80	<90		>90	>90		
4			(a)			(b)		
5								
6		高数	英语		高数	英语	平均成绩	
7		>90			>=90		>=80	
8			>90			>=90	>=80	
9			(c)			(d)		
10								
11		班级	高数		高数	英语	平均成绩	
12		1001	>=90		>=90			
13		1003	>=90			>=90		
14			(e)				>=90	
15						(f)		

图 8-54　筛选条件的举例

（d）表示筛选"高数"或"英语"有一门成绩在 90 分及以上，且"平均分"在 80 分及以上的条件；

（e）表示筛选 1001 班和 1003 班中"高数"成绩在 90 分及以上的条件；

（f）表示筛选"高数"、"英语"或"平均成绩"，有一个在 90 分及以上的条件。

在创建条件区域时，还应注意以下几点：

① 条件区域的位置选在工作表的空白处，与数据清单间用空行或空列隔开。

② 在条件区域的首行写入筛选条件中的列名，且连续放置。列名要保证与数据清单中的列名完全一致，包括字符间的空格。

③ 在对应列名的下方输入条件值。条件值写在同一行表示"与"的关系，具体见图 8-54 中的（a）、（b）；条件值写在不同行表示"或"的关系，具体见图 8-54 中的（c）、（f）；也可以混合使用，表达所需的条件。

（2）高级筛选的操作

【例 8.9】在学生成绩表（见图 8-49）中，筛选平均成绩大于等于 80 分，并且高数或者英语有一门成绩大于等于 90 分的学生记录。要求将条件区域放置在 A14 起始的单元格区域。

具体操作如下：

① 在工作表的 A14:C16 单元格区域中输入题干中要求的筛选条件，具体见图 8-54（d）项。

② 将当前单元格置于数据清单内。

③ 单击"数据"选项卡→"排序和筛选"组→"高级"按钮 ▼高级，打开"高级筛选"对话框，如图 8-55 所示。

图 8-55　"高级筛选"对话框

④ 在"列表区域"框中，选定要筛选的数据清单。通常系统会默认选定当前数据清单，若要改变默认的筛选范围，在工作表中重新选择即可。

⑤ 在"条件区域"文本框中，选定放置筛选条件的区域。如果默认选定区域不正确，将其清空并重新选择。

⑥ 如果要将筛选结果与原记录清单同时显示，需在"方式"选项区域中选中"将筛选结果复制到其他位置"单选按钮；再单击"复制到"文本框，将当前光标置于该框中，然后在工作表中选定放置筛选结果的起始单元格 A18；最后单击"确定"按钮，筛选结果如图 8-56 所示。

	A	B	C	D	E	F	G	H	I
1	班级	学号	姓名	高数	英语	大基	体育	平均成绩	排名
2	1001	100101	黎明	92	67	92	78	82	3
3	1001	100105	李芳	72	88	76	80	79	7
4	1001	100108	吴东	60	88	66	90	76	10
5	1002	100207	王姝	92	86	93	99	93	2
6	1002	100211	潘梅	70	77	85	95	82	5
7	1002	100209	林芳	78	90	58	85	78	8
8	1003	100302	王先明	70	70	88	90	80	6
9	1003	100310	张志强	71	80	76	80	77	9
10	1003	100304	韩小寒	71	50	70	75	67	11
11	1004	100406	方磊	95	90	98	95	95	1
12	1004	100403	王敏华	88	70	90	80	82	4
13									
14	高数	英语	平均成绩						
15	>=90		>=80						
16		>=90	>=80						
17									
18	班级	学号	姓名	高数	英语	大基	体育	平均成绩	排名
19	1001	100101	黎明	92	67	92	78	82	3
20	1002	100207	王姝	92	86	93	99	93	2
21	1004	100406	方磊	95	90	98	95	95	1

筛选条件 ——（对应第14～16行）

筛选结果 ——（对应第18～21行）

图 8-56 高级筛选操作示例

8.7.4 分类汇总

1. 分类汇总的概念

在实际应用中，经常要按某类数据进行汇总统计。如在"学生成绩表"中按班级统计各班的平均成绩，或统计班级中总评在优、良、中、及、差等每个等级的人数，完成这类数据统计可用 Excel 提供的分类汇总功能。

分类汇总是将数据清单中的同类数据进行统计，其特点是在统计前要先按统计字段进行排序，然后再进行数据的汇总运算，分类汇总通常包括分类计数、求和、求平均值、求最大值和求最小值等运算。

2. 分类汇总操作

（1）简单分类汇总

【例 8.10】以学生成绩表为例，统计各班总的平均成绩。

具体操作如下：

① 确定分类字段。这里以"班级"进行统计，因此"班级"为分类字段。

② 以分类字段排序。单击"班级"列中的任一单元格，再单击"数据"选项卡→"排序和筛选"组→"排序"按钮，完成按班级排序。

③ 打开"分类汇总"对话框。单击"数据"选项卡→"分级显示"组→"分类汇总"按钮，如图 8-57 所示。

④ 在对话框的"分类字段"下拉列表中选择"班级"，在"汇总方式"下拉列表中选择"平均值"，在"选定汇总项"列表中选中"平均成绩"复选框。

默认情况下，汇总结果显示在汇总数据的上方，若要显示在数据下方，应选中"汇总结果显示在数据下方"复选框。

⑤ 单击"确定"按钮完成汇总，汇总结果如图 8-58 所示。

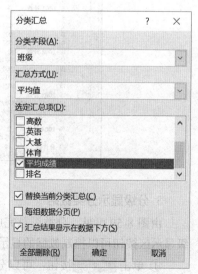

图 8-57 "分类汇总"对话框

	A	B	C	D	E	F	G	H	I
1	班级	学号	姓名	高数	英语	大基	体育	平均成绩	排名
2	1001	100101	黎明	92	67	92	78	82	4
3	1001	100105	李芳	72	88	76	80	79	9
4	1001	100108	吴东	60	88	66	90	76	12
5	1001 平均值							79	
6	1002	100207	王姝	92	86	93	99	93	2
7	1002	100211	潘梅	70	77	85	95	82	6
8	1002	100209	林芳	78	90	58	85	78	10
9	1002 平均值							84	
10	1003	100302	王先明	70	70	88	90	80	7
11	1003	100310	张志强	71	80	76	80	77	11
12	1003	100304	韩小寒	71	50	70	75	67	14
13	1003 平均值							74	
14	1004	100406	方磊	95	90	98	95	95	1
15	1004	100403	王敏华	88	70	90	80	82	5
16	1004 平均值							88	
17	总计平均值							81	

图 8-58　求各班平均成绩的汇总结果

（2）嵌套分类汇总

有时，在按某列进行分类汇总的基础上，还需要再按其他列进行汇总，这就需要嵌套分类汇总。

【例 8.11】以学生成绩表为基础数据，统计各班总的平均成绩和学生人数。

具体操作如下：

① 先按"班级"进行排序，然后对每班的"平均成绩"进行汇总操作，具体操作参见例 8.10。

② 再单击"数据"选项卡→"分级显示"组→"分类汇总"按钮，再次打开"分类汇总"对话框。在"分类字段"、"汇总方式"和"选定汇总项"列表中依次选择"班级"、"计数"和"学号"。

③ 取消选中"替换当前分类汇总"复选框。

④ 单击"确定"按钮，汇总结果如图 8-59 所示，在对各班平均成进行分类汇总后，又对每班人数进行统计。

	A	B	C	D	E	F	G	H	I	J
1		班级	学号	姓名	高数	英语	大基	体育	平均成绩	排名
2		1001	100101	黎明	92	67	92	78	82	4
3		1001	100105	李芳	72	88	76	80	79	9
4		1001	100108	吴东	60	88	66	90	76	12
5	1001 计数		3							
6		1001 平均值							79	
7		1002	100207	王姝	92	86	93	99	93	2
8		1002	100211	潘梅	70	77	85	95	82	6
9		1002	100209	林芳	78	90	58	85	78	10
10	1002 计数		3							
11		1002 平均值							84	
12		1003	100302	王先明	70	70	88	90	80	7
13		1003	100310	张志强	71	80	76	80	77	11
14		1003	100304	韩小寒	71	50	70	75	67	14
15	1003 计数		3							
16		1003 平均值							74	
17		1004	100406	方磊	95	90	98	95	95	1
18		1004	100403	王敏华	88	70	90	80	82	5
19	1004 计数		2							
20		1004 平均值							88	
21	总计数		14							
22		总计平均值							81	

图 8-59　嵌套分类汇总结果

3. 分级显示分类数据

由图 8-59 可见，分类汇总完成后，数据会分级显示。在窗口左侧出现分级显示区，利用分级显示区按钮可以控制数据的显示级别。

① 单击 1 2 3 按钮：可以分级显示一级数据、二级数据和三级数据。按需求的详略选择显示。

② 单击 ④ 按钮：显示所有的详细数据，是分类汇总的默认显示方式。

③ 单击 ＋ － 按钮：表示恢复或隐藏下级数据显示。

若只显示"1002"班的详细数据，其余详细数据均隐藏，这时只需单击"1001""1003""1004"分类项对应的分级显示按钮 －，隐藏这些分类数据。

4. 取消分类汇总

如果取消分类汇总，单击"数据"选项卡→"分级显示"组→"分类汇总"按钮，在打开的"分类汇总"对话框中（见图 8-57），单击"全部删除"按钮即可。

8.7.5　数据透视表

前面介绍的分类汇总适合于按一个字段进行分类，对一个或多个字段进行汇总的情况。如果要对多个字段进行汇总，显示不够简洁，这时使用 Excel 提供的数据透视表更为方便。

1. 创建数据透视表

【例 8.12】以学生成绩表为例，先计算出每人平均成绩的等级，再利用数据透视表统计每个班各等级的人数。

（1）计算学生平均成绩的等级

利用 IF 函数先计算第一位学生平均成绩的等级，如图 8-60 所示，然后利用自动充填操作完成其他学生的计算，详细操作略。

图 8-60　学生成绩表

（2）制作数据透视表

本例要求同时按"班级"和"等级"进行分类统计。主要操作以下：

① 打开创建透视表对话框。

将当前单元格置于数据清单内，单击"插入"选项卡→"表格"组→"数据透视表"按钮，打开"创建数据透视表"对话框，如图 8-61 所示。

② 选定要统计的数据源。

在对话框的"请选择要分析的数据"区域选中"选择一个表或区域"单选按钮，然后在"表/区域"框中选择要统计的数据源清单 A1:I12。

一般情况下，Excel 会在"表/区域"框中默认选定整个数据清单。如果预选的区域不符合操作要求，可以重新选择或输入。

③ 指定数据透视表的放置位置。

在对话框的"选择放置数据透视表的位置"选项区选择数据透视表的放置位置。如果选中"新工作表"项，表示创建的数据透视表放置在新工作表中；如果选中"现有工作表"项，表示创建的数据透视表放置在当前工作表中，并在"位置"框中指定放置数据透视表的起始单元格。

本例选择"新工作表"单选按钮，单击"确定"按钮，Excel 在指定的位置创建一个空的数据透视表，并在窗口右侧显示"数据透视表字段"窗格，如图 8-62 所示。

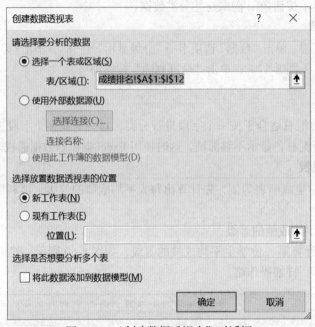

图 8-61 "创建数据透视表"对话框

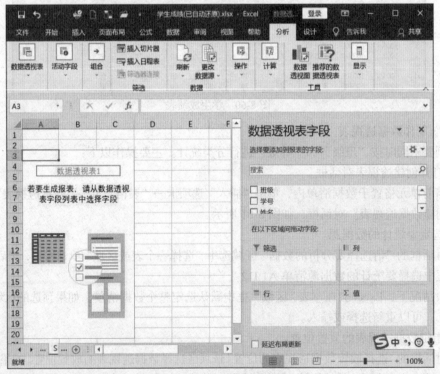

图 8-62 生成空数据透视表

④ 设计数据透视表的布局。

在"数据透视表字段"窗格中，可以根据需要设置数据透视表的布局。本例要求"班级"作为统计结果的行，"等级"作为统计结果的列。

- 在"选择要添加到报表的字段"选项区中，将"班级"字段名拖动入"行标签"框，将"等级"字段名拖入"列标签"框。
- 如果统计每班各等级的人数，将学号字段名拖到"值"框中。

此时，在原来空白的数据透视表按设置显示出统计信息，如图 8-63 所示。

图 8-63　设置数据透视表的布局

⑤ 设定汇总方式。

拖入"值"框中的字段如果是字符型数据，系统默认的统计方式是计数；如果是数值型数据，系统默认的统计方式是求和。若默认统计方式不符合要求，可单击"值"框中的对应字段名，在弹出的菜单中选择"值字段设置"命令，打开"值字段设置"对话框，如图 8-64 所示，再选择所需的汇总方式。

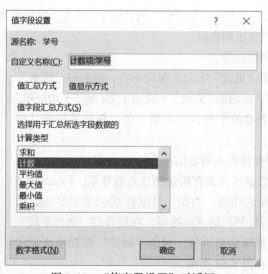

图 8-64　"值字段设置"对话框

2. 编辑数据透视表

数据透视表建立以后，如果需要修改，可利用"数据透视表工具"选项卡中的相应命令来完成。只有将当前单元格置于数据透视表中，Excel 的功能区才会显示"数据透视表工具"选项卡，它又包括"数据透视表工具 – 分析"和"数据透视表工具 – 设计"两个选项卡，如图 8-65 所示。

图 8-65　"数据透视表工具"选项卡

（1）刷新数据透视表

数据透视表中的数据源于数据清单，当数据清单中的数据改变后，数据透视表中的汇总结果不会自动更新，必须执行刷新操作后才能将数据透视表中的数据重新统计。

首先，单击数据透视表内的任意单元格，使其成为当前数据透视表；然后，在"数据透视表工具 – 分析"选项卡→"数据"组，单击"刷新"按钮更新统计结果。

（2）修改数据透视表的布局

【例 8.13】在创建例 8.12 所示的数据透视表基础上，修改为统计每个班学生的平均分及每个班平均成绩的最高分。

此时需要对数据透视表重新布局。

①单击数据透视表内的任一单元格，并显示"数据透视表字段"窗格。

> **提示：** 如果此时未显示"数据透视表字段"窗格，可单击"数据透视表工具 – 分析"选项卡→"显示"组→"字段列表"按钮打开。

②去掉原有统计字段。

在"数据透视表字段"窗格中，将"值"列表框中"学号"字段名拖出列表框，将"列标签"列表框中的"等级"字段拖出列表框。

③设置新的分类项和统计项。

在"行标签"区域中"班级"字段名保持不变，然后将"姓名"字段名继续拖入"行标签"区域的"班级"字段名下方；将"平均成绩"字段拖至"值"区域，并修改汇总方式为最大值。更改后的统计结果如图 8-66 所示。

（3）显示和隐藏数据透视表的数据项

为了方便用户通过数据透视表有所选择地查看数据，Excel 2016 提供了显示和隐藏数据项的功能。例如，只想看 1002 班的数据，可以单击数据透视表中"行标签"的下拉按钮，在展开的"选择字段"列表中只选中要显示数据项的复选框，单击"确定"按钮实现指定数据的显示，如图 8-67 和图 8-68 所示。

行标签	最大值项:平均成绩
⊟1001	82.25
黎明	82.25
李芳	79
吴东	76
⊟1002	92.5
林芳	77.75
潘梅	81.75
王姝	92.5
⊟1003	79.5
韩小亮	66.5
王先明	79.5
张志强	76.75
⊟1004	94.5
方磊	94.5
王敏华	82
总计	94.5

图 8-66　更改后的数据透视

图 8-67　显示和隐藏图表项　　　　　图 8-68　隐藏图表项后的数据透视表

8.7.6　应用举例

【例 8.14】根据图 8-69 所示的数据清单内容，按"季度"为主要关键字、"分公司"为次要关键字进行升序排列；对排序后的数据进行高级筛选，条件区域设置在 A22 开始的单元格区域，条件是：产品名称为"空调"或"电冰箱"，且销售额排名在前 10 名，并在原有区域显示筛选结果；最后根据数据清单内容建立如图 8-70 所示的数据透视表。

	A	B	C	D	E	F	G
1	季度	分公司	产品类别	产品名称	销售数量	销售额（万元）	销售排名
2	1	北京3	D-2	电冰箱	89	20.83	5
3	1	上海3	D-2	电冰箱	86	20.12	6
4	3	北京2	K-1	空调	86	30.44	1
5	2	北京3	K-1	空调	79	27.97	2
6	3	北京3	D-2	电冰箱	75	17.55	10
7	1	北京2	K-1	空调	73	25.84	3
8	1	上海1	D-1	电视	67	18.43	7
9	3	上海1	D-1	电视	66	18.15	8
10	2	上海2	D-2	电冰箱	65	15.21	13
11	1	北京1	D-1	电视	64	17.60	9
12	2	北京2	K-1	空调	63	22.30	4
13	2	上海2	D-1	电视	56	15.40	12
14	3	北京1	D-1	电视	46	12.65	14
15	3	北京3	D-2	电冰箱	45	10.53	15
16	3	上海2	K-1	空调	45	15.93	11
17	3	上海3	D-2	电冰箱	39	9.13	16
18	2	北京1	D-1	电视	27	7.43	18
19	1	上海2	K-1	空调	24	8.50	17

图 8-69　应用举例—产品销售情况

	A	B	C	D	E
1	产品名称	（全部）			
2					
3	求和项:销售数量	列标签			
4	行标签		1	2	3 总计
5	北京1		64	27	46	137
6	北京2		73	63	86	222
7	北京3		89	45	75	209
8	上海1		67	56	66	189
9	上海2		24	79	45	148
10	上海3		86	65	39	190
11	总计		403	335	357	1095

图 8-70　数据透视表样图

（1）排序

① 将当前单元格置于数据清单内。

② 单击"数据"选项卡→"排序和筛选"组→"排序"按钮，打开"排序"对话框。

③ 在"主要关键字"下拉列表中选择"季度"，"排序依据"下拉列表中选择"单元格值"，"次序"下拉列表中选择"升序"。

④单击"添加条件"按钮，在"次要关键字"下拉列表中选择"分公司"，并依次选择"排序依据"为"单元格值"，"次序"为"升序"。

⑤选中"数据包含标题"复选框，避免标题行参加排序。

⑥单击"确定"按钮完成排序，排序结果如图8-71所示。

	A	B	C	D	E	F	G
1	季度	分公司	产品类别	产品名称	销售数量	销售额（万元）	销售排名
2	1	北京1	D-1	电视	64	17.60	9
3	1	北京2	K-1	空调	73	25.84	3
4	1	北京3	D-2	电冰箱	89	20.83	5
5	1	上海1	D-1	电视	67	18.43	7
6	1	上海2	K-1	空调	24	8.50	17
7	1	上海3	D-2	电冰箱	86	20.12	6
8	2	北京1	D-1	电视	27	7.43	18
9	2	北京2	K-1	空调	63	22.30	4
10	2	北京3	D-2	电冰箱	45	10.53	15
11	2	上海1	D-1	电视	56	15.40	12
12	2	上海2	K-1	空调	79	27.97	2
13	2	上海3	D-2	电冰箱	65	15.21	13
14	3	北京1	D-1	电视	46	12.65	14
15	3	北京2	K-1	空调	86	30.44	1
16	3	北京3	D-2	电冰箱	75	17.55	10
17	3	上海1	D-1	电视	66	18.15	8
18	3	上海2	K-1	空调	45	15.93	11
19	3	上海3	D-2	电冰箱	39	9.13	16

图8-71　排序结果

（2）高级筛选

①在A22开始的单元格建立条件区域，如图8-72所示。

②单击数据清单中的任意一个单元格。

③单击"数据"选项卡→"排序和筛选"组→"高级"按钮，打开"高级筛选"对话框。

④在"方式"选项区域选中"在原有区域显示筛选结果"项。在"列表区域"框选定要筛选的数据区域A1:G19；在"条件区域"框中，选定放置筛选条件的单元格区域A22:B24。

⑤单击"确定"按钮，筛选结果如图8-72所示。

	A	B	C	D	E	F	G
1	季度	分公司	产品类别	产品名称	销售数量	销售额（万元）	销售排名
3	1	北京2	K-1	空调	73	25.84	3
4	1	北京3	D-2	电冰箱	89	20.83	5
7	1	上海3	D-2	电冰箱	86	20.12	6
9	2	北京2	K-1	空调	63	22.30	4
12	2	上海2	K-1	空调	79	27.97	2
15	3	北京2	K-1	空调	86	30.44	1
16	3	北京3	D-2	电冰箱	75	17.55	10
20							
21							
22	产品名称	销售排名					
23	空调	<=10					
24	电冰箱	<=10					

图8-72　高级筛选结果

（3）建立数据透视表

①将当前单元格置于数据清单内，然后单击"数据"选项卡→"排序和筛选"组→"清除"按钮，恢复数据清单的显示。

②单击"插入"选项卡→"表格"组→"数据透视表"按钮，打开"创建数据透视表"对话框。

③选定数据源和指定数据透视表的放置位置后单击"确定"按钮，显示空数据透视表和"数

据透视表字段"窗格。

④ 在"数据透视表字段"窗格中，将"分公司"字段拖到"行标签"区域中，"季度"字段拖到"列标签"区域中，"销售数量"字段拖到"值"区域中，并将汇总方式设置为"求和"，再将"产品名称"字段拖到"报表筛选"区域中即可。

8.8　页面设置与打印

工作表在打印之前，还需要指定输出的内容，并对工作表进行页面设置。

8.8.1　打印区域与分页的设置

1. 设置打印区域

如果只想打印工作表中的部分数据，在打印前必须设置打印区域。先选定工作表中要打印的数据区域，然后单击"页面布局"选项卡→"页面设置"组→"打印区域"按钮，在下拉菜单中选择"设置打印区域"命令，此时会在选定的数据区域四周出现虚线框，表示打印输出时只打印虚线框内的内容；否则，Excel 默认打印全部内容。

取消已设置的打印区域，应单击"页面布局"选项卡→"页面设置"组→"打印区域"按钮，在下拉列表中选择"取消打印区域"命令即可。

2. 工作表的分页

当工作表中的数据超过设置的页面范围时，系统会自动插入分页符，实现数据的分页打印。根据需要也可以人为地插入分页符，将工作表强制分页。

（1）插入分页符

如果要插入水平分页符，应先选定要插入水平分页符下方的那一行，然后单击"页面布局"选项卡→"页面设置"组→"分隔符"按钮，在下拉列表中选择"插入分页符"命令。

如果要插入垂直分页符，应先选定要插入的垂直分页符右侧的那一列，然后再执行插入分页符的命令。

如果要同时插入水平分页符和垂直分页符，则应先选定要插入的水平分页符和垂直分页符交叉处右下角的单元格，然后再执行插入分隔符的命令。

（2）删除分页符

如果要删除水平分页符，应先选定要删除的水平分页符下方的第一行，然后单击"页面布局"选项卡→"页面设置"组→"分隔符"按钮，在下拉列表中选择"删除分页符"命令。如果要删除垂直分页符，与此操作相似。

如果要删除工作表中所有分页符，可单击"页面布局"选项卡→"页面设置"组→"分隔符"按钮，在下拉列表中选择"重设所有分页符"命令。

8.8.2　页面设置与打印

页面设置操作可在"页面布局"选项卡的"页面设置"组中，完成页边距、纸张方向、纸张大小等设置，也可以单击"页面设置"组的对话框启动器按钮，在打开的"页面设置"对话框中进行更多的设置，如页眉 / 页脚、工作表等设置，页面设置中与 Word 操作相似的，这里不再赘述。

1. 设置页眉与页脚

打开"页面设置"对话框，在"页眉／页脚"选项卡中可以实现页眉／页脚的添加、删除和修改，如图 8-73 所示。在"页眉"和"页脚"下拉列表框中可以直接选择已定义的格式，也可以单击"自定义页眉"或"自定义页脚"按钮，在打开的对话框中设定需要的格式。

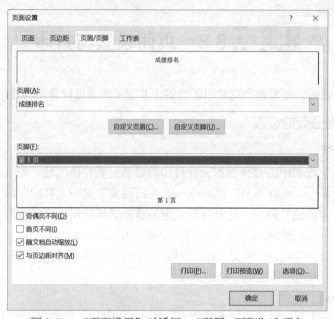

图 8-73　"页面设置"对话框－"页眉／页脚"选项卡

2. 设置工作表选项

工作表比较长的情况下，在分页打印时，为方便数据查看，通常需要为每一页添加标题行。在"页面设置"对话框的"工作表"选项卡中，可以完成打印区域、打印标题和打印顺序的设置，如图 8-74 所示。

图 8-74　"页面设置"对话框－"工作表"选项卡

① 在"打印区域"文本框中直接输入或选择打印区域，默认情况下打印整个工作表。

② 在"打印标题"选项区域可以输入或选择出现在每一页上的固定行和列。如选择行标题和列标题，主要用于数据分页后的输出设置。

③ 在"打印"选项区域选择相应的打印项目。

④ 在"打印顺序"选项区域选择有分页符时的页面打印顺序，即以行优先还是列优先，从右侧的示例图片中可以预览打印的顺序。

8.8.3　打印预览与打印

打印预览是在打印前查看文件的设置效果，如果满意即可正式在打印机上输出。选择"文件"选项卡→"打印"命令。在最右侧的预览区域可以查看页面设置效果。如果预览效果不满意，单击窗口左上角的 ⏴ 按钮返回到工作表编辑状态，再进行修改；如果满意，在左侧的参数设置窗格中，指定打印机型号、打印范围和打印份数后，单击"打印"按钮，即可将选定的内容按设定的参数进行打印输出。

习　题

一、选择题

1. 全选按钮位于 Excel 窗口的_____。
    A. 工具栏中
    B. 左上角，行号和列标交汇处
    C. 编辑栏中
    D. 状态栏中

2. 在 Excel 工作表单元格中输入合法的日期，下列输入正确的是_____。
    A. 6/25/2014　　B. 2014-6-25　　C. 6.25.2014　　D. 6-25-2014

3. 在 Excel 单元格中输入邮编 065201，下列输入正确的是_____。
    A. ' 065201　　B. ” 065201　　C. ” 065201”　　D. ' 065201'

4. 某单元格内的数字为 2014，将其格式设置为"#,##0.0"，则将显示为_____。
    A. 2,014.0　　B. 2.014　　C. 2,014　　D. 2014.0

5. 单元格 B5 的绝对地址表达式为_____。
    A. $B5　　　B. #B5　　　C. $B$5　　　D. #B#5

6. 在 Excel 中，若选择含有数值的左右相邻的两个单元格，按住鼠标左键并向右拖动填充柄，则数据将以_____填充。
    A. 等差数列
    B. 等比数列
    C. 左单元格数值
    D. 右单元格数值

7. 在 Excel 中，利用"复制"和"粘贴"命令_____。
    A. 只能复制数据
    B. 只能复制格式
    C. 只能复制批注
    D. 能复制数据、格式和批注

8. 在 D1 单元格中的公式为 =A1+B1，当 B 列被删除时，E1 单元格中的公式将调整为_____。
    A. A1+C1　　B. =A1+B1　　C. =A1　　D. #REF！

二、简答题

1. 简述工作簿、工作表和单元格的概念以及它们之间的关系。
2. 单元格的删除和清除有什么区别？分别如何操作？
3. 什么是选择性粘贴？简述在什么情况下使用以及如何操作。
4. 如何使用公式和函数？简述公式中单元格的应用如何分类，以及不同引用的标识。
5. Excel 图表由哪些对象组成？创建一个图表的基本步骤是什么？
6. 简述复杂排序与简单排序的区别。如何进行多条件排序？
7. 高级筛选的基本步骤是什么？在设置筛选条件时必须遵循什么规则？
8. 什么是分类汇总？分类汇总的基本操作步骤是什么？
9. 如何建立数据透视表？

第9章
演示文稿制作软件 PowerPoint 2016

PowerPoint 2016 是 Microsoft Office 2016 软件中的重要组件之一，利用它可以轻松地制作集文字、图形、图像、声音、视频、动画于一体的演示文稿，被广泛应用于教学、讲座、技术交流、论文答辩和产品介绍等方面。利用 PowerPoint 2016 制作的演示文稿可以通过计算机屏幕、大屏幕投影仪或互联网等多种途径展示，是人们在各种场合进行交流的重要工具。

本章主要从 PowerPoint 2016 基本概念和用户界面入手，详细讲解演示文稿的基本操作、格式化设置、对象添加、动画和放映设置，从而达到熟练使用 PowerPoint 2016 制作演示文稿的目的。

9.1 PowerPoint 2016 概述

9.1.1 PowerPoint 2016 的常用术语

为了在学习 PowerPoint 2016 的过程中便于理解，先了解 PowerPoint 的一些常用术语。

1. 演示文稿

用 PowerPoint 创建的文件称为演示文稿，一般包括为某一演示目的而制作的所有幻灯片、演讲者备注和旁白等内容，其默认扩展名是 .pptx。

2. 幻灯片

演示文稿中的每一张演示单页称为幻灯片，是演示文稿的核心。制作一个演示文稿的过程就是依次制作一张张幻灯片的过程，每张幻灯片中不仅可以包含文字和图表，还可以包含声音、图像和视频等内容。

3. 版式

幻灯片版式是预先定义好的幻灯片内容在幻灯片中的排列和放置方式，不仅包括幻灯片中标题和副标题文本、文本内容、列表、图片、表格、图表、形状和视频等元素的放置位置、大小和排列方式，也包括幻灯片的主题颜色、字体、效果和背景等。演示文稿中的每张幻灯片都是基于某种自动版式创建的。在新建幻灯片时，可以从 PowerPoint 2016 提供的自动版式中选择一种，每种版式预定义了新建幻灯片的各种占位符的布局情况。

4. 占位符

占位符是指应用版式新建幻灯片时出现的一些虚线矩形框。不同版式的占位符不尽相同，每个占位符均有文字提示，根据提示信息在占位符中可输入或添加相应的对象，主要的对象类型包括文本、表格、各种图形、声音和视频等。

5. 主题

PowerPoint 的主题是指一个演示文稿外观设计方案的文件，被保存在指定的文件夹中。每个主题都包含了预定义的文字格式、颜色以及幻灯片背景图案等。PowerPoint 2016 所提供的每个主题表达了某种风格和寓意，适用于不同场合使用，利用主题可以快速地对演示文稿进行格式化。

9.1.2 PowerPoint 2016 的窗口组成

PowerPoint 2016 的启动与 Word 2016 的启动方式一样，这里不再赘述。启动 PowerPoint 2016 后，其窗口界面如图 9-1 所示。

图 9-1　PowerPoint 2016 窗口界面

PowerPoint 2016 窗口中的标题栏、功能区、状态栏与 Office 其他应用程序的窗口相似，下面主要来认识"普通视图"下 PowerPoint 2016 窗口不同于其他应用程序的部分。

1. 幻灯片编辑区

幻灯片编辑区位于 PowerPoint 2016 窗口的中间，是用于显示和编辑当前幻灯片的区域。在幻灯片编辑区可以向幻灯片输入编辑文本、插入对象、设置动画和超链接以及格式化等操作，还可以查看每张幻灯片中各对象设置的整体效果。

2. 幻灯片浏览区

幻灯片浏览区位于 PowerPoint 2016 窗口的左侧，该区域列出当前演示文稿中所有幻灯片的缩略图，在此可以快速浏览整个演示文稿中的任意一张幻灯片，并且单击某张幻灯片实现当前幻灯片的快速切换。

3. 备注区

备注区位于 PowerPoint 2016 窗口的下方，用于存储和编辑幻灯片的一些备注信息，供演讲者使用。

4. 视图切换按钮

视图切换按钮位于 PowerPoint 2016 窗口状态栏的右侧，包括"普通视图"按钮、"幻灯片浏览"按钮、"阅读视图"按钮和"幻灯片放映"按钮。通过单击这些按钮可以在常用视图模式之间进行快速切换。

9.1.3 PowerPoint 2016 的视图模式

一个演示文稿通常由多张幻灯片组成。为了方便用户操作，针对演示文稿的创建、编辑、放映或预览等不同阶段，PowerPoint 提供了不同的显示方式，这些显示方式称为视图。PowerPoint 2016 提供了五种视图，即普通视图、大纲视图、幻灯片浏览视图、备注页视图以及阅读视图。

1. 普通视图

普通视图是 PowerPoint 2016 的默认视图模式。在该视图下，主要包含幻灯片浏览区、幻灯片编辑区和备注区三个区域。在这种视图模式下可以编辑文本、添加对象、设置放映效果以及添加备注信息等，这样让用户可以在同一位置使用演示文稿的各种特征。

2. 大纲视图

大纲视图用于查看整个演示文稿的主要构思、演示文稿中每张幻灯片的主要文本内容，也可以直接进行制定幻灯片的文本编辑与排版。

3. 幻灯片浏览视图

在幻灯片浏览视图下，幻灯片以缩略图的形式按每行若干张幻灯片的形式排列显示，方便从整体上对幻灯片进行浏览，以便于用户对多张幻灯片同时进行编辑和格式设置，以及对幻灯片进行快速定位。

4. 备注页视图

备注页视图主要用于记录演讲者的提示和注解信息。它分为上、下两部分，上半部分为当前幻灯片的缩略图，下半部分为备注文本预留区。单击预留区中的文本占位符，可以输入文本和图片形式的备注信息。该区域的作用同普通视图中的备注区。

5. 阅读视图

阅读视图是在幻灯片放映视图中以窗口的形式动态显示演示文稿中各个幻灯片，以便查看幻灯片的动画和切换等效果。因此，可以利用该视图检查幻灯片的设计，从而对不满意的地方进行及时修改。

在上述介绍的视图模式中，编辑幻灯片时最常用的是普通视图。不同视图之间的切换可以通过以下两种方法完成。

① 单击窗口右下角的视图切换按钮 ▦ ▦ ▦ ▭，即可切换到相应的视图模式，该按钮区只包括"普通视图"、"幻灯片浏览"和"阅读视图"三种视图和一个"幻灯片放映"按钮。

② 在"视图"选项卡的"演示文稿视图"组，单击相应按钮，可实现五种视图之间的切换，如图 9-2 所示。

图 9-2　"视图"选项卡

9.2　制作演示文稿

9.2.1　新建演示文稿

在 PowerPoint 2016 中创建演示文稿的方法有多种，用户可以根据需要选择一种方法来创建。

1. 新建空白演示文稿

用户如果希望建立具有自己风格和特色的演示文稿，可以从创建空白演示文稿开始。这种创建方式留给用户最大的设计空间，可以根据自己的意愿和喜好来选择和编辑版式、模板以及幻灯片内容，比较适合于有经验的用户，创建空白演示文稿的常用方法有三种。

① 在启动 PowerPoint 的同时会创建一个空白演示文稿。

② 在 PowerPoint 窗口中，单击快速访问工具栏中的"新建"按钮。

③ 在 PowerPoint 窗口中，选择"文件"菜单→"新建"命令，在打开的"新建"窗口中选择"空白演示文稿"选项，如图 9-3 所示。

图 9-3　"新建"窗口

2. 利用模板创建演示文稿

对于初学者来说，刚开始制作演示文稿时，对文稿没有特殊的构想，若想快速创作出比较专业的演示文稿，可以使用主题或模板来创建。PowerPoint 2016 提供了联机模板和主题供用户选择使用。

（1）主题

主题规定了演示文稿的母版、配色、文本格式和效果设置等。使用主题创建演示文稿，可以快速地统一和美化每张幻灯片的风格。

（2）模板

模板是预先设计好的演示文稿样本，包括多张幻灯片且风格一致，并且每张幻灯片还包含了建议的文本内容。使用模板创建演示文稿，用户只需修改幻灯片的内容即可快速制作出具有专业水准的演示文稿。

使用模板和主题创建演示文稿，在打开的"新建"窗口中（见图 9-3），通过单击主题或各类模板的链接，或利用搜索框找到需要的主题或模板，单击选择使用。

9.2.2　向幻灯片中插入对象

制作演示文稿时，为了增强演示文稿的视觉效果，配合文字添加一些形象的图形、图表等对象，起到画龙点睛的作用。幻灯片中的对象包括文本对象、图形对象和多媒体对象三大类。本节主要介绍向幻灯片中插入文本对象、图形对象和其他多媒体对象，此类操作通常是在普通视图的幻灯片编辑区中完成的。

1. 插入文本

文本是演示文稿中的重要组成部分，它使信息表达更加清楚、详尽。在幻灯片中添加文本的方法有三种。

（1）利用占位符

如果当前幻灯片使用了带有文本占位符的幻灯片版式，单击某个文本占位符后，插入光标将出现在文本占位符内，此时直接输入文本即可。

（2）利用文本框

如果当前幻灯片使用了没有文本占位符的幻灯片版式，或需要在文本占位符以外的位置输入文本，可以先插入文本框，然后在文本框中输入文本。插入文本框的操作与在 Word 2016 的操作相同。其实文本占位符本身就是预先放置在幻灯片上的文本框。

（3）利用自选图形

若在幻灯片中添加了自选图形，那么在自选图形中也可以添加文本。右击幻灯片中的自选图形，在弹出的快捷菜单中选择"编辑文字"命令，在出现的插入光标处输入文本。

2. 插入自选图形

在普通视图下，在幻灯片中插入自选图形，单击"插入"选项卡→"插图"组→"形状"按钮，在弹出的形状列表中选择某种形状样式后单击，此时鼠标呈"十"字状，将鼠标移到幻灯片上的合适位置，按住鼠标左键拖动即可插入选定形状，并确定其大小。

在 PowerPoint 中，除了对添加的形状直接使用外，还可以对其变形后使用。具体操作为：在幻灯片中，右击已插入的形状，在快捷菜单中选择"编辑顶点"命令，在形状周围出现控制点，通过拖动控制点来变换成我们想要的图形，例如，对一个插入的圆形变形，如图 9-4 所示。读者可以发挥自己的想象，变换出各种不同的样式，从而达到个性化的设计效果。

图 9-4　形状的变形

3. 插入图片

有时一张好的图片胜过千言万语，给人的感觉难以用简短的文字表达，由此可见，恰当地使用图片，可以极大提高演示文稿的效果。

（1）插入图片

如果要将准备好的图片文件插入演示文稿，单击"插入"选项卡→"图像"组→"图片"按钮，在弹出的列表中选择"此设备…"命令，打开"插入图片"对话框，在"查找范围"下拉列表中选择存放图片的文件夹，再选中要插入的图片文件，即可将图片插入当前幻灯片。

（2）编辑图片

有时插入的图片不是完全符合要求，这就需要对图片进行效果变换、裁剪、抠图等处理。PowerPoint 自身就提供一些图片处理的常用功能，操作非常方便。

① 设置图片效果。选中图片，在"图片工具－格式"选项卡的"调整"组中，可以利用"颜色"和"艺术效果"等按钮，以及"图片样式"列表框来进行设置。

② 裁剪图片。选中图片，单击"图片工具－格式"选项卡→"大小"组→"裁剪"按钮，这时图片四周出现裁剪控制点，将鼠标指针移到裁剪点上向内拖动，就可以裁掉不需要的部分。

③ 抠图。选中图片，在"图片工具－格式"选项卡的"调整"组，单击"删除背景"按钮，看到图片的部分区域标为紫色，表示这是将删除的部分，通过调整区域框的大小，使其包括所有要保留的部分；如果区域框中删除的内容标识不够准确，可利用"背景消除"选项卡中的"标记要保留的区域"和"标记要删除的区域"两个按钮来进行局部的修改，使抠图更加精准。例如，对一张小鸟的图片抠去不需要的背景和其他图案，如图 9-5 所示。

图 9-5　抠图前后对比

4. 插入艺术字

单击"插入"选项卡→"文本"组→"艺术字"按钮，在弹出的艺术字样式列表中选择一种艺术字样式后单击，在当前幻灯片中出现"请在此放置您的文字"艺术字编辑框；单击并输入要添加的艺术字文本内容，即可在幻灯片上看到文本的艺术效果。

若想修改艺术字的形状格式，选中艺术字后，窗口功能区出现"绘图工具"组的"格式"选项卡，可进一步编辑艺术字。

5. 插入表格

如果幻灯片中要展示一组数据，则使用表格表达更为简洁。先将要插入表格的幻灯片设置为当前幻灯片；单击"插入"选项卡→"表格"组→"表格"按钮，在弹出的列表中选中"插入表格"命令；在打开的"插入表格"对话框中设定插入表格的行数和列数，并确定，表格插入当前幻灯片中。插入表格后，窗口功能区出现"表格工具"组，其中包括"设计"和"布局"两个选项卡，可以对表格进行格式设置。

6. 插入图表

将数据以图表的形式展示，可以更直观地表达数据的变化趋势。除使用 Excel 的图表外，对于一些小型的统计图表，可以直接在 PowerPoint 2016 中设计完成。

① 单击"插入"选项卡→"插图"组→"图表"按钮，在打开的"插入图表"对话框中选择图表类型，即可在当前幻灯片中插入一个图表，同时弹出一个 PowerPoint 2016 图表数据表，如图 9-6 所示。

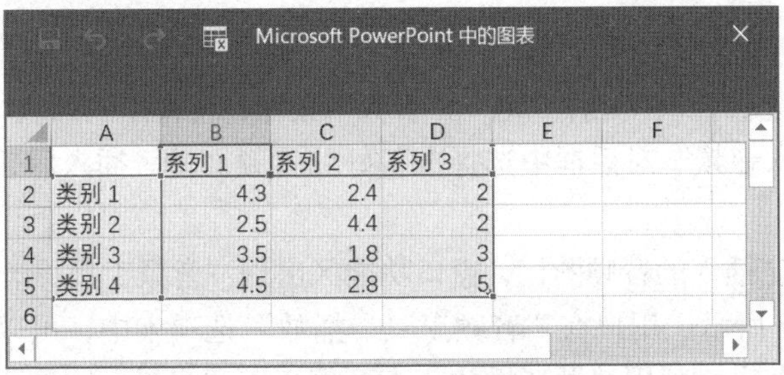

图 9-6　"PowerPoint 中的图表"界面

② 在数据表中，根据需要可修改行标题、列标题，以及相应的数据值。

③ 编辑完成后，单击该窗口的"关闭"按钮，退出图表数据表编辑状态，幻灯片中的图表会随着数据表中内容的改变而改变。

若要再次修改图表中的数据，只要在图表区域边缘右击，在弹出的快捷菜单中选择"编辑数据"命令，就可以再次进入图表数据表编辑状态进行编辑。

7. 插入 SmartArt 图形

SmartArt 图形是另一种信息的可视表示形式，可以从多种不同布局中选择所需的形式，以便有效地传达和展现系统的组织结构。具体操作如下：

① 选中当前幻灯片，单击"插入"选项卡→"插图"组→"SmartArt"按钮，打开"选择 SmartArt 图形"对话框，如图 9-7 所示。

② 先在对话框左侧列表中选择一种图形类型，然后在右侧显示的类型中选择一种布局，单击"确定"按钮，一个默认样本的 SmartArt 图形即插入到当前幻灯片。

③ 在 SmartArt 图形中，单击图形框可以输入文本，利用"SmartArt- 设计"选项卡，对 SmartArt 图形进行样式、颜色等内容的编辑，也可以在 SmartArt 图中添加、删除形状。

8. 插入音频和视频

幻灯片中不仅可以插入图片和图表等图形，还可以插入声音和视频。使用这些多媒体元素，可以使幻灯片的表现力更加丰富。在幻灯片中可以放映的多媒体信息主要有两类：一类是 PowerPoint 2016 提供的由剪辑管理器管理的音乐、声音和影片；另一类是用户自己录制、下载或收集的声音文件和影像文件。

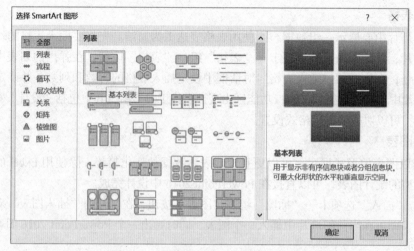

图 9-7　"选择 SmartArt 图形"对话框

（1）插入音频文件

① 单击"插入"选项卡→"媒体"组→"音频"按钮，在弹出的列表中选择"PC 上的音频"命令，在打开的"插入音频"对话框中选择准备好的音频文件。插入后，在幻灯片上出现一个音频图标 ◀⏺ 。

② 在幻灯片中选定插入的音频图标，窗口功能区出现"音频工具"组的"格式"和"播放"两个选项卡，如图 9-8 所示。用户在"音频工具 – 播放"选项卡中，可以利用"裁剪音频"按钮对插入的音频进行剪辑，利用"循环播放，直到停止""音量""淡化持续时间"等按钮设置音频的播放效果。

图 9-8　"音频工具 – 播放"选项卡

（2）插入录制声音

单击"插入"选项卡→"媒体"组→"音频"按钮，在弹出的列表中选择"录制音频"命令，打开"录制声音"对话框，如图 9-9 所示，单击 ⏺ 按钮开始录制，单击 ⏹ 按钮录制结束，单击 ▶ 按钮可以播放录制的声音，最后单击"确定"按钮插入录制的声音。

图 9-9　"录制声音"对话框

（3）插入视频文件

幻灯片中的视频可以来自已经保存的视频文件，也可以插入联机视频。PowerPoint 2016 所支持的视频文件格式非常丰富，完全能满足我们的使用需要。

单击"插入"选项卡→"媒体"组→"视频"按钮，在弹出的列表中选择"此设备"命令，打开"插入视频文件"对话框，选择存放视频文件的文件夹，选中要插入的视频文件，确认即可。

9.2.3　编辑幻灯片中的对象

1. 格式化文本

为了使幻灯片中的文本清晰美观，便于阅读，需要对文本的字体、字号、样式及颜色进行必要的设置。通常情况下，在幻灯片中输入的标题和正文均有默认格式，用户也可以根据需要重新设置。

具体操作为：先选定文本或对象后，在"开始"选项卡，利用"字体"组中的命令按钮可以进行常规的字体格式设置；也可以单击"字体"组的对话框启动器，在打开的"字体"对话框中对字体、字号、字型、颜色和效果等进行详细的格式设置。

2. 格式化段落

（1）设置对齐方式

幻灯片中的文字通常置于文本框中。设置段落的对齐方式就是调整文本在文本框中的排列方式。

具体操作为：选中文本框或文本框中的某段文本，在"开始"选项卡，利用"段落"组中的命令按钮可以进行常规的段落格式设置；也可以单击"段落"组的对话框启动器，打开"段落"对话框，在"对齐方式"下拉列表框中显示左对齐、居中、右对齐、两端对齐和分散对齐五种对齐方式，根据需要选择一种合适的对齐方式，如图 9-10 所示。

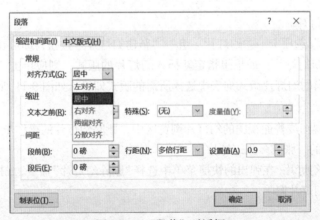

图 9-10　"段落"对话框

（2）设置行距和段落间距

选中某段文本，打开"段落"对话框（见图 9-10），在"间距"选项区域的相应的数字框中可进行"行距"值、"段前"和"段后"间距值的设置。

3. 格式化其他媒体对象

在 PowerPoint 2016 中，图片、自选图形、艺术字、音频、视频等元素都作为多媒体对象进行管理。常用的操作为：选中此类对象后右击，在弹出的快捷菜单中对大小和位置、填充、颜色线条、线型等效果进行设置，其操作方法与文字处理软件 Word 2016 中的操作一致，这里不再赘述。

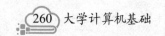

9.2.4　编辑演示文稿

制作一个演示文稿后，在幻灯片浏览视图下可以看到全部幻灯片的布局，并且用户根据需要可以对幻灯片进行调整和编辑，使之更具有条理性。

1. 选定幻灯片

编辑幻灯片之前，首先选定要操作的幻灯片。选定幻灯片的操作通常在幻灯片浏览视图下进行，也可以在普通视图的幻灯片浏览区中进行。

（1）选定单张幻灯片

在幻灯片浏览视图或普通视图的幻灯片浏览区，单击其中一张幻灯片即被选中，被选中的幻灯片外围会有粗线框环绕。

（2）选定连续的多张幻灯片

在幻灯片浏览视图或普通视图的幻灯片浏览区，先单击选定一张幻灯片，然后按住【Shift】键不放，再单击选定另一张幻灯片，这样就选定了这两张幻灯片之间的全部幻灯片；也可在幻灯片浏览视图下用鼠标拖动进行选定；另外，如果需要选定演示文稿中的全部幻灯片，也可按【Ctrl+A】组合键进行选取。

（3）选定不连续的多张幻灯片

在幻灯片浏览视图或普通视图的幻灯片浏览区中，先单击要选定的第一张幻灯片，然后按住【Ctrl】键不放，再单击选取其他幻灯片即可。

2. 插入幻灯片

在已经创建好的演示文稿中，有时需要增加幻灯片。在普通视图下，插入新幻灯片的操作步骤如下：

① 选定当前幻灯片。

② 单击"开始"选项卡→"幻灯片"组→"新建幻灯片"按钮，即可在当前幻灯片之后插入一张默认版式的新幻灯片；如果想指定新插入幻灯片的版式，则应单击"新建幻灯片"按钮的扩展按钮，在弹出的幻灯片版式列表中选择所需的版式即可，如图 9-11 所示。

3. 删除幻灯片

在幻灯片浏览视图或普通视图的幻灯片浏览区中，删除幻灯片的操作步骤如下：

① 选定要删除的一张或多张幻灯片。

② 右击选中的幻灯片，在弹出的快捷菜单中选择"删除幻灯片"命令，或按键盘上的【Delete】键，即可将选定的幻灯片删除。

4. 复制幻灯片

为了提高演示文稿的制作效率，可以将已经制作好的幻灯片复制到指定位置，便于用户的重复使用。幻灯片的常用复制操作有两种方法。

（1）在同一演示文稿中复制幻灯片

① 在幻灯片浏览视图下或在普通视图的幻灯片浏览区，选中要复制的幻灯片。

② 单击"开始"选项卡→"剪贴板"组→"复制"按钮，或右击选中的幻灯片，在弹出的快捷菜单中选择"复制"命令。

③ 再将插入光标定位到目标位置。

④ 单击"开始"选项卡→"剪贴板"组→"粘贴"按钮，或右击目标位置，在弹出的快捷菜单中选择"粘贴"命令，即可将选中的幻灯片复制到指定位置。

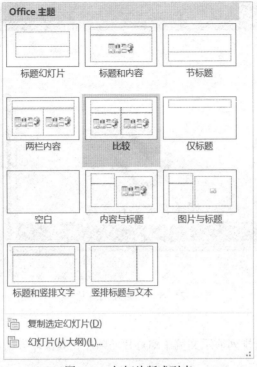

图 9-11　幻灯片版式列表

　　另外，也可选定幻灯片后，按住【Ctrl】键拖动鼠标可以实现幻灯片的复制，也可以使用快捷键【Ctrl+C】和【Ctrl+V】进行复制。

　　提示： 在"开始"选项卡→"剪贴板"组中的"复制"操作有两种类型，即复制【Ctrl+C】和复制【Ctrl+D】。前者既可复制幻灯片也可复制幻灯片内的内容（即传统意义上的复制），后者专门用于复制幻灯片，选中幻灯片缩略图后【Ctrl+D】复制命令才可用，否则呈灰色不可用状态。

　　（2）在不同演示文稿间复制幻灯片

　　① 打开要插入幻灯片的演示文稿，选定当前幻灯片。表示将来新插入的幻灯片出现在当前幻灯片之后。

　　② 单击"开始"选项卡→"幻灯片"组→"新建幻灯片"按钮的扩展按钮，在弹出的版式列表下方选择"重用幻灯片"命令。

　　③ 在窗口右侧出现的"重用幻灯片"窗格，单击"浏览"按钮选择待插入的幻灯片所在的演示文稿，在"幻灯片"区显示被选定演示文稿中的所有幻灯片，如图 9-12 所示。

　　④ 单击要复制的幻灯片，即可将选定的幻灯片插入当前演示文稿的指定位置。

　　提示： 选中"重用幻灯片"窗格下方的"保留源格式"复选框，将保留原幻灯片的图文格式。

图 9-12　选择"重用幻灯片"操作

5. 移动幻灯片

移动幻灯片就是重新排列演示文稿中幻灯片的顺序，其操作方法与复制相似。最简单移动的方法是：

① 在幻灯片浏览视图下或普通视图的幻灯片浏览区中，选中要移动的幻灯片。

② 按住鼠标左键并拖动选定幻灯片至合适位置，释放鼠标。在拖动过程中，光标定位线会随着鼠标指针的移动而移动，用以提示移动的目标位置。

另外，还可以利用"剪切"和"粘贴"命令完成幻灯片的移动。

9.3　格式化演示文稿

制作好的每张幻灯片都需要对文字、段落和对象进行格式化，重复设置的工作量很大。为了保证演示文稿中所有幻灯片外观风格一致，PowerPoint 提供了母版和主题等设计工具。

9.3.1　母版

母版是一些特殊的幻灯片，可以定义整个演示文稿的格式，控制演示文稿的整体外观。PowerPoint 2016 提供的母版有三种，分别是幻灯片母版、讲义母版和备注母版，其中最常使用的是幻灯片母版。

1. 幻灯片母版

幻灯片母版用于存储有关演示文稿的幻灯片版式信息，包括背景、颜色、字体、效果、占位符的大小和位置等。每个演示文稿至少包含一个幻灯片母版。利用幻灯片母版可以对演示文稿中的多张幻灯片进行统一设置，避免在多张幻灯片上重复输入相同的信息或设置相同的格式，能够有效地提高演示文稿的制作效率。

（1）查看幻灯片母版

单击"视图"选项卡→"母版视图"组→"幻灯片母版"按钮，进入"幻灯片母版"设计界面，窗口功能区出现"幻灯片母版"选项卡，如图 9-13 所示。

图 9-13　幻灯片母版设计界面

默认情况下，幻灯片母版中有五个占位符，分别为标题区、文本区、日期区、页脚区、数字区，用来确定幻灯片模板的格式。用户可以修改这些占位符的格式，也可以添加新的对象，以便在编辑幻灯片时采用预设格式。

（2）编辑幻灯片母版

修改幻灯片母版的设置与编辑普通幻灯片的操作类似，即在母版设计状态下选中对象，对其进行相应的设置。值得注意的是，母版的编辑只有在母版设计状态下才能完成，而母版中设置的内容通常是整个演示文稿中使用该版式的幻灯片所共有的信息，如幻灯片的标题格式、页码等，以及添加的一些标识性的文本和 LOGO 等。

① 设置文本格式。在幻灯片母版中选取标题占位符或文本占位符，在"开始"选项卡中，利用"字体"组和"段落"组中的相应按钮，可以对字符格式、段落格式和项目符号等进行设置。

② 设置页眉、页脚和幻灯片编号。如果编辑页脚占位符，在"幻灯片母版"状态下，单击"插入"选项卡→"文本"组→"页眉和页脚"按钮或"插入幻灯片编号"按钮，均打开"页眉和页脚"对话框，如图 9-14 所示。

在"幻灯片"选项卡中，可以进行如下设置。

- 选中"日期和时间"复选框：表示在幻灯片的"日期区"显示日期和时间。若再选中"自动更新"单选按钮，则表示幻灯片中显示的日期和时间会随着每次打开演示文稿时计算机的系统日期和时间而变化。
- 选中"幻灯片编号"复选框：表示为每张幻灯片添加编号。
- 选中"页脚"复选框：并在其文本框中输入内容，可为每一张幻灯片添加页脚信息。

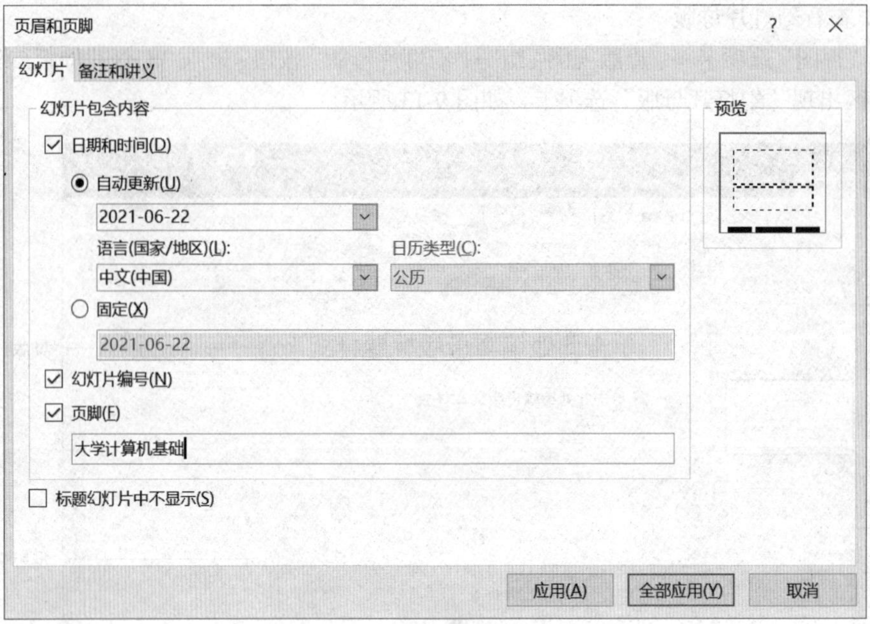

图 9-14　"页眉和页脚"对话框

（3）向母版插入对象

如果希望演示文稿的幻灯片中需要显示一个统一内容，如一个机构标志或一些固定文本，可以在幻灯片母版中插入图片或文本框对象，并进行编辑。这样每一张幻灯片都会自动拥有该对象。也可以通过设置母版的底色或背景图案，使所有幻灯片获得统一的外观。

（4）退出幻灯片母版

当完成幻灯片母版编辑后，在幻灯片母版编辑状态下单击"幻灯片母版"选项卡→"关闭"组→"关闭母版视图"按钮，即可退出幻灯片母版编辑状态。

2. 讲义母版与备注母版

讲义母版用于控制幻灯片以讲义形式打印时的格式，可设置打印页的页码、页眉、页脚、讲义背景样式等。

备注母版用来格式化演示者备注页面，以控制备注页的版式和文字的格式，调整备注页中幻灯片区域的大小等。

9.3.2　主题

主题是应用演示文稿各种样式的集合，包括配色、字体和效果三大类。PowerPoint 2016 预置了多种主题可供用户选择使用。

1. 应用主题

在创建新演示文稿时可以直接选用主题，也可以在建立好演示文稿后再应用主题。为已经创建好的演示文稿应用主题，具体操作为：在"设计"选项卡的"主题"组，展开主题下拉列表，选择其中的一种主题样式，即可将该主题样式应用于当前演示文稿的所有幻灯片。

如果只是想用选定的主题修饰演示文稿中的部分幻灯片，可以先选中这些需要应用主题的幻灯片，然后在"主题"下拉列表中右击要选定的主题，在弹出的快捷菜单中选择"应用于选定幻灯片"命令，所选定的幻灯片应用按该主题样式更新，其他幻灯片不变。

> **提示：** 当鼠标在所选主题上方悬停时，会出现当前主题名称的信息提示，并在幻灯片编辑区显示该主题的预览效果。

2. 修改主题

在选定一个主题样式后，若其格式不能完全满足需要，还可以对该主题的颜色、字体和效果做进一步的修改和设置。

（1）更改主题颜色

配色方案是一组用于演示文稿的预设颜色的组合，主要由文字 / 背景颜色、强调文字颜色、超链接颜色和已访问的超链接颜色四类组成。系统也提供了几种已经设置好的主题颜色的配色方案供用户选择。

① 选择"设计"选项卡，在"变体"组展开其下拉列表，单击"颜色"命令。

② 在弹出的主题颜色列表中，选择一种主题颜色即可，如图 9-15 所示。

③ 如果要自己设置配色方案，在主题颜色列表中选择"自定义颜色"命令，打开"新建主题颜色"对话框，如图 9-16 所示。在对话框中通过对各类对象的颜色进行设置，保存后即可添加到主题颜色列表的"自定义"选项区，可以选择使用。

（2）更改主题字体

主题字体也是主题中的一种重要元素，根据设置需要可以直接选择一种内置的主题字体，也可以自定义主题字体。具体操作为：在"设计"选项卡的"变体"组，单击其下拉按钮，在展开的列表中选择"字体"命令，在弹出的主题字体选项列表中选择一种所需的主题字体，即可将该主题字体应用于对应的幻灯片；也可以选择"自定义字体"命令自己创建一种新的主题字体，保存后可使用。

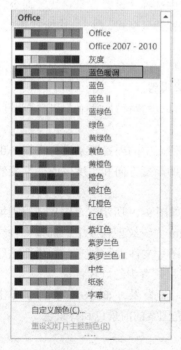

图 9-15　主题颜色列表

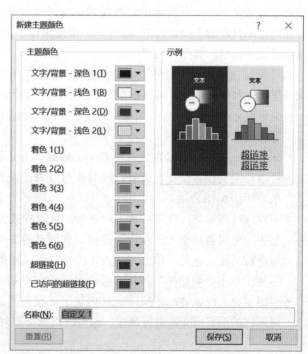

图 9-16　"自定义颜色"对话框

（3）更改主题效果

主题效果是 PowerPoint 2016 内置的一些图形元素及特效。更改主题效果的操作为：在"设计"选项卡的"变体"组，单击其下拉按钮，在展开的列表中选择"效果"命令，在弹出的主题效果列表中选择一种需要的内置主题效果样式。由于主题效果设置比较复杂，因此 PowerPoint 2016 不提供用户自定义主题效果的功能。

3. 自定义主题

如果用户自己设计了一个美观的演示文稿，也可以将其保存为主题，以便在以后需要时使用。利用现有演示文稿创建主题的操作步骤如下：

① 打开已建好的演示文稿。

② 在"设计"选项卡的"主题"组，展开主题列表并选择"保存当前主题"命令。

③ 打开"保存当前主题"对话框，将保存位置选为 PowerPoint 放置主题模板的文件夹（如"…/Templates/Document Themes"文件夹），输入主题文件名，即可将自己创建的主题保存起来，同时显示在主题列表中的"自定义"选项区，这样在以后设置中就可以选择使用。

> **提示**：PowerPoint 2016 中主题文件的扩展名为 *.thmx。

9.3.3 幻灯片背景

利用 PowerPoint 2016 的"背景"功能，可以在不修改母版、主题的情况下灵活地设计幻灯片背景颜色和填充效果。具体操作如下：

① 打开演示文稿，选定要设计背景的一张或多张幻灯片。

② 在"设计"选项卡的"变体"组，展开其下拉列表并选择"背景样式"命令，在弹出的内置背景列表中选择一种需要的背景样式；也可以在下拉列表中选择"设置背景格式"命令，或者在选定幻灯片的空白处右击，在弹出的快捷菜单中选择"设置背景格式"命令，均能打开"设置背景格式"窗格，如图 9-17 所示。

从"设置背景格式"窗格中可以看出，"填充"有四种类型，即纯色填充、渐变填充、图片或纹理填充和图案填充，可以根据需要添加或更改背景的效果设置。

- 纯色填充：纯色背景是一种常见的背景。对"纯色填充"可以设置背景"颜色"和"透明度"等属性（见图 9-17）。

- 渐变填充：用户可以直接选择 PowerPoint "预设渐变"列表中的内置背景进行设置，也可以自定义设置渐变色背景；同时还可以修改设置背景的渐变方向和角度以改变渐变效果，如图 9-18 所示。

- 图片或纹理填充：这是一种比较复杂的背景样式设置，如图 9-19 所示。在图片或纹理填充中，可以直接单击"纹理"按钮，在展开的 PowerPoint 内置纹理列表中，选择一种纹理进行填充；也可以单击"插入"按钮，可以用指定的图片文件进行填充；如果要粘贴图片，单击"剪贴板"按钮，系统自动将剪贴板上的图片设置为幻灯片背景。

- 图案填充：PowerPoint 2016 同样内置了一系列图案用以填充背景，如图 9-20 所示。单击展示区的图案可直接进行填充，也可以根据需要修改填充图案的前景色和背景色。

图 9-17 "设置背景格式"窗格

图 9-18 渐变填充

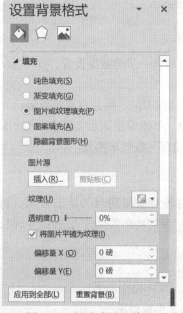

图 9-19 图片或纹理填充

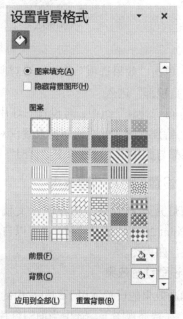

图 9-20 图案填充

> **提示:** 当使用纹理或图案进行填充时,鼠标在纹理或图案上方悬停时会显示当前纹理或图案的名称。

③ 选择所需的背景设置后,默认该背景只影响当前选定的幻灯片;如果要将该背景设置应用于当前演示文稿的全部幻灯片,需要单击"设置背景格式"窗格下方的"应用到全部"按钮。

9.4 设置放映效果

用户在放映幻灯片之前，还可以为其设置放映效果，包括幻灯片切换、对象动画、超链接等，从而起到突出主题、控制流程、增加演示文稿的趣味性等作用。

9.4.1 设置幻灯片的切换效果

幻灯片切换效果是指演示文稿播放时，幻灯片离开和进入屏幕时所产生的视觉效果，即从一张幻灯片切换到下一张幻灯片之间的过渡方式。幻灯片切换效果的使用可以使幻灯片的过渡衔接更为自然。

PowerPoint 2016 提供了几十种切换效果，其具体设置如下：

① 在普通视图或幻灯片浏览视图下，首先选定要设置切换效果的幻灯片。

② 在"切换"选项卡，展开"切换到此幻灯片"组的切换动画列表，单击选择一种切换效果（如"推入"），这样选中幻灯片的切换效果就设置好了，如图 9-21 所示。

图 9-21 "切换"选项卡

③ 单击"效果选项"按钮，可对所选的切换方式进行进一步的效果设置，如"推入"效果选择"自顶部"进入。

④ 在"计时"组中，可设置幻灯片切换时的声音、持续时间、换片方式等效果。

⑤ 特别提醒，此时的切换设置仅对当前幻灯片生效。如果希望演示文稿中所有幻灯片的切换效果都与此相同，可以单击"计时"组中的"应用到全部"按钮来实现。

9.4.2 设置幻灯片动画效果

幻灯片动画效果是指在演示文稿播放时幻灯片内各对象出现时的动态效果。可以使用 PowerPoint 2016 的预设动画，也可以自定义动画效果。对象的动画效果分为进入、强调、退出、动作路径四大类。

1. 设置动画效果

动画效果的设置适用于幻灯片中的各种文本和对象，具体操作如下：

① 在普通视图下，选中当前幻灯片中要设置动画的文本或对象。

② 在"动画"选项卡的"动画"组中，单击动画列表框右侧的下拉按钮展开动画列表，在相应类别进行选择，如选择"进入"类型中的"飞入"动画，如图 9-22 所示。

③ 若动画效果列表中没有需要的动画效果选项，可以单击动画列表中的"更多进入效果"命令，打开"更改进入效果"对话框，从对话框列出的更多动画效果选择使用，如图 9-23 所示。

图 9-22　动画效果列表

图 9-23　"更改进入效果"对话框

2. 编辑动画效果

添加动画效果后，还可以对这些效果进行进一步编辑，主要包括动画的播放速度、播放顺序、开始条件，以及更改动画出现方式、删除动画等。

要编辑动画效果，单击"动画"选项卡→"高级动画"组→"动画窗格"按钮，打开"动画窗格"任务窗格，如图 9-24 所示。下面介绍几种常见的动画效果设置。

（1）效果选项的设置

效果选项是指动画的方向和形式等。根据所选择的动画类别不同，效果选项的内容也不尽相同，具体操作如下：

① 在当前幻灯片中或在"动画窗格"中，选中已经设置动画的对象。

② 单击"动画"选项卡"动画"组的对话框启动器，或单击"动画窗格"选中对象右侧的下拉按钮，在弹出的命令列表中选择"效果选项"命令，均可打开相应的效果选项对话框，如选择"飞入"动画的效果选项对话框如图 9-25 所示。

图 9-24　"动画窗格"中的动画对象列表

图 9-25　"飞入"效果选项对话框

③ 根据需要设置效果选项，可在该对话框的"效果"选项卡中，可将飞入的"方向"设置为"自底部"；在"计时"选项卡中，可设置动画"开始"方式、"延迟"时间、动画"期间"的播放速度和是否"重复"播放等。大家可以根据实际需要灵活设置。

（2）设置动画播放顺序

在"动画窗格"中，可以显示当前幻灯片所有设置了动画效果的对象列表，对象列表的顺序表示了动画的播放顺序。一般该顺序与设置动画操作的先后顺序一致，也可以根据需要调整对象的播放顺序。具体操作如下：

① 打开"动画窗格"，选中需要调整顺序的对象。

② 单击该窗格上方的"重新排序"按钮 · 和 · ，即可改变该对象的播放顺序。

（3）设置动画的开始方式

动画开始方式是指启动播放动画的方式。在"动画窗格"中，单击选中动画右侧的下拉按钮，在弹出的列表中显示动画的三种开始方式。

- 单击开始：表示单击鼠标时开始播放该对象的动画。
- 从上一项开始：表示在上一个动画对象播放的同时，开始该对象的动画播放。
- 从上一项之后开始：表示在上一个动画对象播放完成之后，自动开始该对象的动画播放。

3. 添加强调效果

如果为了重点强调某项内容，可为相应的文本或对象添加强调效果，具体操作为：选定对象后，可以在"动画"选项卡的"高级动画"组，单击"添加动画"按钮，在其下拉列表的"强调"组中选择一种动画效果，如"跷跷板"，就会在原有动画的基础上又添加了强调效果。

另外，退出效果和动作路径的动画设置，与进入效果的设置相似，大家可以自行练习。

9.4.3 设置超链接效果

在演示文稿中，可以通过添加超链接来控制放映的流程，使幻灯片放映更加灵活、可控。在 PowerPoint 2016 中设置的超链接，被链接的对象可以是当前演示文稿内的某一张幻灯片，也可以是其他文件或某个网页等。

1. 利用"超链接"命令设置

使用这种方法创建超链接适用于幻灯片中的所有对象，具体操作如下：

① 在幻灯片中，选中要创建超链接的对象或文本。

② 单击"插入"选项卡→"链接"组→"超链接"按钮，或右击选定的对象，在弹出的快捷菜单中选择"超链接"命令，打开"插入超链接"对话框，如图 9-26 所示。

- 如果超链接到其他文件，单击"链接到"列表框中的"现有文件或网页"选项，在"查找范围"下拉列表框中选择目标文件夹以及相应的超链接文件，单击"确定"按钮即可完成设置。
- 如果超链接到某个网页，只需在"插入超链接"对话框（见图 9-26）的"地址"栏中直接输入要链接的网址（如 http://www.ncist.edu.cn），或单击"浏览过的网页"按钮，在右侧的列表中选择近期浏览过的某个地址，确定后完成设置。
- 如果超链接到当前演示文稿中其他幻灯片，单击"链接到"列表框中的"本文档中的位置"选项，如图 9-27 所示。在"请选择文档中的位置"列表框中选择被链接的幻灯片，单击"确定"按钮即可。

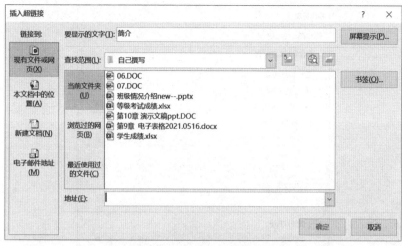

图 9-26　"插入超链接"对话框 – 链接到"现有文件或网页"

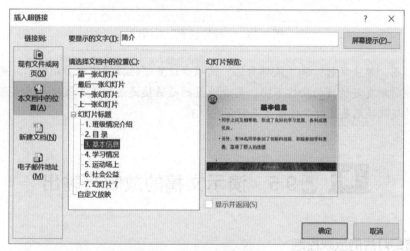

图 9-27　"插入超链接"对话框 – 链接到"本文档中的位置"

若要编辑或删除超链接，只需选定已经设置了超链接的对象后右击，在弹出的快捷菜单中选择"编辑超链接"命令，再次打开超链接对话框，可重新输入或设置新的链接位置。若在快捷菜单中选择"删除超链接"命令，即可删除该对象上的超链接关系。

> **提示**：在创建超链接前，一定要先保存当前演示文稿。如果未保存演示文稿而直接创建超链接，则不能创建相对链接。

2. 利用"动作设置"对话框

① 在幻灯片中选定要建立超链接的对象。

② 单击"插入"选项卡→"链接"组→"动作"按钮，打开"操作设置"对话框。

③ 在对话框的"单击鼠标"选项卡中，选中"超链接到"单选按钮，在其下方的下拉列表框中选择要超链接到的位置，如图 9-28 所示。这里选择的超链接目标既可以是当前演示文稿中的某张幻灯片，也可以是其他文件或是某个网页。

④ 单击"确定"按钮，完成超链接的创建。

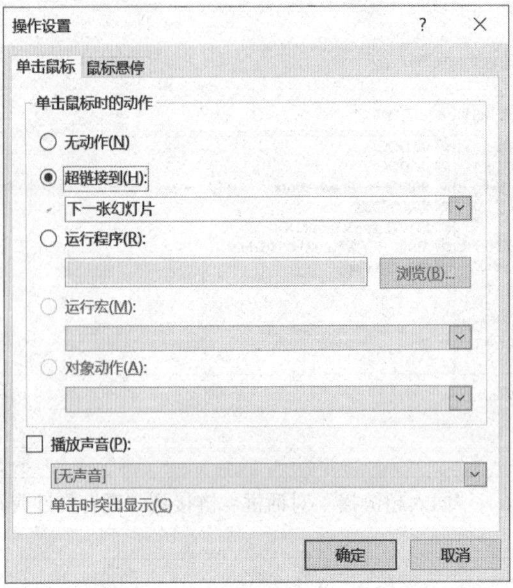

图 9-28　"操作设置"对话框

> **提示：** 用"单击鼠标"和"鼠标悬停"选项卡设置超链接操作完全相同，只是将来在演示文稿放映时触发超链接的动作不同。前者设置的超链接是鼠标单击链接点时实现跳转；而后者设置的超链接则是鼠标滑过链接点时实现跳转。

9.5　演示文稿的放映与输出

9.5.1　设置幻灯片的放映控制

演示文稿制作完成后，要进行放映。对于同一份演示文稿，由于演讲场合、现场观众的不同，需要讲解的内容也不尽相同。这便需要对演示文稿进行放映内容的设置。

1. 放映演示文稿

从演示文稿的放映内容来看，PowerPoint 提供了多种放映方式，其中常用的有三种，即放映全部幻灯片、从当前幻灯片开始放映和自定义幻灯片放映。

（1）放映全部幻灯片

表示从演示文稿的第一张幻灯片开始，按照顺序逐页放映，直至最后。具体操作为：单击"幻灯片放映"选项卡→"开始放映幻灯片"组→"从头开始"按钮，如图 9-29 所示，实现从演示文稿中的第一张幻灯片开始放映。

图 9-29　"幻灯片放映"选项卡

（2）从当前幻灯片开始放映

根据需要，可以指定演示文稿中的某一张幻灯片为播放的起始位置，播放到演示文稿结束，这种方式相对灵活可控。具体操作为：单击"幻灯片放映"选项卡→"开始放映幻灯片"组→"从当前幻灯片开始"按钮（见图 9-29）；或单击 PowerPoint 2016 窗口状态栏右侧的"幻灯片放映"按钮，也可以实现从演示文稿的当前幻灯片开始放映。

（3）自定义幻灯片放映

自定义幻灯片放映是指从演示文稿中选取需求播放的部分幻灯片，然后进行有选择的放映。具体操作为：单击"幻灯片放映"选项卡→"开始放映幻灯片"组→"自定义幻灯片放映"按钮，在弹出的下拉列表中选择"自定义放映"命令，再在打开的"自定义放映"对话框中单击"新建"按钮，打开"定义自定义放映"对话框，并在左侧列表框中显示出当前演示文稿的幻灯片列表，选中需要放映的幻灯片，单击"添加"按钮，将选中的幻灯片添加到右侧列表框中，同时可以调整自定义的幻灯片及放映顺序等，最后为设定的自定义放映起名并保存，如图 9-30 所示。这样，在以后放映时，按名称选择自定义放映项就能按事先选定的幻灯片进行放映了。

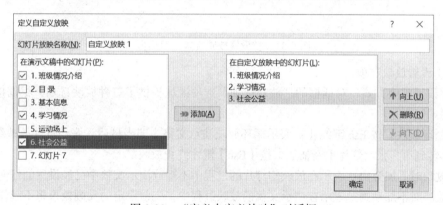

图 9-30　"定义自定义放映"对话框

2. 设置放映形式

演示文稿创建后，根据用途、放映环境或观众的不同，可以设置不同的放映形式。具体操作为：单击"幻灯片放映"选项卡→"设置"组→"设置幻灯片放映"按钮，打开"设置放映方式"对话框，如图 9-31 所示。在对话框中可以根据演示文稿的使用场合选择放映类型、设置放映选项，也可以指定演示文稿中需要放映的幻灯片和换片方式。

（1）设置放映类型

在对话框的"放映类型"选项区域提供了三种放映类型，即：

① 演讲者放映（全屏幕）：以全屏幕形式显示幻灯片，这是最常用的放映方式，也是系统默认的放映类型。

② 观众自行浏览（窗口）：以窗口形式显示，适合于规模较小的演示，可以利用滚动条逐张显示幻灯片。

③ 在展台浏览（全屏幕）：以全屏幕形式在展台上自动放映，常用于公共场所的宣传展示。在放映过程中，除了保留鼠标指针用于选择超链接或动作按钮外，其余功能全部失效。这种放映类型适合于不需要现场修改的演示，按【Esc】键终止演示文稿放映。

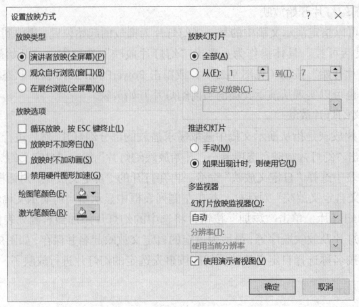

图 9-31 "设置放映方式"对话框

（2）设置放映选项

在"设置放映方式"对话框的"放映选项"选项区域提供了三种放映选项，根据播放环境选择使用。

① 循环放映，按 Esc 键终止：表示循环放映演示文稿，即当最后一张幻灯片放映结束后，会自动跳转到第一张幻灯片重新播放，按【Esc】键才终止放映。

② 放映时不加旁白：表示在放映幻灯片的过程中不播放演示文稿中已经设置的任何旁白。

③ 放映时不加动画：表示在演示文稿的放映过程中，先前设定的动画效果将不起作用。

（3）选择放映的幻灯片

在对话框的"放映幻灯片"选项区域，可以设定从演示文稿中指定放映的幻灯片，有三种选项，即：

① 全部：表示演示文稿中所有的幻灯片都参加放映。

② 从…到…：在数字框中输入开始和结束的幻灯片编号，表示其间的所有幻灯片将被放映。

③ 自定义放映：允许用户从演示文稿中自行选择需要放映的幻灯片。这个选项只有在已经定义了自定义放映方式的情况下才有效。

3. 使用画笔

在实际的放映过程中，演讲者在演讲过程中有时需要对幻灯片上的某些内容进行标记。这时可以使用 PowerPoint 2016 提供的"画笔"功能。其具体操作为：在放映状态下，单击屏幕左下角"幻灯片放映"工具栏中的画笔按钮 ，如图 9-32 所示，从弹出的菜单中选择一种笔型，并选择一种合适的颜色，这时就可以在放映的幻灯片上进行标记；也可以通过右击屏幕，在弹出的快捷菜单中选择"指针选项"命令来设置画笔。

图 9-32 "幻灯片放映"工具栏

9.5.2　演示文稿的打印输出

演示文稿制作完成后，除了通过计算机屏幕进行展示，还可以将幻灯片打印到纸上。打印输出前也需要做必要的设置。

① 选择"文件"选项卡→"打印"命令，打开"打印"窗口，如图 9-33 所示。

② 在此窗口可以选择使用的打印机，设置所需要的打印份数。

③ 在"设置"下拉列表框中可以选择幻灯片打印范围，包括打印全部幻灯片、打印所选幻灯片、打印当前幻灯片和自定义打印范围。

图 9-33　"打印"窗口

④ 在打印版式下拉列表框中可以设置打印文稿的版式，包括整页幻灯片、备注页、大纲和讲义等选项。其中"讲义"的输出形式可以将多页幻灯片集中打印在一页纸上，既能清晰地展示幻灯片内容，又能节约纸张，也是演示文稿打印输出最常用的形式。

⑤ 如果需要，可在调整打印纸张的方向、幻灯片的颜色等选项。单击"编辑页眉和页脚"超链接，可以进一步设置打印稿的页码、页眉 / 页脚和打印日期等。

⑥ 设置完成后，单击"打印"按钮即可打印输出。

 习　　　题

一、选择题

1. 演示文稿中每张幻灯片都是基于某种_____创建的，它预定义了新建幻灯片的各种占位符布局情况。

　　A. 视图　　　　B. 版式　　　　　　C. 母版　　　　　　D. 模板

2. 在 PowerPoint 中，"视图"表示的是_____。

　　A. 一种图形　　　　　　　　　　B. 显示幻灯片的方式

　　C. 编辑演示文稿的方式　　　　　D. 一张正在修改的幻灯片

3. PowerPoint 文件的扩展名是_____。

    A．.pptx   B．.pot   C．.pps   D．.dot

4. 在 PowerPoint 中，选定多个图形需_____，然后单击要选定的图形对象。

    A．先按住【Alt】键   B．先按住【Tab】键

    C．先按住【Shift】键   D．先按住【Ctrl】键

5. PowerPoint 的各种视图中，显示单个幻灯片以进行文本或对象编辑的视图是_____。

    A．普通视图   B．幻灯片浏览视图

    C．幻灯片放映视图   D．大纲视图

6. 在制作演示文稿是，如果要每张幻灯片添加一个统一的图标，应该选用_____来进行设计。

    A．模板   B．版式   C．母版   D．主题

二、简答题

1. 创建演示文稿有哪几种方式？建立好的幻灯片能否改变其幻灯片的版式？

2. PowerPoint 2016 有哪几种视图？每种视图各有什么作用？

3. 母版的作用是什么？简述幻灯片母版和主题的区别。

4. 如何使用颜色方案修改已创建好的演示文稿的幻灯片的外观？简述颜色方案和背景的区别。

5. 如何设置幻灯片内对象动画播放的先后顺序？

6. 幻灯片之间的切换效果有哪些可设置的属性？

7. 如何为幻灯片中的文本或对象设置超链接？超链接可以链接到什么位置？

8. 如何设置一个超链接，其功能可以结束演示文稿的放映？

9. 演示文稿有几种放映方式？如何进行设置？

10. 如何实现将演示文稿中多页幻灯片打印在一页 A4 纸上？

参 考 文 献

[1] 郭红 . 大学计算机基础教程 [M]. 北京：中国铁道出版社有限公司，2019.

[2] 陈国良 . 计算思维导论 [M]. 北京：高等教育出版社，2012.

[3] 龚沛曾，杨志强 . 大学计算机 [M].7 版 . 北京：高等教育出版社，2017.

[4] 谢希仁 . 计算机网络 [M].7 版 . 北京：电子工业出版社，2017.

[5] 王移芝，鲁凌云，许宏丽，等 . 大学计算机 [M].6 版 . 北京：高等教育出版社，2019.

[6] 吕廷杰 . 信息技术简史 [M]. 北京：电子工业出版社，2018.

[7] 教育部考试中心 . 网络信息安全素质教育 [M]. 北京：高等教育出版社，2021.

[8] 何海燕，张亚娟，曾亚平，等 . Word 2016 文档处理案例教程 [M]. 北京：清华大学出版社，2019.

[9] Excel Home.Excel 2016 函数与公式应用大全 [M]. 北京：北京大学出版社，2019.

[10] 尼春雨，等 . 完全掌握 PowerPoint2016 演示专家 [M]. 北京：机械工业出版社，2016.

[11] 鲁宁，邢丽伟，张宏翔，等 . 大学计算机基础与新技术 [M]. 北京：清华大学出版社，2020.

[12] 舍恩伯格，库克耶 . 大数据时代：生活、工作与思维的大变革 [M]. 盛杨燕，周涛，译 . 杭州：浙江人民出版社，2013.

[13] 教育部高等学校大学计算机课程教学指导委员会 . 大学计算机基础课程教学基本要求 [M]. 北京：高等教育出版社，2016.

[14] 卢江，刘海英，陈婷 . 大学计算机 [M]. 北京：电子工业出版社，2018.